国家示范性高等职业院校
重点专业建设系列教材

淡水养殖技术

杨四秀　郑陶生　主编

中国农业大学出版社
·北京·

内容简介

本书为了适应我国高职高专人才培养目标和水产市场经济发展的需要，以及结合高职高专学生的特点，以培养学生的实际操作能力为主线而进行编写。全书阐述了在淡水水域中进行的水产品养殖生产技术，主要内容有淡水鱼类外部形态与内部构造，淡水鱼类生物学特性及养殖选择标准，淡水水域生态环境与调控，鱼类饲料的种类与加工，渔场的规划与设计，淡水鱼类的人工繁殖，鱼苗、鱼种的培育技术，主要淡水鱼成鱼养殖技术，名特优水产经济动物的养殖技术，渔-牧综合经营共十章。重点介绍常规淡水鱼类和名特优水产经济动物养殖的基本知识和实际生产中的操作技能。本书突出体现了科学性、实用性和可操作性的特点，内容丰富、全面、实用。本书既可作为高职高专学校水产养殖专业及生态养殖专业的教材，也可供水产养殖技术人员及岗位培训人员参考用书。

图书在版编目(CIP)数据

淡水养殖技术/杨四秀，郑陶生主编. —北京：中国农业大学出版社，2011.6
ISBN 978-7-5655-0242-2

Ⅰ.①淡…　Ⅱ.①杨…　②郑…　Ⅲ.①淡水养殖　Ⅳ.①S964

中国版本图书馆 CIP 数据核字(2011)第 037994 号

书　　名　淡水养殖技术
作　　者　杨四秀　郑陶生　主编

策划编辑　董　田　伍　斌　　**责任编辑**　郭云雁
封面设计　郑　川　　**责任校对**　王晓凤　陈　莹
出版发行　中国农业大学出版社
社　　址　北京市海淀区圆明园西路 2 号　　**邮政编码**　100193
电　　话　发行部 010-62731190，2620　　读者服务部 010-62732336
编辑部 010-62732617，2618　　出　版　部 010-62733440
网　　址　http://www.cau.edu.cn/caup　　**e-mail**　cbsszs@cau.edu.cn
经　　销　新华书店
印　　刷　北京时代华都印刷有限公司
版　　次　2011 年 6 月第 1 版　2013 年 10 月第 2 次印刷
规　　格　787×980　16 开本　13.5 印张　247 千字
定　　价　21.00 元

编审人员

主　编　杨四秀　郑陶生

参　编　蒋艾青　向君祖　韩　煜　何　斌　彭英海

主　审　王晓清(湖南农业大学)

序

中共中央办公厅、国务院办公厅《关于加快高技能人才建设的意见》(中办发〔2006〕15号)文件指出，要大力加强高科技人才和农业人才队伍建设。高级农业应用型技术人才是科技兴农战略的重要力量，他们在推广农业新技术、引导农业结构调整、带动农业增效、农民增收和建设社会主义新农村等方面均发挥着巨大的作用。实践证明，实现农业增效、农民增收和提高农产品市场竞争力的目标，关键在于提高农业科技人才的素质和技术水平。

畜牧业是农业的重要组成部分，是一个“固本强基”的支柱产业。不断提高动物性食品自身的科技含量，提供绿色安全健康的动物性食品，是畜牧业发展的总趋势。近几年来，国家相继出台了《动物防疫法》、《畜牧法》、《农产品质量安全法》和《食品卫生法》等相关法律法规，以保证畜牧业生产持续健康发展，保障人民身体安全健康。要适应现代畜牧业生产发展的需求，需要有数以万计高素质、高技能的畜牧业专业人才，但从目前全国各地来看，还存在一定的差距。2006—2007年，永州职业技术学院畜牧兽医专业建设指导委员会先后组织10余名畜牧兽医专业教师对省内外40多家养殖企业和永州市214个乡镇兽医防疫单位进行调研，结果表明，畜牧生产一线存在专业技术人员数量不足、学历普遍偏低、结构不合理、业务水平不高、知识老化等问题，已不能适应现代畜牧生产和防疫工作的需要。对此，需要各级各类职业院校，尤其是农业类高职学院培养一大批生产一线的高素质高技能应用型专业人才，以适应养殖企业等职业岗位需要。近年来，永州职业技术学院畜牧兽医专业教师立足永州畜牧养殖业，服务永州养殖企业，建设永州生态农业，创新和完善了畜牧兽医专业“111”工学结合人才培养模式，即学生“一阶段校内单项训练、一阶段基地岗位轮训、一阶段企业综合技能训练”的三阶段能力递进式教学模式，积极开展以岗位需求为主导，以职业能力培养为核心的理论与实践相融合的课程体系建设，突出学生实践技能和素质教育培养。

永州职业技术学院认真贯彻落实教育部《关于全面提高高等职业教育教学质量的若干意见》(教高〔2006〕16号)文件精神，顺应现代畜牧业发展的趋势，致力于培养具有生态环保养殖、安全养殖、绿色养殖和低碳养殖等现代畜牧业的养殖技术与推广能力以及畜禽疫病快速诊断、监测和防控技术能力的学生，不断深化教学改革，积极构建基于工作过程的工学结合人才培养模式和课程内容改革。一是将课程结构与工作岗位任务相对接，打破依据知识本身的逻辑设置课程和组织内容的传统学科课程模式，转变为以工作任务为参照点设置课程和组织内容；二是将课程内容与职业能力相对接，打破依据知识的系统性选择课程内容的传统学科课程模式，转变为以职业能力培养选择课程内容；三是将教学情境与工作情境相对接，打破纯理论课程模式，以项目驱动和项目任务进行教学，让学生在完成具体项目的过程中学习专业理论知识，提高职业技能。按照职业能力认知规律和学生的认知特点对专业课程进行序化和整合，设计出“课堂—生产岗位—课堂—生产岗位”循环模式、“课堂教育—生产岗位—技能操作—技能训练”综合法教学，实行“工学结合”、“工学交替”、“岗位轮动”等多种人才培养模式，开发了《动物防疫与检疫检验》、《养猪及猪病防治》、《养禽与禽病防治》等 15 门专业及专业基础课程标准，建成了集多媒体课件、课程标准、实训大纲、习题库、网上答疑、技能操作规程等于一体的工学结合立体化课程教学资源库。

刘成、于桂阳、杨四秀、郑陶生等专业人员从事畜牧兽医教学和畜牧生产企业管理 20 余年，具有丰富的教学经验和企业实践管理经验。他们撰写的《动物防疫与检疫检验》、《养猪及猪病防治》、《养禽与禽病防治》、《牛羊生产及疾病防治》、《淡水养殖技术》等教材，反映了当前高职高专课程改革的总体要求，突出了高职高专工学结合课程特色，贴近实际，具有科学性、先进性、前瞻性、实用性和可拓展性。

此书可用作高职高专畜牧兽医专业、生态养殖专业学生的教材，也可用作各畜牧行业、水产养殖专业技术人员的参考书，更是各养殖大户必读的教科书。

这套书籍的出版对广大教学工作者和行业企业技术人员深入研究和探讨工学结合，开发基于工作过程和项目导向的课程体系教材不啻是“他山之石”。希望有更多更好的各类类似教材出版，这无疑是一件功德无量的大好事。

湖南永州职业技术学院党委书记、教授

刘子秀

2010 年 5 月

前　言

我国水域资源丰富，其中内陆各类水域面积，包括湖泊、池塘、水库和江河等，共有 17 471 万 hm^2，是世界上内陆水域面积最广的国家之一，其中可养殖水面 6 749 万 hm^2。湖南的内陆水域宽广，水产资源丰富，素有“鱼米之乡”之称。永州位于湖南省的南端，地处湘江上游，东邻郴州地区，西南与“两广”接壤，自然条件优越，可概括为“南、山、水、丰”，永州全年降水量 1 290～1 502 mm，平均湿度 70％～80％，平均温度 17.8～18.7℃，日照在 1 471～1 545 h，这些条件都适合淡水水生动物的养殖发展。

近年来我国淡水渔业发展十分迅速，淡水养殖品种不断更新，养殖技术不断改进提高，为了适应我国淡水渔业生产，配合国家建设社会主义新农村政策的实施，满足当地政府提出要把永州建成两广沿海城市的“米袋子”、“菜篮子”，加快养殖业结构调整步伐，优化养殖产品结构的需要，结合高职高专的学生特点，我们编写了本教材。本教材主要以鱼类饲料的种类与加工，鱼苗、鱼种的培育技术，主要淡水鱼成鱼养殖技术，名特优水产经济动物的养殖技术 4 章为重点，内容全面、新颖，突出教材的实用性、先进性和可操作性。本书可作为高职院校水产养殖专业及生态养殖专业的教材，也可作为水产养殖技术人员及岗位培训人员参考用书。

参加本书编写的人员分工如下：杨四秀编写第二章、第七章的第三、四节；郑陶生编写第一章、第三章、第五章、第七章的第一、二节；蒋艾青编写第八章、第十章；韩煜编写第六章；向君祖编写第四章；何斌、彭英海编写第九章。同时感谢湖南农业大学王晓清教授对本教材提出的建议和帮助。

由于时间仓促，书中内容涉及面广，加之编者水平有限，书中难免有不妥之处，敬请读者批评指正。

编　者

2011 年 1 月

目　录

第一章 淡水鱼类外部形态与内部构造

知识目标

- 了解鱼类外部分区和体型；
- 了解鱼类外部形态结构和功能；
- 了解鱼类内部器官和功能。

能力目标

- 能够识别淡水鱼类外部和内部器官；
- 能正确地解剖鱼类并找到各器官的位置。

第一节 鱼类外部分区和体型

鱼是指一群终生生活于水中的变温脊椎动物，它们通常用鳃在水中进行气体交换，用鳍协助运动与维持身体的平衡，大多数鱼类体被鳞片，大都存在鳔。鱼所栖居的环境——水的密度远比空气大，阻力亦大，因而它们的外部形态就是为了完全适应各自所栖息的环境而演变成的。

一、鱼类的外部分区

鱼类的身体可分为头、躯干和尾 3 个部分。头部是指吻端至鳃盖后缘之间的部位；躯干部是指鳃盖后缘至肛门之间的部位；肛门以后的部位为尾部(图 1-1)。

二、主要养殖鱼类的体型

鱼类在演化发展过程中，由于水环境和鱼本身生活习性的差异，形成了多种多样与之相适应的体型(图 1-2)。

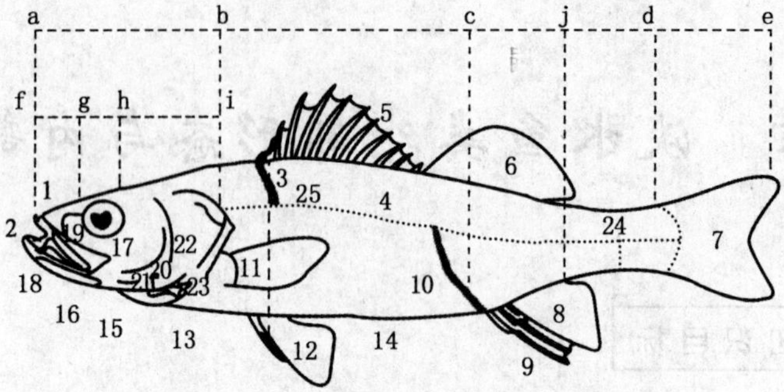

图 1-1 鱼体区域划分(花鲈)(《鱼类学》,孟庆闻等,1989)

a-b. 头部 b-c. 躯干部 c-e. 尾部 f-g. 吻部 h-i. 眼后头部 a-d. 体长 a-e. 全长 j-d. 尾柄长 1. 上颌 2. 下颌 3. 侧线上鳞 4. 侧线鳞 5. 第一背鳍 6. 第二背鳍 7. 尾鳍 8. 臀鳍鳍条 9. 臀鳍鳍棘 10. 侧线下鳞 11. 胸鳍 12. 腹鳍 13. 胸部 14. 腹部 15. 喉部 16. 峡部 17. 颊部 18. 颏部 19. 鼻孔 20. 前鳃盖骨 21. 间鳃盖骨 22. 主鳃盖骨 23. 下鳃盖骨 24. 尾柄高 25. 体高

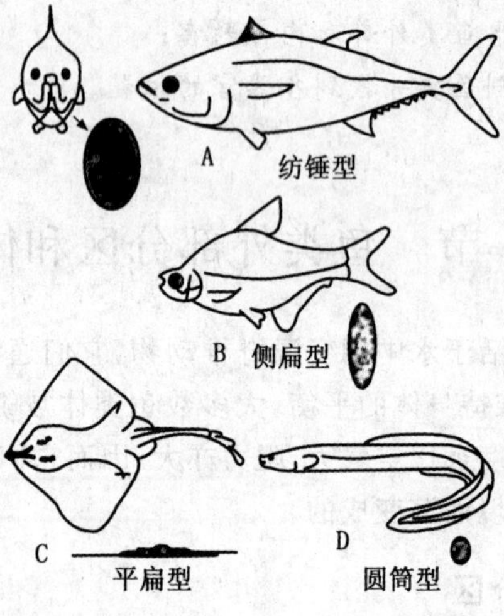

图 1-2 鱼类的基本体型(《鱼类学教程》,李承林,2004)

A. 金枪鱼 B. 团头鲂 C. 斑鳐 D. 鳗鲡

1. 纺锤型

本型是最常见的一种体型。体呈梭形,头、尾稍尖细,身体中段较粗大,其横断面呈椭圆形,侧视呈纺锤状,适于在静水或流水中快速游泳活动。如鲤鱼、鲫鱼等为此类体型。

2. 侧扁型

本体型也颇为普遍，体呈侧扁，短而高，侧视略呈菱形，多栖息于水流较缓静的水域中，运动不甚敏捷。如长春鳊、团头鲂等属此类型。

3. 平扁型

这种体型鱼类的特点是体呈左右宽阔，背腹平扁，多栖息于水体的底层，行动迟缓。如南方鲆、平鳍鳅等属此类型。

4. 圆筒型

这种体型的鱼体身延长而头尾尖细，其横断面呈圆形，侧视呈棍棒状，大多潜伏于水底沙泥之中，善穿洞或穴居生活，行动不甚敏捷。如鳗鲡、黄鳝等属此种类型。

第二节　淡水鱼类外部形态结构与功能

一、头部

主要有口、须、眼、鼻孔和鳃孔等器官（图 1-3）。口一般位于吻端，由上、下颌组成，依其所在的位置和两颌的长短，可区分成上位口、前位口和下位口。口既是捕食器官，又是鱼类呼吸时入水的通道。口的附近有须，如鲤鱼有 2 对须。须具有感觉和味觉功能，可辅助鱼类寻觅食物。多数鱼类的眼睛位于头部两侧，没有真正的眼睑，不能闭合，也不能较大地转动。眼的角膜平坦，水晶体呈圆球形，它的曲度不能改变。鱼眼的前上方左右各有 1 个鼻孔，其间有膜相隔，分为前后两鼻孔，后者不与口腔相通，故鱼类的鼻孔与呼吸并无关系。头后部两侧鳃盖后缘有 1 对鳃孔（鳝鱼的左右鳃孔合成 1 个，位于腹面），它是呼吸时出水的通道。

二、躯干部和尾部

主要有鳍、鳞片和侧线等器官。鳍是鱼类的外部器官，分布在体躯和尾部上，成为主要运动器官和保持身体平衡的工具。按其所着生的位置，可分为背鳍、胸鳍、腹鳍、臀鳍和尾鳍。鱼在水中游动时，各鳍相互配合，起到保持身体的平衡、推进、停止、减速、转弯变向等作用。大多数鱼类的体表都被有坚实的鳞片，通常呈覆瓦状排列，具有保护鱼体的作用。有些鱼类的鳞片退化，如鳗鲡、鳝鱼等；散鳞镜鲤只残留少量鳞片。在鱼体的两侧各有 1 条由鳞片上的小孔排列成线状的构造，这就是侧线。侧线是鱼类特有的感觉器官，能感觉水流方向和水压的变化。

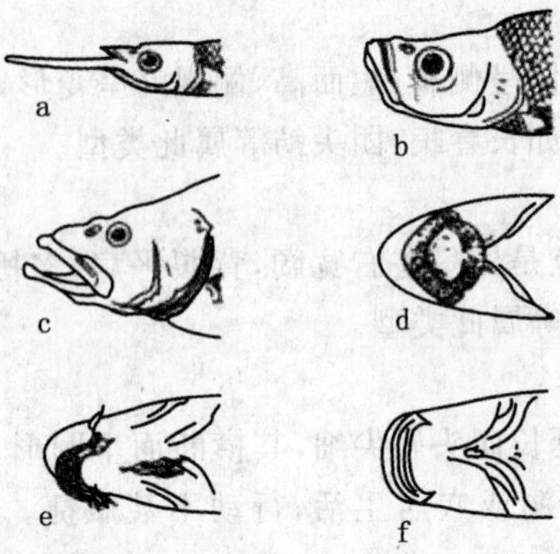

图 1-3　硬骨鱼口的位置(《鱼类生态学》,易伯鲁,1988)

a. 鱵鱼　b. 翘嘴鲌　c. 鳜鱼　d. 墨头鱼　e. 蛇鮈　f. 白甲鱼

第三节　淡水鱼类内部器官与功能

一、骨骼

鱼类与其他脊椎动物一样,具有发达的骨骼系统,它的主要功能在于支持身体、保护柔软器官以及配合肌肉产生各种形式的动作。

骨骼分为头骨、脊柱和附肢骨骼。头骨由脑颅和咽颅 2 部分组成。硬骨鱼类的脑颅是在软颅的基础上骨化成许多小骨片,同时新增加了一些膜骨,其主要作用是保护脑。咽颅位于脑颅之下,环绕消化道的最前端两侧,由左右对称并且分节的骨片所组成,与取食、呼吸有密切关系。

脊柱由体椎和尾椎 2 种脊椎骨组成,由头后直至尾基一个连着一个,组成 1 根分节的柱体,用来支持身体,保护脊髓、内脏和主要血管。

附肢骨骼是指支持鱼鳍的骨骼,分为偶鳍和奇鳍骨骼。不成对的奇鳍骨骼支持背鳍、臀鳍和尾鳍,成对的偶鳍骨骼支持胸鳍和腹鳍。

二、肌肉

肌肉是鱼类完成各种动作的物质基础。鱼类的肌肉按作用不同可以分为头部肌肉、躯干肌肉和附肢肌肉。鱼体头部肌肉种类繁多,如司口关闭的下颌收肌、司鳃盖开闭的鳃盖开肌和鳃盖收肌等。躯干肌肉分为大侧肌和上下棱肌。大侧肌是鱼体最大最重要的肌肉,自头后直至尾基两侧,可区分为性质与功能不同的红肌和白肌，是鱼体游泳前进的最主要动力。上、下梭肌位于背部和腹部中线上。附肢肌肉包括胸鳍肌、腹鳍肌、背鳍肌、臀鳍肌、尾鳍肌，这些肌肉都是由大侧肌分化而来的。

三、消化系统

消化系统由消化道和消化腺组成，其生理机能为直接或间接地承担食物的消化和吸收。

1.消化道

消化道起于口腔，经咽、食道、胃、肠终于肛门。鱼类的口腔和咽并无明显的界限，统称为口咽腔。口咽腔内有齿和鳃耙等构造。一般鱼类具有颌齿和咽齿2种，前者多起摄取食物的作用，后者则有压碎和咀嚼食物的功能。鳃耙着生在鳃弓内缘，不仅是鱼类的滤食器官，还具有味觉器官的部分作用。草食性和杂食性鱼类(如草、鲤、鲫鱼等)的鳃耙较疏短，以浮游生物为主要食物的鱼类(如鲢、鳙鱼等)的鳃耙则密而长。

鱼类的食道宽短而直，管壁厚，具有较强的扩张性，以利吞食比较大型的食物。食道内具有味蕾和发达的环肌，可以辨别和选择食物，将异物抛至口外。

胃位于食道的后方，是消化道中最膨大的部分。多数鱼类具明显的胃，胃的大小与其食性，尤其与食物的大小有密切关系。吞食大型食物或一次消耗大量食饵的鱼，其胃一般较膨大。鲤科等无胃鱼类的食道后方忽稍扩大，但在组织构造上无胃腺。

胃后是肠，其长短因鱼的食性不同而有很大差别，偏于肉食性鱼类的肠较短，偏于草食性和滤食性鱼类的肠较长，杂食性鱼类肠的长度介于二者之间。

肠的末端是肛门，被消化后的食物残渣和不能消化的其他物质，则由肠的蠕动经肛门排出体外。

2.消化腺

鱼类的消化腺包括胃腺、肠腺、肝脏、胰腺和胆囊等。这些腺体能分泌各种消化液使食物被消化。胃腺分泌的胃蛋白酶，肠腺分泌的肠蛋白酶和胰腺分泌的胰蛋白酶，均能消化各种蛋白质。肝脏和胰脏的分泌物含有较多的淀粉酶和脂肪酶，可分别把糖类和脂肪分解而被肠壁吸收。

四、呼吸系统

鱼类的主要呼吸器官是鳃。

1. 鳃

主要由鳃弓、鳃片和鳃耙组成。鳃弓是支持鳃片的骨骼。鳃耙有过滤食物的功用,它与呼吸作用无直接关系。鳃片由许多鳃丝组成,鳃丝又由很多鳃小片构成,其上密布着无数的毛细血管,是气体交换的场所。当水通过鳃丝时,鳃小片上的微血管通过本身的薄膜摄取水中的溶解氧,同时排出 CO_2。鱼类不断地用口吸水,经过鳃丝从鳃孔排出,完成呼吸过程。一旦鱼离开了水,鳃就会因失水而互相黏合或干燥,从而失去交换气体的功能,导致鱼窒息死亡。

2. 副呼吸器官

有些鱼类除了用鳃呼吸以外,还有一些辅助的呼吸器官,称为副呼吸器官。副呼吸器官分布着许多微血管,能进行气体交换,具有一定的呼吸功能。例如,鳗鲡和鲇鱼都能用其皮肤呼吸;泥鳅能用肠呼吸(把空气吞入肠中,在肠道内进行气体交换);鳝鱼的鳃已退化,不能独立完成水呼吸作用,必须依赖布满血管的口咽腔黏膜这一辅助呼吸装置才能生活;乌鳢有发达的气呼吸器官——鳃上器官,只要该器官保持湿润,从空气中摄取氧气就可以维持相当长时间的生命活动而不死。上述鱼类都可以离水较长时间而不至于很快死亡。

3. 鳔

鳔呈薄囊形,位于体腔背部,一般为二室,里面充满气体,是多数鱼类具有的器官。它是鱼体适应水中生活的比重调节器,可以借放气和吸气,改变鱼体的比重,有助于上升或下降。

五、血液循环系统

鱼类的血液循环系统主要由心脏和血管构成。心脏位于鳃弓腹面后下方的围心腔内,紧接腹腔,由 1 个心房和 1 个心室组成。血液经血管由心室流出,经过腹大动脉进入鳃动脉,深入鳃片中各毛细血管,其红细胞在此吸收氧气,排出血液中的 CO_2,使血液变得新鲜。此后,血液流经出鳃动脉而归入背大动脉,再由许多分支进入鱼体各部组织器官。然后转入静脉,再汇集到腹部的大静脉。静脉血液经过肾脏时被滤去废物,流经肝脏后重新进入心脏循环。

六、排泄器官

鱼类主要的排泄器官是肾脏,位于腹腔的背部,呈紫红色。肾脏可分为前、中、后 3 部分。肾脏后部延伸出输尿管,左右输尿管在腹腔后部汇合,并突出一个不大的膀胱。总输尿管的末端与生殖导管相合,以 1 个尿殖孔开口或分开开口于肛门的后方。鱼的肾脏除了泌尿的功能以外,还可以调节体内的水分,使之保持恒定。

另外，鱼鳃也有排泄作用，其主要排出物是氨、尿素等易扩散的氮化物和某些盐分。

七、生殖系统

鱼类的生殖系统包括1对生殖腺和生殖导管。生殖腺在雄鱼体内称为精巢，在雌鱼体内称为卵巢。多数鱼类为雌雄异体，生殖腺成对，即精巢或卵巢都是左右各一个，由系膜悬挂在腹腔背壁上。绝大部分鱼类是体外受精的，即精子和卵子均由亲鱼产出后在水中结合受精。精巢是产生精子的器官，位于鳔的两侧腹腔内。未达到性成熟时呈淡红色，性成熟后精巢为乳白色，内有许多精液。输精管紧接精巢，左右输精管后段合并为总输精管，其末端以尿殖孔开口在肛门之后。卵巢与精巢的着生部位相同，性成熟时可以看到卵巢内有许多卵粒。卵巢有包膜向后延伸形成输卵管，末端由生殖孔通体外。

八、神经系统

鱼类的神经系统由中枢神经系统、外围神经系统和植物性神经系统3部分组成。

鱼类的中枢神经系统由脑和脊髓组成。脑是鱼的指挥控制系统，它由端脑、间脑、中脑、小脑、延脑组成；外围神经系统包括脊神经和脑神经2部分；植物性神经系统是一类专门管理内脏平滑肌、心肌、内分泌腺和血管扩张收缩等活动的神经。

复习思考题

1. 鱼类的体型有哪几种？
2. 鱼类的外部器官有哪些？功能如何？
3. 鱼类的内部器官有哪些？功能如何？

第二章　淡水鱼类生物学特性及养殖选择标准

知识目标

- 了解青鱼、草鱼、赤眼鳟之间的形态差异；
- 了解鲢鱼与鳙鱼之间、鲤鱼与鲫鱼之间及鳊鱼与鲂鱼之间的形态差异；
- 熟悉大宗养殖鱼类的生活习性、生长特点、繁殖习性；
- 熟悉几种名特优鱼类的生活习性、生长特点、繁殖习性。

能力目标

- 能识别四大家鱼并能够区别鲤鱼、鲫鱼、鳊鱼、鲂鱼等养殖鱼类；
- 能识别鳜鱼、加州鲈、大口鲇、乌鳢、黄鳝、泥鳅几种名特优鱼类；
- 能根据情况选择出适宜的经济鱼类进行养殖，提高养殖效益。

第一节　淡水经济鱼类的生物学特性

我国鱼类资源非常丰富，现已知有 2 500 种，其中淡水鱼类有 800 余种。我国淡水养殖的大宗养殖鱼类主要有青鱼、草鱼、赤眼鳟、鲢鱼、鳙鱼、鲤鱼、鲫鱼、鳊鱼、鲂鱼、鲮鱼等，其中青鱼、草鱼、鲢鱼、鳙鱼又被称为淡水“四大家鱼”。还有经济价值较高的名特优鱼类，如鳜鱼、加州鲈、大口鲇、乌鳢、黄鳝、泥鳅等。

一、大宗养殖鱼类的生物学特性

(一)青鱼、草鱼、赤眼鳟的生物学特性

1. 青鱼

(1)形态特征　青鱼又名乌草鱼,体长略呈圆筒形,尾部侧扁,腹部圆,无腹棱。头部稍平扁。口端位,呈弧形,上颌稍长于下颌,无须。咽齿1行,齿式为4/5,呈臼齿状,咀嚼面光滑,无槽纹。背鳍和臀鳍无硬刺,背鳍与腹鳍相对。体背及体侧上半部青黑色,腹部灰白色,各鳍均呈灰黑色。

(2)生活习性　青鱼主要分布于我国长江以南的平原地区,长江以北较稀少;它是长江中、下游和沿江湖泊里的重要渔业资源和各湖泊、池塘中的主要养殖对象,为我国淡水养殖的“四大家鱼”之一。

青鱼性情不活泼,通常栖息在水的中下层,多集中在食物丰富的江河弯道和沿江湖泊中摄食育肥,在深水处越冬。行动有力,不易捕捉。耗氧状况与草鱼接近,水中溶氧量低于1.6 mg/L时呼吸受到抑制,低至0.6 mg/L时开始窒息死亡。在0.5～40℃水温范围内都能存活,繁殖与生长的最适温度为22～28℃。喜微碱性清瘦水质。

(3)食性与生长　青鱼食物以螺蛳、蚌、蚬、蛤等为主,亦捕食虾和昆虫幼虫。日摄食量通常为体重的40%左右,环境条件适宜时可达60%～70%。仔鱼体长7～9 mm时进入混合性营养期,此时一面继续利用自身的卵黄,一面开始摄食轮虫和无节幼虫;10～12 mm时,摄食枝角类、桡足类和摇蚊幼虫;体长达30 mm左右时食性渐渐分化,开始摄食小螺类。

青鱼生长迅速,个体较大,2～3冬龄可达3～5 kg,最大个体可达70 kg,长江中常见的个体重15～20 kg。

(4)繁殖习性　青鱼性成熟为6～7龄。繁殖季节为5～7月。每到5月初在江河干、支流流速较高的场所产卵繁殖,青鱼怀卵量大,每千克体重平均为10万粒左右;卵漂流性,卵膜透明,卵径1.5～1.7 mm,吸水膨胀后可达5.0～7.0 mm。精子排入淡水后一般只在1 min内具有受精能力。胚胎发育适温18～30℃,最适温度(26±1)℃,低于17℃或高于30℃就会引起发育停滞或畸形。在水温为21～24℃时约35 h孵出仔鱼。初孵仔鱼淡黄色,长6.4～7.4 mm,略弯曲。青鱼苗在卵黄囊消失和鳔出现后,其头、背呈现“垲”状黑色花纹。生殖期间,雄鱼的胸鳍内侧、鳃盖及头部出现珠星,雌鱼的胸鳍内侧光滑无珠星。

(5)经济意义　青鱼因肉质好,肉间细刺少,味道鲜美,营养价值高而被视为上等食用鱼。而且病害少,生长速度快,一般鱼种增重在7倍以上,其养殖经济效益

远高于其他常规品种。

2. 草鱼

(1)形态特征　草鱼又名鲩鱼、草根。体长呈圆筒形，腹部无腹棱，头端圆钝，体色呈草黄色，咽齿2行，齿式为2.5/4.2，齿栉状，每个齿侧面观很像一把小手锯，适于切割水草。

(2)生活习性　草鱼喜欢栖居在水体中下层和近岸水草区，性情活泼，游泳快，喜清新的水质，通常在被淹没的浅滩草地和湖泊、小河的水草丛生地带摄食育肥。

(3)食性与生长　草鱼的食性为草食性，幼小时以小型浮游动物为食，以后吃鲜嫩的水生植物，如芜萍、浮萍等，成鱼摄食各种水草、旱草。草鱼性贪食，摄食量大，粪便中纤维质和未被消化的细胞含量较大，因此草鱼粪便对水质的影响较大。草鱼能迅速清除水域中各种水草，俗有“开荒者”之称。草鱼也喜食各种饼渣、糠饼、麦麸等人工饵料。

草鱼生长速度快，在1～2龄阶段体长增长最快，体重增长最快为2～3龄，5龄以后明显变慢，最大的个体可达35 kg左右。

(4)繁殖习性　草鱼的性成熟年龄为4～5龄。性成熟雌鱼个体在5 kg以上，怀卵量大，体重在10 kg以上的个体可达100万粒以上。卵为半浮性。繁殖期为4～7月，于各江河及大型水库上游产卵，卵顺水漂流发育成幼鱼。

(5)经济意义　草鱼广泛分布于我国南北水域，产量大。因饵料来源丰富，生长快，肉质鲜美，除国内广为养殖外，很多国家也从我国移植草鱼放养到水草茂盛的水域中，用以控制和利用水生植物。

3. 赤眼鳟

(1)形态特征　赤眼鳟又名野草鱼。体长略呈圆筒状，腹圆，后端稍侧扁。头呈圆锥形，吻钝，口呈弧形。外形酷似草鱼，因眼上半部具红色斑而得名。上颌两侧有2对极短小的须。咽齿3行，齿式为2.4.5/4.4.2，顶端稍呈钩状。眼大，近吻端。体背深灰色，腹部浅黄，体侧及背部每个鳞片后缘有黑斑，组成体侧的纵列条纹。背鳍深灰色，尾鳍后缘呈黑色，其他各鳍灰白。

(2)生活习性　赤眼鳟为中层鱼类，喜欢栖居于江河流速较缓的水域和湖泊。河水上涨时进入小河中，生殖期集群活动。

(3)食性与生长　赤眼鳟幼鱼常在江湖沿岸浅水中觅食，食性杂，以藻类和水生高等植物为主，兼食水生昆虫、小鱼和卵粒，以及淡水壳菜等。生长速度较慢，个体不大，3龄时体重不满500 g，最大个体仅有2～2.5 kg。

(4)繁殖习性　赤眼鳟2龄达性成熟，生殖季节在5～8月，一般在支流沿岸有水草的区域产卵，间或也有在浅沙滩上产卵的。

我国除青藏高原外，各大小江河及湖泊均产此鱼，国外见于朝鲜及越南。

（5）经济意义　赤眼鳟含肉率高达 74.64％，肌肉鲜样中的营养成分为粗蛋白 18.05％，粗脂肪 4.95％，钙 0.5％，磷 0.48％。该鱼食性杂，适温范围广，生长较快，肉质好，味道鲜，深受消费者喜爱；此外，养殖成本低、商品鱼售价高，是当前淡水养殖的热门的经济鱼类。

青鱼、草鱼、赤眼鳟的生物学特性的比较见表 2-1。

表 2-1　青鱼、草鱼、赤眼鳟的生物学特性比较

项目	青鱼	草鱼	赤眼鳟
俗称	青鲩、螺蛳青	鲩	野草鱼
头部	尖	头扁平、钝	尖
体色	青黑色	黄黑色	深灰色
腹棱	无	无	无
咽齿	4/5	2.5/4.2	2.4.5/4.4.2
生活水层	中下层	中下层	中层
食性	肉食性	草食性	杂食性
产卵年龄	6～7 龄(15 kg/尾)	4～5 龄(6 kg/尾)	2 龄(0.3 kg/尾)

（二）鲢鱼、鳙鱼的生物学特性

1.鲢鱼

（1）形态特征　鲢鱼又名白鲢、鲢子。体侧扁形。头长约为体长的 1/4，咽齿 1 行，齿式为 4/4，扁平呈杓形，齿面有细槽纹。腹棱自胸鳍基部至肛门前，体色银白，各鳍灰色。鳃耙发达、数多、排列紧密，鳃耙之间有骨膜和膜质连接，外观为多孔的膜质片，并在鳃弓上方形成螺旋形的鳃耙管。

（2）生活习性　鲢鱼喜欢生活在水体的上层，性情活泼，善跳跃。平时栖息在江河及附属水体里摄食和育肥，生殖季节在大江河中产卵生殖，产卵后又进入湖泊中摄食生长，冬季在河床、湖泊深处越冬。

（3）食性与生长　鲢鱼主要靠鳃耙滤取水中的浮游生物为食。幼小时吃小型的浮游动物，鳃耙发育完善后主要摄取水中的浮游植物，同时也滤食水中的豆浆颗粒及其他悬浮的人工饵料。

鲢鱼的生长速度快，个体大，在长江流域最大的个体可达 35 kg。为我国重要的大中型经济鱼类。

（4）繁殖习性　鲢鱼一般 3～4 龄达到性成熟，性成熟个体雌鱼的体重在 3～4 kg，体重 10 kg 左右的雌鱼怀卵量可达 100 万粒以上。长江流域一带 4～7 月份，水温20℃左右卵巢发育成熟，当江河涨水、流速加大时，游至产卵场产卵。卵与草、青鱼一样也是半浮性的，能随水流漂流，孵出的仔鱼又进入江河中摄食生长。

(5)经济意义　鲢鱼富含蛋白质及氨基酸，也含有脂肪、糖类、灰分、钙、磷、铁、维生素B_1、维生素B_2、烟酸等，均可为人体所利用，其营养价值较高。除此之外，鲢鱼具有温中益气、暖胃、润泽皮肤的作用，可用于脾胃气虚所致的乳少、体虚、皮肤粗糙无光泽等症状。

2. 鳙鱼

(1)形态特征　鳙鱼又称花鲢、胖头。体形接近鲢鱼，但头较大，头长约为体长的1/3。腹棱只在腹鳍之后。体背面及上侧面暗色，体侧有许多不规则的黑色斑点，体下侧及腹部灰白。咽齿1行，齿式为4/4，与鲢鱼一样也呈杓形，但齿面没有槽纹。

(2)生活习性　鳙鱼栖息在水体中上层，行动较缓，性情温顺，不善跳跃，很易捕捞。其他栖居习性和鲢鱼相近。

(3)食性与生长　主要摄食各种浮游动物，也食藻类和滤食人工饵料。鳙鱼生长速度稍快于鲢鱼，体重增长在2龄以后加快，7龄以后又减慢。最大的个体在50 kg以上。

(4)繁殖习性　鳙鱼一般在4～5龄达性成熟，成熟雌鱼的体重在10 kg左右。怀卵量可达150万粒以上，产卵习性和鲢鱼相近。

(5)经济意义　鳙鱼营养价值高，属于高蛋白、低脂肪、低胆固醇的鱼类，每100 g鳙鱼肉中含蛋白质15.3 g，脂肪0.9 g。另外，鳙鱼还含有维生素C、维生素B、钙、磷、铁等营养物质。鳙鱼味甘性温、无毒，有暖胃、祛头眩、益脑髓的功效，还对心血管有保护作用。

鲢鱼、鳙鱼的生物学特性的比较见表2-2。

表2-2　鲢鱼、鳙鱼的生物学特性比较

项目	鲢鱼	鳙鱼
俗称	白鲢、鲢子	花鲢、大头鱼
头长	约为体长的1/4	约为体长的1/3
体色	银白色，无斑纹	青灰色，有不规则黑斑
腹棱	自胸鳍基部到肛门	自腹鳍基部到肛门
咽齿	4/4，齿面有细纹	4/4，齿面光滑
鳃耙	海绵状	栅栏状
胸鳍	末端不超过腹鳍基部	末端超过腹鳍基部

续表 2-2

项目	鲢鱼	鳙鱼
生活水层	中上层	中上层
食性	滤食性，以浮游植物为主	滤食性，以浮游动物为主
性成熟年龄	3～4 龄，产漂流性卵	4～5 龄，产漂流性卵
性情	活泼，受惊蹿出水面 1 m 多高	温顺

（三）鲤鱼、鲫鱼的生物学特性

1. 鲤鱼

（1）形态特征　鲤鱼体长而侧扁，腹部圆，口端位，马蹄形，有 2 对短须。背鳍和臀鳍前部的第 3 根硬棘强大，后缘有锯齿。体背部黑色，侧线下方带金黄色，雄鱼的尾鳍和臀鳍橙红色。其咽齿 3 行，齿式为 1.1.3/3.1.1，呈臼状，齿面有槽纹。

（2）生活习性　鲤鱼大多栖息在水草丛生的水体底层，春季至浅水区产卵，生长季节在沿岸觅食，冬季至深水区越冬。

（3）食性特点　鲤鱼是典型的杂食性鱼类，鱼苗阶段以小型的浮游动物为食，体长 2 cm 时转食小型底栖动物，成鱼主要吃底栖动物，如小型贝类、昆虫幼虫和环节动物等，也吃相当数量的水草和丝状藻类，还喜欢摄食人工饵料。

（4）繁殖习性　鲤鱼性成熟年龄一般为 2 龄，体长在 30 cm 左右。体长在 35 cm 左右的怀卵量在 10 万粒左右。产黏性卵，产卵时必须有水草等鱼卵的附着物，所以产卵场所多在水草丛生的浅水区，产卵水温通常在 17℃以上，盛期在 4～5 月份。鲤鱼产卵是分批进行的，春季产卵后，卵巢中未成熟的卵母细胞进一步发育，至夏末、初秋又可成熟产卵。

（5）经济意义　鲤鱼肉味好，生长快，对不良环境的抵抗能力强，耐肥水，耐密养，疾病少，食性杂，饲料来源广，是世界上很多国家的主要养殖对象。在我国也是养殖和天然捕捞的主要对象。

2. 鲫鱼

（1）形态特征　鲫鱼头小，体较高，无须。背、臀鳍有带锯齿的硬棘。咽齿 1 行，齿式为 4/4，齿形侧扁。体色银灰，背部青灰，腹部银白，各鳍灰色。

（2）生活习性　鲫鱼的适应力较强，在不同的淡水水域中均有分布，但比较喜欢栖息在水草丛生的浅水河湾、湖汊中，生命力很强。

（3）食性特点　鲫鱼为典型的杂食性鱼类，以吃浮游动物、藻类、水草的幼芽嫩叶和碎屑为主。饵料要求比鲤鱼低，也很喜欢摄食人工饵料。

（4）繁殖习性　鲫鱼 1 冬龄达性成熟。体长在 12 cm 左右的怀卵量在 1.2 万粒左右。与鲤鱼一样也产黏性卵，卵粒分批产出。要求水温在17℃以上时产卵，卵附在水草上孵化。在我国的许多地区，是淡水池塘养殖的主要对象或主要搭配对象。目前推广养殖的优良品种有异育银鲫、白鲫、湘鲫等。

鲤鱼、鲫鱼的生物学特性的比较见表2-3。

表2-3 鲤鱼、鲫鱼的生物学特性比较

项目	鲤鱼	鲫鱼
体型	侧扁	体较高
须	须2对	无须
体色	灰黄带青	青灰色
咽齿	1.1.3/3.1.1，齿具沟纹	4/4
生活水层	下层	中下层
食性	杂食偏动物	杂食偏植物
性成熟年龄	2龄，产黏性卵	1龄，产黏性卵

(四)长春鳊、团头鲂的生物学特性

1. 长春鳊

(1)形态特征　长春鳊体型侧扁呈长菱形，腹部从面颊部至肛门都有腹棱，体背青灰色，带浅绿色，腹面银白色。咽喉齿3行，齿细长侧扁，顶端略呈钩状。

(2)生活习性　长春鳊平时喜欢生活在水体中下层，喜在水流缓慢的浅水区摄食。

(3)食性与生长　长春鳊为草食性鱼类，主要吃水草和丝状藻类，有机碎屑，也吃浮游动物、水生昆虫、小虾。鳊鱼生长较慢，一般体重在0.25～2 kg。

(4)繁殖习性　鳊鱼2冬龄进入性成熟，体重在0.5 kg左右，5～7月份在流水中产卵，卵半浮性。

(5)经济意义　鳊鱼其肉味鲜美，含脂量高，是适合于大中型水体放养的优良养殖对象。

2. 团头鲂

(1)形态特征　团头鲂又名武昌鱼，体侧扁，较鳊鱼高，也呈菱形，仅腹鳍后至肛门有腹棱。体色灰黑，体侧有几条灰白色条纹；咽齿3行，齿式为2.4.5/5.4.2，齿端呈钩状。

(2)生活习性　团头鲂原产于长江中游一带的湖泊中，生活在淤泥底水草多的水体中下层。

(3)食性与生长　团头鲂为草食性鱼类，主要摄食水草、丝状藻类、有机碎屑等植物性饵料，也吃少量的浮游动物。团头鲂的生长速度快，1 龄鱼平均体长为 16 cm，2 龄鱼为 30 cm，3 龄鱼为 40 cm，最大的个体可达 3 kg 以上。

(4)繁殖习性 团头鲂 2 冬龄体长在 25 cm 左右，体重在 0.3～0.5 kg 达性成熟，怀卵量为 3.7 万～10.3 万粒。5～6 月份在有微流水的水草区产卵，卵为黏性，黏附在水草或其他附着物上孵化。

(5)经济意义 团头鲂肉味鲜美，抗病力强，饵料易解决，繁殖简单，易于捕捞，适合在水草丛生的湖泊、河道和池塘中放养，目前已被广泛移植到全国各地。

鳊鱼、鲂鱼的生物学特性的比较见表 2-4。

表 2-4 鳊鱼、鲂鱼的生物学特性比较

项目	鳊鱼	鲂鱼
俗称	长春鳊	团头鲂、武昌鱼
腹棱	自胸鳍基部到肛门	自腹鳍基部到肛门
生活水层	中下层	中下层
食性	草食为主的杂食性	草食为主的杂食性
性成熟年龄	2 龄，产半浮性卵	2 龄，产黏性卵

二、几种名特优鱼类的生物学特性

名贵鱼类一般肉质细嫩，无刺，肉味鲜美，经济价值高。目前，在我国大力推广的名贵鱼类有：鳜鱼、鲇鱼、鳗鱼、加州鲈、乌鳢、泥鳅、黄鳝等。各地可根据本地条件，选择合适的鱼类进行养殖。

(一)鳜鱼

我国鳜鱼主要有长体鳜、暗色鳜、斑鳜、波纹鳜、大眼鳜、翘嘴鳜等。其中翘嘴鳜生长速度比较快，最适于养殖。

1. 形态特征

鳜鱼体高而侧扁，背部隆起，口大而斜裂，上下颌有绒毛状细齿；硬棘发达，具圆鳞，细小，胸鳍、尾鳍均为圆形，胸鳍近胸位。体黄绿色，腹部灰白色，体侧具有不规则的暗棕色斑点及斑块。自吻端穿过眼眶至背鳍前下方有 1 条狭长的黑色带纹，在背鳍的第 6～7 根刺的下方有 1 条较宽的暗棕色垂直带纹。奇鳍上均具有暗棕色的斑点连成带纹。

2. 生活习性

鳜鱼喜欢在清新的静水或水流缓慢的江河湖泊中生活，一般栖息在水的底层光线较暗处，喜潜伏在水草、树根或石块处。鳜鱼对溶解氧的要求很高，窒息点远远高于普通养殖鱼类。但它们对水温的要求较低，只有在7℃以下才停止摄食。每年的3～11月份为鳜鱼的生长期，5～9月份为最适生长期。

3. 食性与生长

鳜鱼为典型的肉食性凶猛鱼类，鱼苗阶段就以其他鱼苗为饵料，主要摄食鳑鲏、鲫鱼、鲤鱼、虾等。多在夜间捕食，摄食方式为伏击式，通常静卧在池底或水草丛中，当饵料鱼游近或逗留在附近时，即迅猛捕获，将其吞食。尤其喜欢摄食纺锤形或长形的饵料鱼，饵料缺乏时则互相吞食。鳜鱼这种吃活鱼的习性可进行驯化，先利用过量活饵料鱼喂养鳜鱼，然后逐渐减少投喂量，使鳜鱼在投喂时能吃尽饵料鱼，当它们形成很好的摄食反应后即可投死饵料鱼和饵料鱼块。最后投喂鱼糜饲料，并逐渐减少鱼肉含量，过渡到人工配合饲料。

鳜鱼生长较快，一般情况下，当年可达50～100 g，2龄鱼可达500 g。稀养、饵料充足时生长速度更快。

4. 繁殖习性

鳜鱼的产卵季节为5月中旬至7月初，6月份为产卵盛期。2龄即可达到性成熟，怀卵量一般为3万～20万粒，产卵场为沙质底的平缓浅水流环境。卵具有油球，能漂流在水中。

5. 经济意义

鳜鱼因肉质细嫩，味道鲜美爽口，无肌间刺，老少皆宜而驰名中外。其蛋白质含量超过畜类，并含有人体必需的氨基酸和多种维生素，脂肪含量低，为淡水鱼类中的名贵食用鱼类。

(二)鲇鱼

鲇鱼喜欢动物性饵料，但在人工养殖条件下，能摄食人工配合饲料。在我国大力推广的鲇鱼优良品种是南方大口鲇，又名河鲇，广泛分布于长江流域的江河湖泊中，具有较高的养殖价值和经济价值，是湖南省重点推广的名贵鱼类。

1. 形态特征

大口鲇的前部呈圆形，腹部短胖，尾部长而侧扁，头部宽扁。因吻宽圆钝，口大而得名。牙齿细密锐利，头部具须2对；背鳍短小，臀鳍长，后方与尾相连；尾鳍小，近斜截形；体表光滑无鳞片富有黏液；体背侧为灰褐色、黄绿色或灰黑色，腹部灰白色，各鳍灰黑色。

2. 生活习性

大口鲇喜栖息于敞水，营底栖生活，白天多成群地潜伏于池底弱光处隐蔽，到了晚间才分散到整个水域中觅食。它们性情温顺，不善跳跃，不钻泥，容易捕捞。但特别善于随水流逃跑，无论顺流还是逆流。

大口鲇属温水性鱼类,生存适温为 0～38℃,在池养条件下生长适温为 12～31℃,最佳生长水温为 25～28℃,对溶解氧的要求比家鱼要略高,水中溶解氧的浓度低于 2 mg/L 时则出现浮头,低于 1 mg/L 时就窒息死亡。

3. 食性与生长

大口鲇是凶猛的肉食性鱼类,其摄食对象多是鱼类,也吃水生昆虫和蛙类等,能捕食相当于自身长度 1/3 的鱼体。冬季减食或停食。在池养条件下,也能够改吃配合颗粒饲料,要求饲料中粗蛋白质含量在 40%左右,苗种阶段甚至高达 45%以上,其中动物蛋白质应占 30%。

大口鲇生长速度快。当年 4 月份人工孵出的鱼苗养到年底全长可达 40 cm、体重 0.65 kg;第二年最大个体可达 60 cm、体重 2.25 kg;第三年最大个体能达 3.7 kg。在长江以南各省区,一年四季都能生长,但以夏、秋长势最猛,日增重可达 3～5 g,冬季生长较缓,日增重为 0.01～0.5 g。

4. 繁殖习性

大口鲇的性成熟年龄为 4 龄,在江河的繁殖季节为 4～6 月份,经人工培育的亲鱼可提前到 3 月中、下旬成熟,1 年可产卵 2～3 次。产卵水温为 18～26℃,最适水温 20～23℃。每千克亲鱼体重可产卵 3 000～5 000 粒。卵呈油黄色,沉性,黏性强,可附着在聚乙烯纱窗布或其他附着物上孵化。水温 22～23℃时,受精卵需 50～60 h 孵出鱼苗。刚出膜的仔鱼有一个很大的卵黄囊,侧卧于水底只能缓缓颤动,2～3 d 后就可自由游泳并开始觅食。

5. 经济意义

南方大口鲇肉质细嫩、味道鲜美、肉多刺少、腴而不腻,不仅是宴席上的美味佳肴,而且还有一定的药用价值,具有促进人体手术伤口愈合的功效。

(三)加州鲈

1. 形态特征

加州鲈体型为长纺锤形,略侧扁,头大且长,眼大,眼珠突出。口上位,口裂大而宽。颌骨、犁骨有完整的梳状细齿。全身披银灰色或淡黄色鳞片,背脊常呈青绿色或淡黑色,同时沿侧线附近有黑色斑纹。

2. 生活习性

加州鲈主要栖息于水清且水草茂盛的浅水水域中。加州鲈性情温顺,不喜欢跳跃,活动范围较小,有占地的习性。加州鲈耐低氧的能力较强,溶氧在 1.5 mg/L 以上就能正常生活。加州鲈适应温度的范围也广,在水温 1～36℃时都能生存,10℃以上开始摄食,最适生长温度为 20～30℃。

3. 食性与生长

加州鲈是以肉食性为主的鱼类，在孵出的1个月内鱼苗主要摄食轮虫和小型的甲壳类动物。全长5～6 cm时，大量摄食水生昆虫、小鱼、小虾、蝌蚪等。全长达10 cm以上时，常以其他小鱼作主食。人工养殖下也能摄食配合饲料。在饵料不足的情况下，会相互残杀。

加州鲈捕食能力强，食量大，生长也快，在食物充足的情况下，当年繁殖的鱼苗养到年底即可长到500 g。湖南地区池塘养殖，2龄鱼体重可达500～750 g。

4. 繁殖习性

加州鲈一般2龄达到性成熟。适宜繁殖的水温为18～30℃，最适温度为20～24℃，湖南省5月份为产卵盛期。产卵前，雄鱼用池底水草、石砾等筑巢，筑好后等待引诱雌鱼进巢交配、产卵和受精。受精卵黏附在鱼巢上，由雄鱼守护，直至孵出鱼苗。其产卵为1年多次性类型。怀卵量一般为4万～10万粒。

5. 经济意义

加州鲈原产于北美，属广温肉食性鱼类，因其肉质细嫩、坚实，味道鲜美，深受消费者青睐。又因它具有捕食野杂鱼、生长快、抗病力强、起捕率高、易驯食等特点，所以市场价格比较高，是经济价值较高的名贵鱼类，也是目前具有发展潜力的淡水养殖品种。

（四）乌鳢

乌鳢除高原地区外，主要分布于长江流域的湖北、江西、安徽、浙江、江苏等省。

1. 形态特征

乌鳢又名才鱼。乌鳢身体的前半部呈圆筒形，后部侧扁，头尖而扁平，头上覆盖鳞片；口大，端位，上、下颌骨有尖锐的细齿；全身呈灰黑色，体两侧有许多不规则的合适斑纹条，头侧有2条纵向的黑色条纹。

2. 生活习性

乌鳢常潜伏在浅水水草丛生的水底，对水质、水温的适应能力强，能用鳃上器官辅助呼吸，耐低氧的能力强，即使在离水情况下，只要保持鳃部湿润，也可存活很长时间。乌鳢善跳跃，成鱼能跳离水面1.6 m左右，尤其喜欢逃向低水位处。夏天雨天，能以蛇形移动的方式移居他处。

3. 食性与生长

乌鳢为凶猛的肉食性鱼类，猎捕食物时，多隐蔽在水底草丛中突然袭击游近的小鱼虾。体长3 cm以下的幼鱼以浮游动物为食；体长3～4 cm的小乌鳢，以水生昆虫、小鱼虾为食；体长8 cm以上则以鱼类为主食。人工养殖条件下，通过驯食也可摄食人工配合饲料。一般1冬龄个体重可达50～100 g，2龄为500 g，3龄为

750～1 000 g。

4. 繁殖习性

乌鳢的性成熟年龄为 2 龄，产卵季节为 5～6 月份。产卵前，雌、雄鱼共同衔取水草、植物碎片吐泡筑巢，然后将卵子产于其中。产卵 1 次约为 1 万粒，卵为金黄色，具油球，为浮性卵，受精卵经 2 d 左右可孵出仔鱼。幼仔刚产出时受到亲鱼的保护，长到 4～5 cm 时才散群独立觅食。

5. 经济意义

乌鳢肉质细嫩，味道鲜美，无细刺，含有大量的蛋白质和微量元素，乌鳢除有很高的营养价值外，而且有生肌活血，滋补身体的药用价值，深受广大消费者的喜爱，同时，乌鳢生长快、病害少，适合高密度养殖，属淡水鱼类中一种比较名贵的鱼类，深受国内外市场的欢迎。

（五）泥鳅

1. 形态特征

泥鳅体细长，前段略呈圆筒形，后部侧扁，腹部圆，头小。口小、下位，马蹄形。眼小，无眼下刺。须 5 对。鳞极其细小，圆形，埋于皮下。体背部及两侧灰黑色，全体有许多小的黑斑点，头部和各鳍上亦有许多黑色斑点，背鳍和尾鳍膜上的斑点排列成行，尾柄基部有一明显的黑斑，其他各鳍灰白色。泥鳅广泛分布于亚洲沿岸的中国、日本、朝鲜、俄罗斯及印度等国家。

2. 生活习性

泥鳅喜栖息于静水水体底层，特别是有丰富的有机碎屑的淤泥表层。主要用鳃呼吸，缺氧时皮肤和肠管也可辅助呼吸。因此，泥鳅的耐缺氧能力非常强。适宜的生长水温为 15～30℃，水温低于 10℃时入泥冬眠，高于 30℃时钻入草丛或泥底休息。

3. 食性与生长

泥鳅属杂食性鱼类，水中和泥中的植物、小型动物和有机碎屑等都是泥鳅良好的饵料。但泥鳅对动物性的饵料有明显的嗜好。对人工饵料如米糠、豆渣、蚯蚓、河蚌肉、动物下脚料等都能很好地摄食。一般是昼伏夜出，人工养殖摄食一般在上午 7:00～10:00 和下午 4:00～6:00。

4. 繁殖习性

泥鳅在 1 冬龄体长达 10 cm 以上的泥鳅就已性成熟，怀卵量一般为 1 万粒左右，卵黏性。属分批产卵类型。

5. 经济意义

泥鳅营养丰富，味道鲜美，素有“水中人参”之称。泥鳅可食部分多，蛋白质含量高，为18.4～22.6 g，是高蛋白、低脂肪的高档保健食品。泥鳅具有较高的药用价值，《本草纲目》中记载，泥鳅有“暖中益气”之功效，能解渴酒、利小便、壮阳、收痔。泥鳅味甘、性平，能调中益气、祛湿解毒、滋阴清热、通络补益肾气，治疗多种疾病，泥鳅不但在国内市场，在国际市场上也是畅销紧俏的水产品，是我国传统的外贸出口商品。

（六）黄鳝

黄鳝广泛分布于我国各地的湖泊、河流、水库、池沼、沟渠等水体中。除西北高原地区外，各地区均有记录，特别是珠江流域和长江流域更是盛产黄鳝的地区。黄鳝在国外主要分布于泰国、印度尼西亚、菲律宾等国家，另外，印度、日本、朝鲜也产黄鳝。

1. 形态特征

黄鳝体细长，呈蛇形，体前圆后部侧扁，尾尖细。头长而圆。口大，端位，上颌稍突出，唇颇发达。上、下颌及口盖骨上都有细齿。眼小，为一薄皮所覆盖。左、右鳃孔于腹面合而为一，呈“V”字形。鳃膜连于鳃峡。体表一般有润滑液体，方便逃逸，无鳞。无胸鳍和腹鳍，背鳍和臀鳍退化仅留皮褶，无软刺，都与尾鳍相联合。活体大多呈黄褐色、微黄或橙黄，有深灰色斑点，也有少许鳝鱼是白色，俗称“白鳝”。

2. 生活习性

黄鳝为热带及暖温带鱼类，营底栖生活，适应能力强，在河道、湖泊、沟渠及稻田中都能生存。日间喜在多腐殖质淤泥中钻洞或在堤岸有水的石隙中穴居。白天很少活动，夜间出穴觅食。鳃不发达，而借助口腔及喉腔的内壁表皮作为呼吸的辅助器官，能直接呼吸空气，在水中含氧量十分贫乏时，也能生存。出水后，只要保持皮肤潮湿，数日内亦不会死亡。

3. 食性与生长

黄鳝为以动物性食物为主的杂食性鱼类。在野生条件下，幼鳝主要摄食水蚯蚓、枝角类、桡足类等大型浮游生物，也摄食水生昆虫的幼虫，有时兼食有机碎屑、丝状藻类和浮游藻类。成鳝摄食小型动物和昆虫，如小型鱼类、虾类、蝌蚪、幼蛙、小型的螺和蚌，在夜间有时到岸上捕食蚯蚓、蚱蜢、金龟子、蟋蟀、飞蛾等，蚯蚓是黄鳝的最好饲料。在人工饲养期间，可投喂河蚌肉、螺、蚬、蚕蛹、猪肉、畜禽下脚料、鱼肉浆等。黄鳝吃食贪婪，若食物鲜活适口，1次摄食量能占体重的10%以上。黄鳝耐饥饿能力强，刚孵出的幼鳝，放在水缸里用自来水饲养，不喂食，2个月也不会饿死；成鳝在湿润的土壤里，1年不摄食也不会因饥饿而死亡。但在饥饿时，黄鳝有相互残杀的习性。

4.繁殖习性

黄鳝生殖季节在6～8月份，在其个体发育中，具有雌雄性逆转的特性，即从胚胎期到初次性成熟时都是雌性(即体长在35 cm以下的个体的生殖腺全为卵巢)，产卵后卵巢逐渐变为精巢，体长在36～48 cm时，部分性逆转，雌、雄个体几乎相等，成长至53 cm以上者则多为精巢。当年幼鱼只能长到20 cm，2冬龄的雌鱼才达成熟期，体长至少为34 cm。最大个体可达70 cm，体重1.5 kg。黄鳝产卵在其穴居的洞口附近，产卵前口吐泡沫堆成巢，受精卵在泡沫中借助泡沫的浮力，在水面上发育，雌、雄鱼都有护巢的习性。

5.经济意义

黄鳝肉嫩味鲜，营养价值甚高。蛋白质含量高达17.2～18.8 g，脂肪含量低，为0.9～1.2 g，鳝鱼中含有丰富的DHA和卵磷脂，它是构成人体各器官组织细胞膜的主要成分，而且是脑细胞不可缺少的营养。鳝鱼不仅营养价值高，而且还有较高的药用价值，如鳝鱼特含降低血糖和调节血糖的“鳝鱼素”，且所含脂肪极少，是糖尿病患者的理想食品。黄鳝适应环境能力强，耐低氧，便于运输，养殖方法简便，经济效益高，人工养殖黄鳝具有较大的发展潜力。

第二节 淡水养殖鱼类选择标准

正确选择养殖鱼类的种类，是养鱼获得成功的先决条件之一，目前我国人工饲养的淡水鱼的种类超过80种。鱼种是养鱼高产的基础，正确地选择养殖鱼的种类，是提高养鱼生产经济效益的关键，如若选养品种不当，不仅鱼货难销，而且效益也低，进行渔业生产希望在短时间内能够生产出数量多、质量好的鱼产品，那么就必须选择生长快、疾病少、品质优、价格高的鱼类做养殖对象。因此，应从九个方面进行养殖鱼类的选择：

一、鱼产品销售行情

鱼产品生产首先是为了满足市场的需求，适应市场需求是组织生产和确定养殖种类的根本依据。在选择养殖种类时，一是选择售价适中，大多数消费者都能够接受的且需求量大的品种进行养殖，如青鱼、草鱼、鲢鱼、鳙鱼、鲤鱼、鲫鱼等常规的家鱼；二是应选择肉质好、味道鲜美，细刺少的品种，如青鱼、鳜鱼、团头鲂、加州鲈等；三是选择能够满足消费者多种需求的养殖品种，如既有营养价值又有药用价值的乌鳢、黄鳝、鳗鱼、草鱼等，还有观赏价值和食用价值的锦鲤、淡水白鲳等品种；四是选择国际市场畅销，可以出口创汇的品种，如虹鳟鱼、鲟鱼、鳜鱼等。

二、池塘条件

池塘面积 3 335 m^2 左右，水深 2 m 上下，水源充足，水质良好(无污染、低盐度)，大旱不干，大涝不淹，池边无高大建筑物和树木，东西走向，池中无藕、苇等植物，池底平坦，最深处有 1 个集鱼沟，这样的池塘比较理想，适应各种鱼类生长。只要苗种容易解决，饲料、肥料充足，管理科学合理，无论是生产鱼种还是养殖成鱼，都比较合适。如果池塘面积在 6 670 m^2 以上，池底高洼不平，就不适合养殖鲤、鲫、罗非鱼等。

三、适应水域环境能力

水是鱼类养殖最重要的要素之一，养殖鱼类对水域环境中的温度、盐度、溶解氧等的适应能力的大小是养殖成功与否的关键。鱼类对水域环境适应能力强，则养殖的局限性小，生产中所采用的设备和养殖技术措施就越简单，鱼类成活率越高，养殖成本也越低。故鱼类对水域环境的适应能力也是淡水养殖鱼类选择标准之一。

1. 对温度的适应力

鱼类按对于温度的适应范围，可分为热带性鱼类，冷水性鱼类和温水性鱼类三大类，其中前两类都属于狭温性，后一类则属于广温性。对温度变化的适应能力是养殖鱼类极其重要的一个品性。狭温性往往限制着一些很有价值的养殖种类的移植和推广。

2. 对盐度的适应力

溶解于水中的各种盐类，主要通过水的渗透压影响鱼体。按鱼类耐受盐度变化适应能力大小，又可将鱼类分为广盐性鱼类和狭盐性鱼类两大类。多数狭盐性鱼类耐受盐度变化范围较小，包括绝大多数淡水鱼类和海水鱼类，如青、草、鲢、鳙、鲤、鲫、鳊、鲂、鲴、泥鳅、鳜、鲷、牙鲆、石斑鱼等；广盐性鱼类则能够耐受较大盐度变化，包括洄游性鱼类、河口性鱼类以及少数淡水鱼类和海水鱼类，如罗非鱼、大麻哈鱼、虹鳟、鲈鱼、遮目鱼、鲻鱼、鲮鱼、河鲀、眼斑拟石首鱼等。淡水水域含盐度低，应选择狭盐性鱼类进行养殖，成功率高。

3. 耐氧力

在同样条件下耐低氧的种类就可以允许较高的养殖密度并保持较高的生长速度，两者加在一起就可提供较高的鱼产量。而且养殖耐低氧的种类节约了增氧措施的开支，生产成本也较低。

4. 对肥水的耐受力

在水源充足、营养丰富、水质良好的水域地区，可选择不耐低氧的，对水质要求较高的名贵品种进行养殖，如大规格淡水虾、蟹、鳜鱼等。缺水地区应选择耐低氧，适应性强的品种，如黄鳝、泥鳅、乌鳢、罗非鱼、克氏原螯虾等。

5. 抗病能力

各种鱼抗病能力常有很大差别。但鱼病又是集约化养鱼的大敌，因此，抗病力强弱一向是评价养殖鱼类品质高低的一个重要方面。

四、水产品食用价值

一种鱼的食用价值，一般用4个指标来衡量，即肉味、肉的发热量或蛋白质含量、鱼体可食部分的比值、鱼体规格大小。以上4个指标中，以肉味和营养价值最为重要，各种鱼肉因生化成分不同，而具有不同的口味，而口味又是食品的一个重要品性，所以，它对鱼的价格有重大影响。肉的发热量，是衡量一种鱼营养价值高低的具体尺度，通常营养成分含量越高的，发热量也越高。但由于脂肪的生理热量比蛋白质高1倍，所以，含脂量高的鱼发热量显著地高，从营养价值方面看，养殖的水产品营养要素要均衡，要对人体起到保健作用，要求养殖鱼类蛋白质含量高，脂肪含量低，氨基酸含量全面且均衡，不能含有对人体有害的物质。鱼体可食部分的比值，指鱼肉和生殖腺占鱼体总重的比数。很显然这一比数越大，食品价值就越高。鱼体的大小，商品鱼要求有一定规格，适合消费者心意，如鲤鱼、鲫鱼养殖250 g以上，团头鲂400 g以上，鲢鱼、鳙鱼750 g以上，草鱼、青鱼1 500 g以上，塘鳢、黄颡鱼规格越大越好。

五、饵料来源

饵料的丰歉是养鱼成功与否的关键。不同地区所能够提供的饵料条件有差异，必须根据当地的条件因地制宜的选择养殖种类，一般淡水养殖的种类有草食性的如草鱼、鳊鱼，滤食性的如鲢鱼、鳙鱼，杂食性的如鲤鱼、鲫鱼、罗非鱼、胡子鲇，肉食性的如鳜鱼、加州鲈等，资金充足者可选择人工配合饲料进行驯化养殖。

六、生产性能

同样大小的水体，同样数量或价值的饲料，同样的养殖水平，养殖不同的鱼，其产量大小不同，这就说明不同的鱼具有不同的生产性能。鱼类的生产性能主要表现在生长速度、是否耐密养、是否可混养、食性和饵料转化效率等。在同样条件下，生长速度越快的种类生产性能越高。耐密养是指在养殖密度较大的情况下,仍能保持健康和正常生长的能力。混养则是说与其他种类混养时,对其他种类有无不良影响,如吞食、咬伤、竞争饵料和空间等,目前混养模式较多,如常规鱼类与名特优鱼类混养,草食性与肥水性鱼类混养,肉食性与杂食性鱼类混养,鱼、虾、蟹混养等。在选择养殖模式之前应根据他们的栖息水层、食性及不同的种类之间的利害关系加以选择。在食性相同的情况下,饵料和饲料的转化效率不同又使养殖鱼类具有不同的生产性能。在其他条件相同的情况下,食物链越短的鱼生产性能越高,以浮游生物、植物为食的鱼单位水体产量越高。饵料转化效率指将所食饵料转化为鱼体成分的效率。在集约化养殖中,饲料是养鱼的主要开支项目,因而饲料转化率是评价鱼类养殖品质的最重要的方面。

七、苗种供应条件

鱼种资源是养鱼的三大基本因素之一,苗种缺乏或来源狭窄、不可靠的鱼类,无论其性状如何都不能作为产业化的生产对象。苗种来源有从天然水域中捕捞和在养殖中自行繁殖两方面,选择养殖时苗种来源广的如天然捕捞容易或可以进行人工孵化的品种都可以考虑,从规模化生产来看则以自行繁殖为好。

八、实力的适宜性

实力是指 2 个方面:一是经济实力。经济基础好,能够承担一定风险的养殖者可选择养殖名特优品种,如鲟鱼、河豚、名贵观赏鱼类,经济实力较弱,承担风险能力不强者,可选择一些投资少,资金周转快的养殖品种,如常规家鱼、青虾等进行养殖。二是技术实力。市场上供应少售价高的品种,养殖时往往都需要较高的技术水平,如养殖肉食性的鱼类,其饵料难以解决,养殖狭温性鱼类其升温降温工作难以控制,名贵品种对营养要求高且疾病难以控制,所以技术不成熟的养殖者首先从大众化的品种养起,等到有较丰富的经验时再养殖一些名贵品种。

九、技术水平

技术水平包括管理技术水平和设备技术水平 2 个方面。有了增氧机、颗粒饲料,加上正确的调节水质和条件反射喂养技术,就可以养殖以建鲤、全雄罗非鱼为主的吞食性鱼类,从而获得每 667 m^2 产 1 000 kg 鱼的收成。如果水源充足,采用流水或池塘循环微流水养鱼技术,即使没有增氧机,也可以得到数倍于静水池塘的产量,并且草、鲢鱼每 667 m^2 产量也能够突破 600 kg。在经验较少,设备条件差的情况下，养殖草、鲢、鳙或罗非鱼，每 667 m^2 产量指标：草、鲢鱼 250～300 kg，罗非鱼 400～500 kg。草、鲢鱼池内每 667 m^2 套养 50 尾鲤鱼，罗非鱼池内每 667 m^2 套养 200 尾白鲢都是不难实现的。

复习思考题

1. 主要淡水养殖鱼类的食性有哪几种类型？
2. 试比较青草鱼之间、鲢鳙鱼之间的异同点。
3. 比较鲤鱼与鲫鱼，鳊鱼与鲂鱼的异同点。
4. 简单描述鳜鱼、加州鲈、大口鲇、乌鳢的生物学特点。
5. 比较黄鳝和泥鳅的生活习性。
6. 选择适宜的鱼类进行养殖应考虑哪些方面？

第三章　淡水水域生态环境与调控

知识目标

- 了解淡水水域物理环境因子的变化规律；
- 了解淡水水域化学环境因子的变化规律；
- 了解淡水水域生物环境因子的变化规律；
- 了解养殖用水的调控方法。

能力目标

- 掌握提高水体与底质稳定性和自净能力的措施；
- 能控制水域环境的物理、化学、生物性因素，清除有害气体。

第一节　淡水水域的物理环境因子变化规律

一、水温

1. 水温变化

陆地表面的水体温度随着空气温度的变化而变化。1日之内，14:00～17:00水温最高，日出之前，水温最低；1年之内，7～8月水温最高，1～2月水温最低。随着水深度增加，水温下降。

2. 水温变化对鱼类的影响

鱼类是变温动物，体温与水温的温差一般在0.5～1.0℃之间。水温直接影响鱼类新陈代谢的强度，从而影响鱼类的摄食和生长。各种鱼类都有其适宜的温度范围。在适宜温度范围内，随着温度的升高，鱼类的代谢强度增加，鱼类的摄食量和生长速度增加。水温过高或过低，都不利于鱼类的生长。我国各地区，日平均水温大于15℃的时间，东北有5个月左右，长江流域有8个月左右，珠江流域有

10个月左右。各地夏季最高水温均未超过鱼类适宜温度的上限，因此，我国大多数地区水体适宜养殖温水性鱼类。

在渔业生产中，可采取下列措施改善水温：①春季适当降低水位；②池边不宜种植高大树木，池中不应生长挺水植物和浮叶植物；③引用水温较低的溪水或泉水时，应注意温差不宜过大；④风力较大的地区，在池旁种植丛林防风；⑤利用地热或工厂排出的热水提高水温；⑥夏季温度过高可种一些挺水植物、浮叶植物或搭凉棚。

二、透明度

透明度是指光线透入水中的深度。养殖水体透明度的大小，随着水体浑浊度的变化而变化。水体浮游生物的数量越多，水体浑浊度越大，透明度越小；水体无机悬浮物越多，透明度越小。对于池塘、水库和湖泊来说，透明度的高低可大致表示水中浮游生物的丰歉和水质的肥瘦。一般肥水池塘，透明度在20～40 cm之间，适宜于鲢鱼和鳙鱼的生长。透明度大于40 cm，水体较瘦，浮游生物少，不利于鲢鱼和鳙鱼的生长。

第二节　淡水水域的化学环境因子变化规律

一、溶解氧

溶解氧是指溶解于水体中的氧的数量。水体中氧气的来源主要是水生植物的光合作用(约占90%)和空气中氧溶解于水体部分(约占10%)。水温升高，溶解氧饱和度下降；大气压增加，水体溶解氧饱和度增加。例如，在1标准大气压下，纯水中氧气的饱和溶解度，在5℃时为12.80 mg/L，在30℃时为7.63 mg/L。

溶解氧对鱼类生长和鱼产量有重要影响。溶解氧含量高，鱼类摄食旺盛，消化率高，生长快，饵料转化效率高；溶解氧含量低，会导致鱼类生产力降低，甚至死亡。水中溶解氧有昼夜变化规律。由于植物光合作用所产生的氧气数量大于水体生物所消耗的氧气。因此，在每日傍晚时，水体溶解氧数量最大；清晨日出之前，水体溶解氧数量最低。水体溶解氧也有垂直变化规律，大气中溶解于水体的氧主要分布于水体表面，水生植物光合作用随光照强度的增加而增加，因而其所产生的氧也分布于水体表面，而水底生物则主要消耗氧气，很少产生氧气，因此，随着深度增加，溶解氧数量下降。渔业水质标准规定，在连续24 h内，养鱼水体溶解氧大于5 mg/L的时间必须在16 h以上，其余任何时候水体溶解氧不得低于3 mg/L。

鱼池中溶解氧气的消耗：鱼类占5%左右，浮游动物占4.5%左右，底栖动物占0.5%左右，施肥的氧化分解和池底淤泥的耗氧约占8%，人工饵料、鱼类的排泄物分解所消耗的氧约占32%，细菌、浮游植物、小型浮游动物以及溶解的悬浮有机物分解消耗的氧约占总氧量的50%。水体过肥，浮游生物和鱼类密度过大，都会导致水体缺氧。

水中溶解氧过低，鱼类将出现"浮头"，甚至"泛池"，会导致全池鱼死亡。改良池塘溶解氧气状况的措施：科学施肥和投入饵料，不使水体过肥；控制鱼类养殖数量，防止鱼群密度过大；适当扩大池塘面积，降低水体肥度；控制池水深度，防止水体下层缺氧；当池水含氧量过低时，要及时注入富含氧的水；利用增氧机或化学药物增氧。

二、pH

一般养殖水体要求水呈中性或弱碱性，pH 为 7.0～8.5；观赏鱼类的养殖水体一般应呈弱酸性，pH 为 6.0～7.0 为好。

三、硫化氢

硫化氢是在缺氧条件下由水体中含硫有机物分解而形成，或者是由硫酸盐还原而形成。硫化氢对鱼类具有很强的毒性，它与血液中的血红蛋白结合，破坏血液运输氧的机能。水体中硫化氢含量超过 1 mg/L，就会对鱼类产生危害。在富氧的水体中很少有硫化氢存在。

四、二氧化碳

在一般情况下，水体中的二氧化碳对鱼类不会产生毒害作用，但在鱼苗运输过程中，水中二氧化碳浓度往往过高，会威胁鱼类的生命。因此，在鱼苗运输过程中，保持通风透气十分重要。

五、氨

氨是在缺氧条件下由水体中含氮有机物分解而产生，或由硝酸盐被反硝化细菌还原所产生。在天然水体中，氨含量很低，不会对鱼类产生毒害。流水不畅、水生生物和鱼类密度大的水体，有时因氨的浓度过大，引发鱼氨中毒，甚至死亡。

六、溶解盐类

淡水中的溶解盐类主要有碳酸氢根、碳酸根、硫酸根、磷酸根、磷酸氢根、磷酸二氢根、氯离子等阴离子和钙、钠、钾、镁、铁(Fe^{3+}，Fe^{2+})等阳离子，以及锰(Mn)、铜(Cu)、钼(Mo)、锌(Zn)、钴(Co)等微量元素。溶解盐类的主要作用是，维持水体渗透压稳定，为鱼类及其他水生生物提供营养物质。此外，水体中的碳酸盐和磷酸盐也具有调节酸碱度，维持 pH 稳定的作用。

七、可溶性有机物

天然水体中的有机物主要来自于地表水流入江河、湖泊和水库时的携带物、水体中的生物排泄物、生物尸体和其他的有机碎屑。水体中的有机物呈固体态、胶体态和溶解态形式存在。其中，溶解态有机物主要为糖类、有机酸和蛋白质。溶解态有机物一方面可直接为鱼类所食，另一方面可促进浮游生物增殖，为鱼类提供丰富的饵料。水体中有机物过多，会消耗大量的氧，并为病原繁衍提供条件，对鱼类生长产生不利影响。因此，一般要求水体中的可溶性有机物含量在 10～30 mg/L 之间。

八、底泥

底泥对水质和鱼类具有重要的影响，它具有供肥保肥和调节水质肥度的作用，也被称为“池塘的肥料库”。底泥沉积有大量的有机质和微生物，底泥过多易导致有机物过多，使水体缺氧，造成鱼类死亡或发生鱼病。一般要求高产池塘年初保持底泥 5～10 cm，每年沉积 10～12 cm。

第三节　淡水水域的生物环境因子变化规律

生物环境因子与鱼类养殖有极为密切的关系。有些水生生物对鱼类的增殖有利，这表现在：第一，水生生物为鱼类提供饵料，如在浮游动物中，多种原生动物、轮虫和剑水蚤等可以作为鱼苗、鱼种和鳙鱼的适口饵料；在浮游植物中，金藻、硅藻等可供鲢鱼滤食；各种底栖动物如螺、蚌、水生昆虫和水蚯蚓等可作为青鱼和鲤鱼的优质饵料。第二，水生植物的光合作用有利于改善水质，为鱼类提供氧气。

值得注意的是，在水体中有些水生生物对鱼类的增殖有害。如池塘水体中微囊藻大量繁殖死亡后分解产生有毒物质，会使鱼类中毒死亡；池底青泥苔过多时会大量吸收养分使水质变瘦；卵甲藻寄生鱼体内引起“打粉病”等。

浮游生物具有一定色泽，浮游生物的多少，影响水色和透明度。在温度适宜的情况下，水体越肥，水体中浮游生物数量越多，水体颜色越深，透明度越小。一般来说，颜色呈油绿色或淡褐色，透明度在 20～30 cm 的水体较肥，适宜于养殖滤食性鱼类。如果水体透明度大于 60 cm,则水体较瘦,适宜于养殖给食性鱼类。

第四节 养殖用水的调控方法

水产工作者习惯讲:"要想养好一塘鱼,先要养好一塘水"。实际上,底质和水质是相辅相成的,养好一塘鱼不仅要养好一塘水,更要养好一塘底。底质的好坏直接影响水质,水质的好坏是底质的表现形式,改善底质是改善水质的基础,底质和水质共同构成水产养殖动物栖息的环境空间和生物、能量、理化因子循环的载体空间。

水体和底质的稳定性、自净能力是正确评价养殖水体和底质质量的标准。保持养殖水体和底质环境的相对稳定,使养殖水体和底质的生态系统及生物个体、种群和微生态系统始终处于动态平衡中,水体和底质物质循环和能量流动有序顺畅,即水体和底质的稳定性好和自净能力高,使水体和底质变成养殖水生动物栖息和生长的良性生态环境空间,才能达到健康、安全、高效的养殖目的。

水体和底质的稳定性、自净能力主要取决于 3 个方面:藻相,藻类的生物多样性指数高、生物量大且活力强,其稳定性和净水力就强;微生物相,水体中微生物分解有机物,降解氨、亚硝酸、硫化氢的能力,是水体稳定的基础;理化缓冲能力,如充足的二氧化碳、较高浓度的缓冲物等,都是影响水体稳定和自净能力的重要因素。

培养优良的水质和底质,关键是提高水体和底质的稳定程度、自净能力。以下就此作一简要讨论。

一、水体与底质的稳定性和自净能力判别

酸碱度和溶解氧是水中最主要的化学因子,其变动状况能够反映出水体稳定程度及净水能力的高低。光合作用越强,酸碱度和溶解氧越高,净水能力越强;而总碱度越高(如正常大于 120 g/m^3 的水体),相对缓冲能力较强,此时酸碱度和溶解氧的变幅则较小,水体相对稳定;反之,酸碱度和溶解氧的变幅大,则水体不稳定。

判断水质的好坏可参考以下方法(测定早上和中午水体的酸碱度和溶解氧):当 pH 变化不超过 1 而溶解氧在 4～10 mg/L 时,这是水质稳定的标准,一般不需要进行处理;当 pH 变化超过 1 而溶解氧仍在 4～10 mg/L 时,意味着总碱度不够(可投放碳酸钙或碳酸氢钠,每天投放,直到 pH 恢复正常);当 pH 变化超过 1 且早上溶解氧低于 3 mg/L、中午溶解氧高于 10 mg/L 时,意味着藻相开始劣变了,亦即池底开始富营养化,此时建议使用有益微生物处理;若是 pH 及溶解氧持续走

低，则意味着池底开始酸化或老化了，建议使用生物净水剂等处理。

二、提高水体与底质稳定性和自净能力的措施

(一)增氧

充足的溶解氧是水质稳定及鱼、虾等水产养殖动物健康生长的必要条件。增氧的目的为：满足鱼、虾等水产养殖动物及池中所有生物的呼吸需要；满足水产养殖动物摄食、消化、代谢的需要，达到健康快速生长的要求；满足所有生物及化学因子良性循环的需要。

保持充足的溶解氧意义重大，但事实上几乎每个水产养殖水体溶解氧都是不足的，所以增氧是养鱼成败最关键的因素之一。缺氧时可通过加开增氧机、泼洒增氧剂及改底药物解决。长期缺氧应分析原因，如是否藻相不佳、增氧能力不足、水位太深、用杀藻药物或投饵量过大等，应有针对性地加以解决。提高增氧效率的办法：改进增氧方式，改用立体式增氧代替单一增氧；提高给氧物质的浓度，改施液体增氧剂代替固体增氧剂，以提高给氧物质的含量，增加给氧效率；使用氧原子含量高的增氧剂，提高氧化能力，降解氨、亚硝酸等还原性物质；使用表面活性剂，降低水体的表面张力，增加氧气溶解速度。

(二)培养有益藻类

定向培养有益藻类。硅藻个体较大，易消化，净水能力强，是养鱼池理想的藻类。绿藻在养殖初期及水质不稳定时易出现，可作为硅藻为优势种的补充。培育硅藻应做好以下几个方面：接种以硅藻为优势藻的“肥水”(为茶褐色)；开启增氧机等形成一定的水流；施用肥水育藻剂；非土池(如水泥池或塑膜底层)，可放2～3 mm的壤土，以保证水体中含有足够的可溶性的硅酸盐；水位不宜过深，勿施不溶性的有机肥(如鸡粪、黑土等)，以防止鞭毛藻类及原生物大量出现；勿单独施用磷肥，防止蓝藻大量出现。

保持丰富的藻类，防止藻类“老化”。一是培养有益藻类，藻类有较强的净水能力，丰富的藻类既能保持较高的肥度又是净水的基础。一般认为，鱼池透明度应保持在20～30 cm，我们认为透明度在10 cm左右更好。藻类丰富不仅提高水体的净水能力，而且产氧能力强，同时为鱼类提供良好的饵料。二是防止藻类“老化”，在生产中有时会出现藻类突然死亡，即“倒藻”现象，藻类之所以死亡，与环境突变(如缺氧)及藻类“老化”有关，正常情况下只要营养丰富或水质稳定，特别是不缺氧，藻类一般不会突然大批死亡。防止藻类“老化”的方法：一是全池泼洒季铵盐类药物0.3～0.4 mL/m^3，可絮凝部分“老化”藻类、粪便颗粒、有机碎屑，使幼稚藻类不受伤害，第二天再用颗粒增氧剂按100 g/667 m^2的量撒在池底以防底臭，可有

效地避免藻类老化，有些富营养化的池塘高温期根据水质情况每隔 7～10 d 按上述方法使用 1 次效果较好；二是加大增氧力度，并适当地减少投喂量；三是养殖后期藻相处理，养殖后期池塘容易出现藻类多、有机颗粒(如粪便、有机碎屑)也多，即“又肥又脏”的现象，大量的有机物质(特别是不溶性的有机物)的存在加大了水中耗氧，并大量滋生鞭毛藻类、浮游动物及水生昆虫等，水体溶氧偏低，氨、亚硝酸等有害物质含量较高，易引起鱼生病及缺氧，是不良的水质；四是适当补充可溶性有机肥水育藻剂，氨氮、有机物过高不好，但没有也不行，因为藻类、有益微生物需要这些营养素生存，因而保持适当的氨氮、有机物浓度是必须的，在营养不足、藻类老化或新挖池塘放苗初期适当地补充肥水育藻剂也是必要的，但要防止用量过大。肥水育藻剂种类繁多，我们建议鱼池选用以可溶性有机肥为主的肥水育藻剂为好。

(三)正确使用微生物制剂

正确使用优质微生物制剂可以培养良好的微生物种群，改善养殖环境，增加养殖动物抵抗力，预防病害的发生。微生物制剂可用作以下几个方面：降低水体氨、亚硝酸、硫化氢等有害物质，有“净水作用”；加快有机物分解，促进藻类繁殖，有“肥水作用”，以含有芽孢杆菌、乳酸菌为主的微生物制剂效果明显，可保持水质“肥而不脏”、“肥而不老”；抑制有害细菌，起防病作用，如含有乳酸菌、链球菌的微生物制剂；加快水体净化速度，促进物质循环，主要起稳水作用，以复合菌为主。

正确使用微生物制剂需要注意以下几点：一是微生物制剂的生长繁殖需要一定的条件，因而改善活菌的生存环境是很必要的。硝化细菌、芽孢杆菌均是好氧菌，只有在氧气充足的条件下才能繁殖，因而缺氧条件下，不适合使用以上述菌种为主要成分的产品。光合细菌需要光照、无氧条件，无光或氧气充足不利于繁殖，所以良好的水质(如藻类丰富等)中，使用光合细菌作用不大。在正常的水体，光合细菌主要在底层及温跃层上方起作用。光合细菌因其耗氧量不大，阴雨天可以使用，但目前市场上很多光合细菌产品因含有大量的培养基，也不宜在阴雨天使用。又如氨氮、硫化物、有机物等的存在也是部分活细菌繁殖的条件，因此彻底排污不利于微生物的繁殖，影响净水能力的提高，如水清的池塘易臭就有这种原因。因而适当地减少排污，为微生物的繁殖提供适宜的条件是必要的。二是施用活菌制剂的意义等于种庄稼“播种”一样，因而只有在水体中缺少“种子”时效果才明显。如清塘、水变或用药后使用效果好。又如养殖后期，亚硝酸盐偏高，使用各类微生物制剂效果都不好，原因是此时水体中不缺乏“种子”，而是缺少活菌繁殖的条件——溶氧。三是活菌的代谢终产物要解决出路，效果才明显。代谢终产物过高时，如硝酸盐过高，反而会促进反硝化作用，硝酸盐又会转化为亚硝酸盐，因而藻类对硝酸盐的利用也会增强活菌的使用效果。如清水施用活菌效果差这就是其中一个原因。四是活菌的繁殖需要一定的基质或载体，即细菌繁殖的“温床”。池塘中活菌的主要基质是悬浮的泥土颗粒、有机物质，因而适当浑水有利于细菌的繁殖，这也是泥浆水反而不臭的原因之一。五是不同的使用空间（或水层）选择不同的产品及使用方法。底臭时除加大底层增氧外，可使用固体活菌制剂；表层水有机质较多时可用麦麸、米糠等漂浮性强的载体与上述活菌制剂拌后泼洒使其浮在水面；水体使用时以溶于水后泼洒效果更明显。六是注意活菌的敌害及竞争对象的影响。原生动物、轮虫、枝角类等浮游动物都能摄食活菌，这些生物数量多时施用活菌制剂效果不好。藻类与自养型微生物如光合细菌、硝化细菌有竞争作用，因而藻类过多时不利于这些菌的繁殖；反之，用它们控制藻类的繁殖必须加大用量。

（四）养鱼先养底，防止底质恶化

随着水产养殖集约化水平的提高，养殖密度不断增大，投饵量也随着不断加大。虽然池塘的产量有了很大的提高，但是，一味追求高产的措施对养殖水环境尤其是池塘底部环境造成了很大的污染，破坏了池塘原有的生态平衡。底质的好坏直接影响水体的稳定性及养殖动物的生长能力及抗病力等，底质改良具有重要的意义。造成底质恶化的主要原因：大量的残饵、排泄物、动植物尸体中残余的蛋白质、脂肪、淀粉等为病原微生物的生长繁殖提供营养条件造成病原微生物的大量繁殖；大量而频繁的排换水使池塘泥土中矿物质和微量元素流失，造成塘底“沙漠”化，塘底渗漏，保水、保肥的功能减退；频繁使用化学药物消毒对有益微生物构成极大的危害，使病原微生物产生抗性，致使池塘逐步失去生态平衡，塘底的自净功能丧失殆尽。

底质恶化的危害：一是导致“氧债”增加。在集约化养殖条件下，残饵、粪便、死亡的藻类等都会沉淀在池塘的底部，池底有机物含量远远高于水中溶解的有机物，尤其是多年未清塘的池塘，这种情况更为严重。淤泥（有机质）过多的池底氧化分解会消耗掉底层本来并不多的氧气，造成底部缺氧。缺氧条件下，嫌气性细菌大量繁殖，对有机物质产生发酵作用，产生很多还原性中间产物，这些物质强烈亲氧，当水中有氧时，它们就会与氧结合，从而消耗掉水中的氧气，直至全部被氧化后，水中溶氧才开始升高。鉴于此，要增加底部的溶氧必须降低这些能消耗掉氧气的还原性物质，才能有效增加底部溶氧。亦即人们常说的“氧债”，先清理完“债务”后才有可能让池塘底部的溶氧提高。据统计，集约化养殖池底淤泥耗氧量占水体总溶氧的1/3以上。“氧债”越高，对水产养殖动物的生长威胁就越大。“氧债”的存在是缺氧、水质恶化的重要原因之一，已成为水底暗藏的杀手！而底质恶化是导致“氧债”产生的根本原因。二是水体有毒物质大大增加。在淤泥较多的池塘中，嫌气性细菌大量繁殖，分解池塘底部的有机物质而产生大量有毒的中间产物，如氨、硫化氢、甲烷、有机酸、低级胺类、硫醇等。这些物质大都对水产养殖动物有着很大的毒害作用，它们在水中会不断积累，轻则会影响水产养殖动物的生长、饵料系数增大、养殖成本升高；重则引起中毒死亡和泛塘，对养殖业造成巨大损失。三是酸碱失衡。在淤泥较多的池塘中，淤泥中有机物在嫌气和厌气微生物的共同作用下发酵产生各种有机酸和无机酸，使底质和水质酸化，pH 明显下降。水产养殖动物对生活水域的酸碱度有一定的适宜范围，过酸或过碱的水均能刺激鳃和皮肤的感觉神经末梢，反射性地影响呼吸运动，使养殖动物从水中摄氧能力减弱。当 pH 超过适宜范围时，影响养殖动物的呼吸，造成新陈代谢下降、生长发育停滞等一系列异常变化。因此，pH 超过一定范围，即使在富氧水域里也会出现缺氧症状。在有些养殖池塘中，底部酸化程度非常严重，已成为健康养殖的障碍。四是养殖动物抵抗力下降，易感染发病。养殖水体及养殖动物体内外或多或少地存在着一些致病微生物，这些致病微生物多数为条件致病，其致病力随着环境不良因素的增加而增强。环境条件恶化，养殖动物受损伤、抵抗力减弱就会使致病菌的毒性增强，从而对养殖动物的组织器官造成损害，发生病理变化而发病。当底质恶化，有害菌就会大量繁殖，水中有害菌的数量达到阈值时，养殖动物可能发病。所以，环境恶化不仅造成水产养殖动物的抵抗能力下降，特别容易感染病菌而发病，而且还使水体致病菌大量繁殖，达到使水产养殖动物发病的细菌数量。

大量的研究与生产实践证明，池塘淤泥增多、底质恶化（池底恶臭）是造成池塘底部"氧债"升高、pH 失衡、有毒物质和有害细菌增加的罪魁祸首，是造成整个养殖水体水质污染的重要原因。池底恶化轻则使水产养殖动物摄食量下降乃至停食、病害发生与蔓延，重则造成水产养殖动物中毒、泛池，出现大量死亡。因此，延缓池底"老化"过程，及时改善底质已成为影响水产养殖能否成功的关键因素之一。在水产动物养殖中，以改良底质为中心的水质管理已成为当今水产养殖的最关键技术之一。

常用的底质改良方法：彻底清塘和晒塘，清除池塘底部多余的有机物（淤泥），是改良底质最好的手段；使用吸附物质改良底质，如沸石粉，可以在池底吸附氨氮等有毒有害物质，是传统的底质改良剂；使用微生物制剂改良底质，如光合细菌、复合微生物制剂等，光合细菌为兼性细菌，在氧气不足的池底也能繁殖，故施用光合细菌后，可在池底作用，直接消耗利用水中的有机物、氨氮及硫化物，并通过反硝化作用除去水中的亚硝酸铵等，能使池塘内的残饵及水产养殖动物等生物排泄物分解并加以吸收利用，复合微生物制剂可降低池底有害物质和有机质含量，并抑制其扩散，通过物理和化学的方法去除底部的氨态氮、硫化氢、亚硝酸态氮，为底部水体及整个池塘创造一个良好的水环境，调节池塘底质酸碱度，稳定底部 pH，参与建立 pH 缓冲体系，把 pH 控制在正常的范围内，起到调节及稳定养殖水体酸碱度的作用，并有效抑制池塘底层有害菌繁殖生长，预防疾病的发生；提高底泥的氧化还原电位，促进有益菌的繁殖，是减少底臭较好的方法；避免饲料的浪费，提高饲料转换率；定向培养有益藻类，适当施肥并防止水体老化；防止盲目用药。

复习思考题

1. 池塘改良的方法有哪些？
2. 微生物制剂在池塘养殖生产上有何作用？

第四章 鱼类饲料的种类与加工

知识目标

- 理解鱼类营养需要和配合饲料的概念；
- 了解常见饲料原料的营养成分、常见鱼类所需的营养指标、传统手工计算饵料配方设计法；
- 熟悉鱼类配合饵料的加工工艺和常用机械的工作原理；
- 掌握鱼类饵料需求计划、常见青绿饲料的种植。

能力目标

- 能够识别常见的饵料；
- 能够鉴别饵料和进行营养价值的评定；
- 能够根据生产需要制定饵料需求计划；
- 能够种植苏丹草、黑麦草、苦荬菜；
- 能够进行简单的配合饲料配制。

第一节 鱼类营养需要与饵料的鉴别

一、鱼类的营养需要

(一)鱼类营养需要的概念

鱼类的营养需要就是供给鱼体生长和修补组织所必须物质的需要以及提供其生理活动时所消耗能量物质的需要。鱼类作为变温动物，需要的基本营养素有蛋白质、脂肪、糖类、维生素和无机盐，前 3 种称为基本能源物质，在代谢过程中直接提供能量和修补组织，后 2 种为辅助能源物质，除起调节组织机能作用外，无机盐还参与组织的修建，人们通常称后 2 种物质为微量元素，饵料中如果缺少微量元素，基本营养物质就会得不到很好的利用，将会使能量的转化和鱼体的生长受到限制。鱼类对于蛋白质有较高的需要量，需有10种必需氨基酸，对脂肪的利用率也较高，但对糖类的利用能力较差，它们可自由吸收和利用水中的钙离子。由于鱼类是生活在水中的变温动物，所以基础代谢低，其体温和水环境一致，因而鱼类所消耗的饲料也比陆生动物少。

（二）鱼类营养需要的成分

1. 蛋白质

蛋白质是由氨基酸组成的构成生物组织最重要的物质。蛋白质是鱼类生长与维持生命的必要能量，是高分子物质，在消化并转化为能量的过程中，可以用酸碱或酶来催化分解为氨基酸后被吸收，吸收的氨基酸才会再次被合成为所需的蛋白质。因而，蛋白质营养价值的高低，取决于其所含氨基酸的种类、数量和比例。

蛋白质是由20种氨基酸所组成的。鱼类在体内通过生化代谢过程可以自身合成大部分的氨基酸，但还有一部分氨基酸不能自身合成，而必须有赖于外界食物供给，这类氨基酸就称为必需氨基酸。一般认为组氨酸、精氨酸、异亮氨酸、亮氨酸、赖氨酸、蛋氨酸、苯丙氨酸、苏氨酸、缬氨酸和色氨酸等10种是鱼类的必需氨基酸。不同鱼类对蛋白质中氨基酸组成和含量有不同的要求。

蛋白质对于鱼类的作用是供生长、修补组织及维持生命之用。每克蛋白质在体内分解时可获得17.15 kJ(4.1 kcal)的热量，其呼吸商为0.8，氧化每克蛋白质大约需要957 mL的氧。肉食性鱼类中偏于凶猛的鱼类对蛋白质的需求最高，它们中有的不仅限于吞摄活食，并且蛋白质的需要量通常占饵料的50%～60%，如鳜鱼、鲷鱼、鳗鱼、乌鳢等。一般的肉食性鱼类饵料中蛋白质的需要量为40%～50%，如虹鳟鱼、青鱼等。杂食性鱼类对饵料中蛋白质需求占35%～40%，如鲤鱼和罗非鱼等。草食性鱼类及某些杂食性鱼类对蛋白质的需求最低，一般需要量为25%～35%，如草、鲂、鲫鱼等。但不管是哪一类鱼与陆生动物相比，饵料中蛋白质的要求均高于家畜2～3倍。

即使同一种鱼类在不同发育阶段或不同的环境中对蛋白质的需求量也不相同。通常幼鱼因代谢水平高，比成鱼对蛋白质的需求量高些。同种又处在同一发育水平上的鱼类，高温比低温时需要蛋白质量较高。此外，鱼类在溶氧高的条件下比溶氧低的条件下需要更多的蛋白质。了解这些对饲养不同发育阶段的同种鱼类或在不同生态状态下合理确定饵料中的蛋白质含量十分有益。但饵料中蛋白质量过多，会导致鱼类生长减慢，不仅会造成浪费，甚至还会引起鱼体中毒。因此，在配饲料前必须先摸清这种鱼类对蛋白质的需求量与氨基酸的平衡。大多数鱼类对精氨酸、亮氨酸、异亮氨酸、赖氨酸、缬氨酸的需要量较大，一般每100 g鱼体蛋白质中含 5 000～8 000 mg；组氨酸、苏氨酸、蛋氨酸、苯丙氨酸次之，一般每 100 g 鱼体蛋白质中含 2 000～4 000 mg；鱼类对色氨酸的需要量较少，一般每 100 g 鱼体蛋白质中含 1 000 mg 以下。

2. 脂质

脂质是生物体中一大类不溶于水而溶于有机溶剂的有机化合物，又称类脂，包括中性脂肪、磷脂、糖脂、鞘脂、类萜、类固醇、蜡等。脂质是除了蛋白质以外重要的能源来源，而以肉食性鱼类利用性较高，是除蛋白质之外能将能量供给各类氨基酸转化为蛋白质的重要物质，因此，有些鱼类会在食物充足时大量堆积脂质，以作为食物短缺时蛋白质的主要能量来源。

脂肪是生物主要的能量储存物质以及能量来源，脂肪为高级脂肪酸的甘油醇，是高能量物质，比等量糖类或蛋白质产生的能量高出 2.25 倍。每克脂肪氧化后可得 38.91 kJ(9.3 kcal)的热量，其呼吸商为 0.7，氧化 1 g 脂肪约需 2 013 mg 的氧气。脂肪也是组织细胞的成分之一，它具有保护内脏，贮藏热能的作用。鱼类的脑和皮下等某些组织具有较多的脂肪。鱼类在饵料不足或越冬阶段消耗积存的脂肪来维持生命活动。脂肪中也有必需脂肪酸，如甘油酸、亚麻酸及花生四烯酸等。同时脂肪中的磷脂类(如磷脂和固醇)是脑和神经组织的重要组成部分。脂肪又是脂溶性维生素的良好溶剂。鱼类对脂肪的利用率较高，所以可以通过足够数量的脂肪代谢来提供能量，从而节约蛋白质的消耗。然而脂肪的价格毕竟要比糖类高，而且含脂量过高的鱼类并不一定是健康的鱼或为消费者所欢迎，因此通常用更廉价的糖类来作为热能。另外脂肪的氧化变质常会危害鱼类，脂肪氧化所产生的醛、酮、酸等是对鱼类有毒的物质，所以为防止其氧化，鱼饵料如不现做现吃而要贮藏较长时间，最好应用机械压榨或溶剂抽提法萃取，待用时再加进去。同时为防止或减轻氧化作用的发生，饵料中还可添加 α-生育酚或其他的抗氧化剂。所以在配饵料时，只要适量的脂肪配比就可。

一般鱼类若摄取过多的糖类或蛋白质而不能全部利用时，有相当大的部分会经由生理代谢作用生成脂肪，等到食物缺乏的时候，则将其转化为能量。鱼类在生理上与其他的陆地动物不同的是，鱼类偏好用蛋白质，而并非糖类来供给能量，而蛋白质明显要比糖类昂贵，而且具有更高的污染性，鱼类对于糖类的吸收能力又很差，为了提供更多的能量，避免鱼类把昂贵的蛋白质当成“燃料”烧掉，近几年来，人工饵料的配方上都有增加脂肪含量的趋势。不同鱼类对脂肪的要求不同，并且也受环境的影响，好的鱼饵料一般含 4%～8%的脂肪。如鲇鱼在 28℃下，需要含有 12%的类脂物，而在 23℃时，饵料中含有 5%的类脂物就足够了。鲤鱼在 23℃以上，饵料中脂肪含量为 10%～15%，温度低于 23℃，饵料中脂肪含量可以低些。鳗鱼的饵料中含 10%的脂肪，香鱼饵料中脂肪含量为 5%或更低些。鱼类饵料中的脂肪需要量主要随鱼种及环境的不同而异，并非与鱼类的食性类型有关。

3. 碳水化合物

碳水化合物也称糖类，由植物通过光合作用产生，主要成分是淀粉及纤维素。植物的种子、果实和某些植物的根、茎、叶均含有丰富的糖类。它是鱼类最廉价的能量来源。每克糖类经氧化可产生 17.15 kJ(4.1 kcal)的热能，其呼吸商为 1，氧化 1 g 糖类需消耗 829 mg 氧气。食物中含有适量的碳水化合物可提高蛋白质的利用效率，换而言之，碳水化合物是蛋白质的辅助性物质。

淀粉可以说是人工饵料成分中最便宜的原料，通常只起到黏合剂的作用，它的功能只是将构成人工饵料的各种原料黏结在一起，使原料不易溶解于水中，以提高人工饵料的水中稳定性，避免污染水质。淀粉在生物新陈代谢上主要有 3 种生理作用：一是作为生物体结构的组成成分，二是经由氧化作用提供能量，三是暂时储存能量。在目前还没有准确的方法可以用来确定人工饵料中的淀粉含量，只是以 100 减去 5 种人工饵料成分的总和，而剩下的部分大致上就是其中的淀粉含量。缺乏淀粉也容易造成生物的生长停滞。需要注意的是，当淀粉的含量过高时也容易造成生物生长不良。纤维素则是一种无法消化的物质。但对于动物而言却是绝对需要的，因为它可以用来促进肠胃蠕动、刺激排便，但是其含量也不宜过高。鱼类对单糖的利用水平较高，依次为双糖、简单的多糖、糊精、煮熟的淀粉及生淀粉。某些鱼类肠道中的寄生细菌具有纤维素酶，能将纤维素分解成单糖供鱼类利用。

鱼类对饵料中糖类的利用率较低，肉食性鱼类最差，其中部分鱼类饵料中只能利用 5%～10%的糖类，如鳗鱼和鰤鱼。但部分肉食性鱼类可达 10%～20%，如真鲷和虹鳟。杂食性鱼类饵料中糖类含量可达到 30%～40%，如鲤鱼。草食性鱼类对糖类的利用较好，饵料中含量可达 40%～60%。

4. 维生素

维生素又称为"维他命(Vitamin)"，通常为生物生理代谢反应的重要辅助酵素，是生物的生长和代谢所必需的微量有机物。维生素可分为两大类：脂溶性维生素(包括维生素 A、维生素 D、维生素 E、维生素 K 等)及水溶性维生素[包括 B 族维生素(维生素 B_1、维生素 B_2、维生素 B_6、维生素 B_{12}、泛酸、生物素、叶酸、烟酸)、胆碱、肌醇以及维生素 C 等]。维生素是维持鱼类生长发育，保证其正常生理活动的、相对分子质量较低的活性物质。维生素是鱼类是否能均衡及健康成长的主要诱因，若缺乏某些维生素，则会使鱼出现各种程度不一的维生素缺乏症状。鱼类本身没有或极少有合成维生素的能力，必须依靠饲料来提供，绝大多数的维生素是辅酶和辅基的组成部分，参与体内各种生化反应及代谢过程。鱼类饵料中长期缺乏维生素可造成代谢失调，影响生长，并产生各类维生素缺乏症，甚至造成死亡，即所谓维生素缺乏症，例如：生长迟滞、皮肤溃烂、骨骼变形、免疫反应及对疾病的抵抗能力降低等。其中脂溶性维生素在生物体内消化吸收得很快，其缺乏时症状出现的也很快，平时即使摄食过量，在体内的总量也不会过多，因为很快就会被排掉。而水溶性维生素则恰好相反，其中最容易缺乏的是维生素 C，在人工饵料的制造及存放期间，通常会破坏掉 40%的生物活性，因此一般在投喂人工饵料的时候，建议额外添加维生素 C，以避免缺乏症状的发生。

(1)水溶性维生素对鱼类的作用和需求　维生素 B_1 也称硫胺素，其功能与糖类代谢有关，每天每千克鱼体重需要 0.5～1.0 mg；维生素 B_2 也称核黄素，其功能与蛋白质、脂肪和糖类的代谢有关，每天每千克鱼体重需要 1～3 mg；维生素 B_3 又称泛酸，主要功能为增进食欲、维持鱼类正常生长、增进体质、增加存活率，每天每千克鱼体重需要 1～4 mg；维生素 B_5 又称烟酸、尼克酸，主要功能为参与组织的生理氧化过程，也是某些辅酶的组成部分，每天每千克鱼体重需要 1.5～10 mg；维生素 B_6 又称吡哆醇，为氨基酸代谢中的重要辅酶，与造血功能及神经的正常活动相关，每天每千克鱼体重需要 1～3 mg；维生素 B_{11} 又称叶酸，主要功能为维持正常生长，每天每千克鱼体重需要 0.01～0.1 mg；维生素 B_{12} 主要功能为促进生长及参与正常代谢，每天每千克鱼体重需要 0.01～1.0 mg；维生素 C 又称抗坏血酸，主要功能为促进生长，减少死亡率，每天每千克鱼体重需要 1～10 mg；维生素 H 又称生物素，主要功能为增进食欲，加速生长及防止贫血黏液病的发生，每天每千克鱼体重需要 0.005～0.05 mg；肌醇主要功能为促进生长，提高存活率，防止烂鳍病发生，每天每千克鱼体重需要 5～10 mg；胆碱主要功能为参与脂肪代谢和维持鱼体的正常生长，每天每千克鱼体重需要 50～70 mg。

(2)脂溶性维生素对鱼类的作用和需求　维生素 A 也称抗干眼病维生素，主要是保持眼睛的视觉和结缔组织的正常功能，每天每千克鱼体重需要 100～500 IU，维生素 A 缺乏的表现为生长速度明显下降、体色变白、眼球与鳍基部充血、贫血、肝萎缩等现象；维生素 D 也称抗佝偻病维生素，可促进肠道对磷酸盐的吸收，有机和无机盐间的转化以及柠檬酸盐的氧化，若缺乏则鱼类的生长受影响，每天每千克鱼体重需要 20～100 IU；维生素 E 也称生育酚，主要是防止不育症，并与肌肉的正常发育及代谢有密切的关系，每天每千克鱼体重需要 1～5 mg；维生素 K 主要功能为促进血液凝固，每天每千克鱼体重需要 0.1～0.5 mg。

5. 无机盐

无机盐是构成鱼体组织的重要部分，是维持机体正常生理机能不可缺少的物质，也是酶系统的重要催化剂。它可以促进鱼类生长，增生组织，平衡和维持血液的酸碱度，调节渗透压和提高鱼体对营养物质的利用。缺乏无机盐就会产生许多明显的缺乏症。鱼类所需的无机盐主要有钙、磷、镁、钾、钠、铁、碘。其他还有锰、锌、铜、钴、硒、氯、氟等。由于这些物质含量较少，在鱼类饵料中只占4%～8%，所以称为微量元素。

(1)钙、磷和镁　是鱼类骨骼的重要成分，缺乏其中之一，鱼类的骨骼生长不良，出现软骨病。血钙和血镁的不足会引起痉挛。在一般饵料中，都含有足够的钙，同时鱼类也能在水中直接吸收钙，以满足代谢的需要。但鱼类从水中直接吸收磷就困难得多。许多鱼类(鲤、虹鳟和真鲷)饲料中如果含有充足的磷，它们就能从水中吸收足够数量的钙。鱼类要求饵料中的钙与磷之比通常为1∶1。

(2)钾和钠　是维持鱼体组织正常兴奋性、渗透压及各种生理机能所必需的物质。在鱼体内直接受肾上腺皮质素的影响。一般钾在动植物的组织中较多，而钠在植物组织中较少，因此在草食性鱼类的饵料配方中应适当添加一些食盐，使其占饵料总量的0.5%～1%。

(3)铁和碘　铁是血红素的主要原料，缺乏时出现血液变性，血红素下降，引起贫血症。碘是组成甲状腺的重要成分，鱼类缺碘时将会出现甲状腺肿大，一般的海盐、鱼粉、海藻中均含较丰富的碘。

此外，其他众多的微量元素，长期缺乏时均可引起疾病。但通常所需含量较少，并且在一般饵料中均已有适当含量，故在添加无机盐时不如上述几种元素重要。

二、鱼类饲料的分类

目前，用于水产动物养殖的饲料种类繁多，营养组成和营养价值各异。为了了解各种饲料的特点，以便于合理地利用，对饲料进行恰当的分类很有必要。饲料分类就是给每种饲料确定一个标准，该标准能够反映该饲料的特性和营养价值。属于同一标准的饲料，其特性、成分与营养价值基本相同。根据简便、实用、具有科学性的原则，从水产养殖动物营养角度，可将饲料分为多种维生素饲料、蛋白质丰富的饲料、粗纤维多而能值低的饲料。常用的分类方法有以下几种：

1.根据国际饲料分类法分类

根据国际饲料分类法饲料原料可以分成八大类。

(1)粗饲料　粗纤维占饲料干重18%以上者，如干草类、农作物秸秆。

(2)青绿饲料　天然水分在60%以上的青绿植物、树叶及非淀粉质的根茎、瓜果，不考虑其折干后的粗蛋白和粗纤维含量。

(3)青贮饲料　用新鲜的天然植物性饲料调制成的青贮料，加有适量的糠麸或其他添加物的青贮料，以及水分在45％～55％的低水分青贮料。

(4)能量饲料　饲料干物质粗蛋白小于20％，粗纤维小于18％者，如谷实类、麸皮、草籽、籽实类及淀粉质的根茎、瓜果类。

(5)蛋白质饲料　饲料干物质中粗蛋白大于20％，粗纤维小于18％者，如动物性饲料、豆类饼、粕类及其他。

(6)无机盐饲料　包括工业合成的、天然的单一无机盐饲料，多种无机盐混合的无机盐饲料及加载体或稀释剂的无机盐添加剂。

(7)维生素饲料　指工业合成或提取的单一维生素或复合维生素，但不包括含某种维生素较多的天然饲料。

(8)非营养性物质　不包括矿物质元素、维生素、氨基酸等营养物质在内的所有添加剂，其作用不是为动物提供营养物质，而是起着帮助营养物质消化吸收、刺激动物生长、保护饲料品质、改善饲料利用和水产品质量的作用。

2.根据饲料营养成分的大致含量分类

根据饲料营养成分的大致含量可将饲料分为4种。这种分类方法主要是根据人们的经验来分类，容易记。缺点是各类饲料的划分没有营养含量的界限，同类饲料中不同饲料的营养价值差异较大。

(1)粗饲料　一般把容积大、粗纤维多、可消化成分少、营养价值低的饲料叫做粗饲料。如秸秆、荚壳、干草等。

(2)青绿饲料　指天然含水量高的绿色作物、蔬菜等。

(3)精饲料　相对于粗饲料而言，将容积小、粗纤维含量少、可消化成分多的饲料称为精饲料，如谷类籽实、豆类籽实、饼粕、糠类等。

(4)添加剂　凡不属于前3类的都归入此类。包括各种维生素添加剂、矿物盐、酵母、生长素等。

3.按饲料来源分类

按饲料来源可将饲料分为5种。按饲料来源可将饲料分为动物性饲料、植物性饲料、微生物饲料、矿物质饲料、人工合成饲料。该分类的方法，符合人们的一般习惯，也便于组织饲料，但是不能反映饲料价值的内部特性。

(1)动物性饲料　动物性饲料来自水产养殖动物、肉类、禽类和乳产品加工，是利用动物性产品加工而成的饲料，如鱼粉、肉粉、肉骨粉和羽毛粉等。该类饲料的营养价值一般高于植物性饲料。随着水产养殖动物营养学研究的深入，动物性饲料已不是水产养殖动物饲料的必需组分，但与植物性饲料相比，动物性饲料仍具有很大的优势，一般认为饲料中必须包括一定量的动物性饲料，并且一些动物性饲料本身也是副产物，对它们的充分利用可发挥出较大的效益。与植物性饲料相比，动物性饲料具有以下特点：

①蛋白质含量高，一般植物性饲料中易缺乏的必需氨基酸在动物性饲料中含量较高，蛋白质生物学价值较高，含量为40%～90%，多数都在50%以上；

②碳水化合物含量少，不含粗纤维，消化利用率高；

③矿物元素丰富，比例平衡，利用率高；

④维生素丰富，特别是维生素 B_{12} 含量高。

(2)植物性饲料　如谷类籽实、青绿饲料、饼粕类等，是来源最丰富、用量最多的饲料，是水产养殖动物饲料中最重要的部分，通常在饲料配方中占50%以上。谷物籽实通常称为“种子”，这类饲料基本上都属于禾本科植物的成熟籽实，常见种类有玉米、小麦、稻谷、大麦等。粗纤维含量低，平均为2%～6%，谷类籽实的消化利用率高，可利用能值高，这是谷物饲料的突出特点。各种谷类籽实由外向内均可分为种皮、胚乳和胚，各种组织的职能不同，所含营养物质也有很大差异。

不同谷物籽实因成分组成不同，营养价值亦不同。谷物籽实的蛋白质含量低(7%～13%)，且质量差，与其能值相比，就显得更低，难以满足水产养殖动物的蛋白质需求。但由于该类饲料在全价配合饲料中占有很大的比例，故其蛋白质含量和质量对全价饲料中蛋白质的量和质都有很大的影响。谷物籽实蛋白质含量因品种和气候条件而变化。当蛋白质增加时，各种蛋白质的相对比例也随之增加，谷类蛋白质的生物学价值只有50%～70%，第一限制性氨基酸几乎都是赖氨酸。矿物质含量不平衡，钙的含量一般低于0.1%，而磷高达0.3%～0.5%，但主要是植酸磷，利用率低，并可干扰其他矿物元素的利用。维生素含量不平衡，一般含维生素 B_1、烟酸、维生素E较丰富，而维生素 B_2、维生素D和维牛素A较缺乏。

(3)微生物饲料　利用微生物包括酵母、霉菌、细菌(如芽孢杆菌)及藻类等生产的饲料。

(4)矿物质饲料　包括天然和工业生产的矿物质，如石粉、食盐、硫酸铜等，能补充水产养殖动物对矿物质的需要。

(5)人工合成饲料　利用微生物发酵、化学合成等方法生产的饲料，如合成氨基酸、尿素、维生素、抗生素等。以有效氨基酸为基础配制饲料，可充分发挥棉籽饼(粕)的饲喂价值。添加合成赖氨酸、苏氨酸、色氨酸后可完全不用鱼粉，并降低豆粕用量，棉、菜籽粕单独或联合代替饲料豆饼蛋白质为50%以下。

4. 按饲料形状分类

按饲料形状可将饲料分成4种。水产养殖鱼类的饲料种类繁多，但从形状上来说就可分为粉状饲料、软颗粒饲料、硬颗粒饲料和膨化饲料。

三、鱼类饵料的鉴别及营养价值的评定

(一)鱼类饵料的鉴别

人工饵料一般包装上时常可见的说明数值有以下几项:粗蛋白质含量(Crude Protein)、粗脂肪含量(Crude Fat)、粗纤维含量(Crude Fiber)、水分含量(Moisture)以及灰分含量(Ash)。其中,蛋白质含量及脂肪含量这 2 项一般会标明≥_%,而粗纤维、水分、灰分这 3 项则会标明≤_%。这 5 项一般是说明人工饵料的基本组成成分,以判断是否适合肉食性或草食性鱼类的食用。人工饵料中水分的含量越高,质地就越软,也就较为容易受到微生物(特别是霉菌)的感染。因此,在保存的时候需要特别注意,最好能够进行冷藏。而人工饵料中,水分的数值基本上与人工饵料的制造方法有关,比如:浮性的人工饵料的水分通常都会较低。给鱼投喂饲料的目的,不仅是为了保持鱼类良好的健康状况,而且还要为其最佳的生长和产量提供必要的营养需求,鉴别鱼饲料的质量是关键的一步。如何挑选人工饵料,鉴别鱼饲料品质的好坏,应从外观质量和内在营养两方面去考虑。

1. 物理观察方法

(1)观颜色　专业饲料生产企业,其产品的主要原料成分一般为:鱼粉、豆粕、棉粕等蛋白原料。故产品外观颜色具有其原料组成的属性,一般为深黄褐色或褐色。有的渔民认为饵料的颜色越浅豆粕含量越高,其实不然,一些企业在产品中加入柠檬酸色素,并非豆粕含量高,这对鱼类并无益处。有的渔民认为饵料的颜色越深越好,部分生产企业为此采取提高制粒温度的方法来满足渔民的消费心理。但制粒温度过高,饲料中各种营养因子会发生分解、散失,从而导致饲料营养不足。

(2)闻气味　专业企业生产的鱼饲料一般具有豆粕的香味、鱼粉的鱼腥味。部分企业在产品中添加抗生素药物(如大蒜素),因而饲料具有药物的气味。部分生产企业为了说明他们的产品鱼粉含量大,添加鱼腥宝、鱼香精等香味剂,以假乱真。此类产品一般具有较浓的鱼香味,如用水浸泡一段时间后,鱼腥味马上消失或变淡。

(3)试耐水性　有些渔民认为:耐水时间长,可减少鱼饵料的浪费。其实我们常见的青、草、鳙、鲫、鲤等鱼类没有胃,需要经常摄食,经过驯化后,摄食剧烈,只要增加投喂次数即可达到不浪费饲料的目的。饲料的耐水性一般在 3~6 min。

(4)看规格　专业的生产企业一般根据鱼类不同生长期的特点,推出适应生长特点的系列产品,并进行有效的产品跟踪服务。如颗粒饲料,同规格的产品均匀一致,表面光泽鲜亮,断面切口平整。而劣质的饲料表面粗糙、规格单一、断面不平。对于颗粒鱼饵料来说,长度与粒径的比例不能失调,颗粒的长度一般为粒径的

1.5～2.5倍。比例失调会严重影响鱼对饵料的适口性，造成饲料大量浪费。此外，鱼类食物的粒度越细越好，饲料原料粒度越细饲料系数越低，利用率就越高。

2. 化学分析

了解了人工饵料的成分介绍说明之后，在实际挑选人工饵料的时候，首先要从蛋白质开始选择，要注意的有蛋白质的含量与蛋白质的来源，而人工饵料包装上所注明的蛋白质含量高低，一般称为“粗蛋白”，一般是利用强酸将所有必需或非必需氨基酸上的氨基全部转化成氨(NH_3)，利用滴定法求出蛋白质中的含氨量，再依照公式换算而得。但其蛋白质的含量不代表蛋白质的品质，需要根据蛋白质的来源作为选择的依据。

每一种鱼类的食性不同，例如：肉食性鱼类的蛋白质需求量会较高，而草食性鱼类的蛋白质需求量较低，因此，肉食性鱼类可以选择蛋白质含量较高的人工饵料，且主原料以虾粉、鱼粉等较佳，而草食性鱼类可以挑选蛋白质含量较低的人工饵料，并在成分中添加绿藻粉或植物性蛋白质(如黄豆粉、玉米粉等)为佳。此外，无论哪种鱼类，成鱼、幼鱼或种鱼的蛋白质需求也是不一致的，以幼鱼及种鱼为例，需要含量较多且品质较佳的蛋白质，所以在人工饵料的蛋白质来源上，应以鱼粉、虾粉这一类高吸收率的蛋白源为主，且蛋白质含量也要比一般的人工饵料略高。而成鱼(特别是老鱼)由于成长所需的蛋白质较少，投喂蛋白质含量较低的人工饵料反而会比较能够延年益寿。

另外，还需要注意人工饵料生产制造的日期、水分含量以及经销商店的摆放位置，这是因为油脂类如果储存方法不适当(如储存在高温、潮湿的环境中)容易产生氧化现象，使得人工饵料中的脂肪成分被氧化成有毒物质，或因此滋长出肉眼并不容易发现的霉菌，因此在购买的时候必须注意是否已经超出保存期限，而人工饵料中的水分含量越高，通常保质期越短。

另外，人工饵料在水中的稳定性也非常重要，最好的测试方法就是抓一把饵料投入一杯水中，然后观察间隔多久时间才开始崩解，同时也需要留意，水是不是会变色。如果以增艳为目的选择人工饵料，尤其是那些针对增红效果的人工饵料，需要注意的是，因为其色素通常都是脂溶性的，在水中是不太会溶解出红色来，但是只要放在一杯酒精中就会迅速溶解出整杯的红色，这一类人工饵料的主要成分通常会含有下列增色物质，例如：绿藻粉、蓝绿藻粉、虾粉、虾壳粉、南极虾粉、类胡萝卜素等。而如果以加速幼鱼长成为目的而选择人工饵料的时候，则需要考虑饵料成分中应该含有鱼肝油、鱼肝粉、乌贼油、乌贼内脏粉及酵母等为佳，用于投喂仔鱼的人工饵料的主要成分中更应该含有一些蛋黄粉、维生素E等为佳。

(二)饲料营养价值的评定

所谓饲料营养价值，是指饲料为鱼、虾类摄入后，对其生长、增殖，沉积鱼、虾产品所发挥的功效。功效大，饲料转化为鱼、虾机体组织的越多，其营养价值就越高。

鱼虾饲料营养价值评定的主要内容：饲料营养成分的含量高低、饲料在生物体内消化吸收情况、饲料的生长效果及转化情况、饲料蛋白质效率及生物价等。评定的方法一般采用化学分析、生理学消化率测定和生物学综合评定等。

1. 利用化学分析评定饲料营养成分的含量

鱼虾的所有饲料(包括单一原料和各种配合饲料)，必须进行常规营养成分的分析。分析的项目包括水分、粗蛋白质、粗脂肪、粗纤维、无氮浸出物和灰分等。如有可能，可深入分析组成蛋白质的各种氨基酸，组成脂肪的必需脂肪酸，无氮浸出物的组成淀粉和糖类，灰分的组成钙、磷及其他各种矿物元素和各种维生素等。

通过上述化学分析，了解了饲料六大营养成分。一般来说，凡水分含量低、蛋白质(氨基酸全面、平衡)含量高、粗纤维含量低，其他养分也较丰富，这类饲料的营养价值高，属优质饲料。反之，水分含量高，蛋白质含量低，粗纤维含量高，其他养分也不丰富，这类饲料的营养价值就低，属较差饲料或称劣质饲料。

2. 利用生理学消化率测定饲料在生物体内的消化吸收情况

所谓饲料消化率，是指摄取饲料被消化吸收量占摄取饲料量的百分数，可用消化吸收率或消化率表示。一般来说，水生动物(鱼、虾等)摄取饲料后，其中只有一部分营养物质被机体消化吸收，另一部分不能利用的物质以残渣(粪便)等废物排出。被水生动物消化的那一部分营养物质称为可消化的营养物质或称可消化成分。如蛋白质消化率，即为饲料中蛋白质被消化吸收量(即减去粪中的残存量)占摄取量的百分数。而在饲料中，各种营养物质的消化率平均值统称为饲料消化率或称总消化率。计算公式为：

$$\text{饲料总消化率}=\frac{\text{摄取饲料量}-\text{排出残渣(粪)量}}{\text{摄取饲料量}}\times 100\%$$

$$\begin{array}{c}\text{饲料蛋白质(脂肪}\\\text{或糖类)消化率}\end{array}=\frac{\begin{array}{c}\text{摄取饲料中蛋白质}\\\text{(脂肪或糖类)的量}\end{array}-\begin{array}{c}\text{粪中蛋白质}\\\text{(脂肪或糖类)的量}\end{array}}{\text{摄取饲料中蛋白质(脂肪或糖类)的量}}\times 100\%$$

上述消化率为表观消化率，因未考虑到鱼尿及其他非蛋白态氮等因素。

凡消化率高的饲料，其营养价值就高，即可消化营养成分的含量就高。

3. 利用生物学综合评定饲料的生长效果及转化情况

生物学综合评定主要是指室内、室外鱼虾的生长试验，从生长的情况来考察饲料的营养效果和饲料转化效率。由于鱼、虾生活在水中，它们的营养除从饲料中摄取进入机体之外，还可以从外界水域环境获取，渗透补充营养。为了保证养殖试验的精确性、可靠性和可比性，国内外学者一般均采用在室内人工控制生态环境条件下进行饲养。作为商品性的配合饲料的养殖试验，还宜在室外进行，不过试验池必须要求规格化，所有条件应尽量完全一致，并且还要设对照池等。当然饲养的品种最好是单养或主养，适当搭配滤食性鱼类，以调节和改善水质。常用的生物学评定指标有相对增重率、饲料系数和饲料效率等。

(1)相对增重率　所谓相对增重率是指，鱼、虾经一定时间养殖后其体重增加的百分比，用以衡量饲料营养价值的效果。计算公式为：

$$相对增重率=\frac{W_t-W_0}{W_0}\times 100\%$$

式中：W_t 为饲喂 t 时间后的总体重；W_0 为放养时的总体重。

(2)饲料系数　所谓饲料系数，简单地说，就是几千克饲料长 1 kg 鱼、虾。说得准确些，即饲养期间所投饲料总量与鱼、虾在此期间增重量的比。计算公式为：

$$饲料系数=\frac{饲养期投饲总重量}{收获时总重量-放养时总重量}=\frac{投饲总重量}{总增重量}$$

过去我国传统养殖方式是多品种混养，现在改为以吃食性鱼类为主的混养和以吃食性鱼类的单养。因此，饲料系数应区别为“总产饲料系数”和“吃食鱼饲料系数”。总产饲料系数是指，池塘中养殖饲养期投饲总量与鱼类总净增重量之比。吃食鱼饲料系数是指，池塘中养殖饲养期投饲总量与池塘中除去滤食性鱼类重量之外所有吃食性鱼类的总净增重量之比。

(3)饲料效率　饲料系数的倒数乘 100%即为饲料效率，也称饲料转换率。饲料转换率一般表示每千克饲料能增长鱼、虾体重的重量(kg)。计算公式为：

$$饲料转换率=\frac{总增重量(kg)}{投饲总重量(kg)}\times 100\%$$

4. 评定饲料蛋白质效率及生物价

蛋白质是饲料中最为重要的营养素，饲料的营养价值的高低，主要取决于饲料中的蛋白质含量及其质量(氨基酸组成)。饲料中的蛋白质被鱼体消化以及利用的程度，是饲料营养价值评定的核心。常用的评定方法有蛋白质效率、净蛋白质率、蛋白质净利用率和生物价等。此外，还有以蛋白价和必需氨基酸指数作为评定指标的。

(1)蛋白质效率(PER)　蛋白质效率又称蛋白质利用效率，是用某种饲料饲养鱼类，在饲养期中体重净增加量与蛋白质摄取量之比而求得。计算公式为：

$$\text{PER}=\frac{\text{体重净增加量(g)}}{\text{饲料蛋白质摄取量(g)}}=\frac{\text{体重净增加量(g)}}{\text{饲料摄取量}\times\text{蛋白质含量(g)}}$$

PER 值愈大，该饲料营养价值愈高。但要注意，饲料蛋白质含量高低对 PER 的影响。一般来说，饲料蛋白质含量高，则 PER 低；蛋白质含量低，则 PER 较高。因此，在评定饲料蛋白质效率时，各组饲料蛋白质要一致，并且在其他营养素含量也基本一致的条件下进行。这样，才能比较出哪种饲料蛋白质效率（PER）较高。这是因为不同蛋白质，其所含必需氨基酸的组成和配比不同，其组成和配比越接近鱼、虾体的要求，则其利用率越高，合成鱼、虾体蛋白质的部分越多，蛋白质效率（PER）也就越高。

另外，通常采用每生长 1 kg 鱼、虾体重所消耗饲料蛋白质克数，即相当于用蛋白质效率的倒数来表示。这种评价方法比较简单，具有较好的实用性。计算公式为：

$$\text{饲料蛋白质消耗(g/kg 鱼体重)}=\frac{\text{饲料蛋白质摄取量(g)}}{\text{鱼体重净增加量(kg)}}=\frac{1\times1\,000}{\text{蛋白质效率}}$$

（2）净蛋白质率（NPR） 它基本上与 PER 相似，只是在考虑鱼体重增加量的同时，也将维持体重的部分考虑在内，即加上维持体重的量。计算公式为：

$$\text{NPR}=\frac{\text{蛋白质饲料组的体重增加量}+\text{无蛋白质饲料组的体重减少量}}{\text{饲料蛋白质摄取量}}$$

即在进行评定试验时，增加一组无蛋白质饲料组，无蛋白质饲料组减少的重量即看作维持量。

（3）蛋白质净利用率（NPU） 蛋白质净利用率表示鱼体保留氮量与鱼体摄入氮量的百分比。测定 NPU 时，是用含蛋白质饲料和不含蛋白质饲料同时进行饲养试验，然后取样分析鱼体氮增加量与饲养期间氮的摄取量之比，即得：

$$\text{NPU}=\frac{\text{鱼体保留氮量}}{\text{摄入氮量}}\times100\%$$

$$=\frac{\text{试验组鱼体氮量}-\text{无蛋白饲料组鱼体氮量}}{\text{试验组摄取氮量}}\times100\%$$

（4）蛋白质生物价（BV） 表示从消化管吸收氮在鱼体保留部分与从消化管吸收氮的百分比。与 NPU 同属氮平衡试验，NPU 表示摄入氮保留部分，BV 表示吸收氮保留部分，故 BV 亦称为蛋白质生理价值。计算公式为：

$$\text{BV}=\frac{\text{鱼体保留的氮量}}{\text{从消化管吸收的氮量}}\times100\%$$

BV 的含义是，不同来源的等量蛋白质有不同的蛋白质利用效率。这主要是由不同蛋白质氨基酸组成的差异造成的，如某种饲料中蛋白质的氨基酸种类齐全又较平衡，其生物价就高，因此，不同饲料有不同的生物价。如果将一种生物价低的蛋白质物质与其他种蛋白质饲料进行合理混合，其生物价往往提高。这种作用营养上称为互补作用，也就是蛋白质氨基酸的互补作用，这是配合饲料的配制原理和理论依据。

(5)蛋白价(PS) 饲料中氨基酸，特别是必需氨基酸的组成与相互间的比值愈与饲养动物体蛋白质氨基酸比值接近，饲料蛋白质的生物价就愈高。为此，在动物营养上，用试验饲料蛋白质必需氨基酸组成的化学值与应用标准参考蛋白质之间的关系比值，即蛋白价(PS)来评定其营养价值。蛋白价(PS)，也称为化学价(分)(CS)，它是试验蛋白质或饲料蛋白质中第一限制性必需氨基酸量与标准参考蛋白质中相应的必需氨基酸量的百分比。计算公式为：

$$PS=\frac{\text{试验蛋白质中第一限制性氨基酸量}}{\text{参考蛋白质中相应的氨基酸量}}\times 100\%$$

标准参考蛋白质一般采用鸡卵全蛋白质。但在鱼类，可以采用饲养对象鱼必需氨基酸需要量模式为标准，如果需要量模式尚未确定，可以用饲养对象鱼肉或鱼体蛋白质必需氨基酸量为参考标准。因此，有人把蛋白价(PS)称为氨基酸化学评分或化学值。

第二节 饲料需求计划的制定

一、饲料年度需求计划

1. 饲料年度需求计划的制定

饲料需求计划的制定，首先要看养殖鱼类的品种和规格，不同的养殖品种和规格所需饲料的营养成分不同，其配方比例也不一样；其次是看饲料的营养价值，营养价值越高的饲料，其饲料系数越低，需要的饲料相对就少；第三是看养殖方式是池塘养鱼还是网箱养鱼(流水养鱼)，因同一种饲料在不同的养殖方式下，其饲料系数也不一样，相对来讲，池塘的饲料系数低些(鱼易摄取池塘的天然饲料)。

全年所需饲料量的计算方法为：

全年所需饲料量=(计划出售时个体重量－放养时个体重量)×放养时鱼种的总尾数×鱼种饲养的成活率×饲料系数

2. 案例

鳜鱼的养殖，鳜鱼养殖成败主要取决于2个条件：一是要有优质的水，二是要有优质的饵料鱼。要求饵料鱼体形长，背鳍、臀鳍、胸鳍无硬棘，大小适口，饵料鱼体长为鳜鱼的50%以下。因需要人工繁殖大批量的鲢、鳙、鲮鱼等鱼苗作鳜鱼的饵料鱼，有些水产养殖场由于计划不周，在鳜鱼养殖过程中出现饵料鱼短缺，个体过大、不适口等而导致鳜鱼养殖的失败。因此，必须根据鳜鱼养殖规模的大小，预先对全年各个饲养阶段所需饵料鱼的数量和规格制订周密、细致的生产计划和具体实施方案，以保证做到饵料鱼数量充足、体质健壮、规格适口、供应及时。

鳜鱼全年所需饵料鱼重量根据“全年所需饵料量”的计算方法得出，其中鳜鱼饲养的成活率为90%～95%，饵料系数为4～5。

二、饵料的逐月分配及合理投喂

1. 饵料的逐月分配及合理投喂

一年中各月的投饵计划，主要根据各月份的水温、鱼类生长情况和饲料供应情况制定。在家鱼养殖中投饵工作应掌握“早开食，晚停食，抓中间，带两头”的投喂规律，即早春(1～3月份)开食抓好饵料质量，控制好投饵量，避免给刚开食的鱼类(特别是易患肠炎的草鱼)大量投饵，防止空腹鱼暴食而亡。4月中旬至5月上旬，是各种鱼病的高发期，必须控制投饵量，并保证饵料新鲜、适口、均匀。在6～9月份，水温升至25～30℃时，鱼类食欲增加，生长加快，要适当提高投饵量，其投饵量占总投饵量的75%～85%。9月上旬之后，水温27～30℃，此时由于上半年大量投饵，使水质变浓，注意投喂量和病害防治。9月下旬之后，气候正常，鱼病减少，对各种鱼类都应加大投饵量，以促进所有的养殖鱼类增重，这对提高产量非常有利。10月下旬之后，水温逐渐回落，要控制投饵量。在冬季的晴好天气温度稍有回升时，也需要投给少量精饲，使鱼不致落膘。春夏季草多质优，要对主养草鱼的池塘提供适当的青饲料。

2. 案例

养殖6.7 hm^2的网箱养鱼场，如果网箱养殖滤食性鱼类，只要水域条件好，网箱设置区有微流水，不论网箱养殖鱼种还是商品鱼，都可以不投饵料(近年来，部分网箱养殖场网箱养殖滤食性鱼类，在后期天然饵料不足时，或鱼种生长到后期个体增大而天然饵料缺乏时，往往补充投喂些商品饵料)，但摄食性网箱养殖鱼类必须投饵。在无天然饵料的情况下，中等水平的网箱养鱼场一般可以饵料系数(1.8～2.2)作为估算饵料需要量的技术指标。如果兼喂天然饵料(水草或螺蛳)，则商品饵料的用量可以酌量减少，可以饵料系数为1.5来估算饵料用量。在完全以天然饵料为主的情况下，可以 50 kg 草料或 30 kg 螺蛳类折算 1 kg 鱼产品。由于鱼类的生长与饵料配方、给食量及投喂技术有关，因此，在制定生产计划的饵料用量中，必须要参考前几年的生产业绩来决定饵料的原料种类，并且饵料系数也都应逐年有所下降。我国饲养的几种养殖鱼类饵料中蛋白质的组成为 30%～40%，因此，在总饵料量确定后，参考使用配方应采购有关饵料源。

在不计成活率和不减鱼种重量的情况下，如其中 2.7 hm^2 网箱养滤食性鱼类，并决定采用不投饵，另 2.7 hm^2 网箱养草鱼，每 667 m^2 产量 10 000 kg，则所需饵料 $10\,000\times40\times2=80\times10^4$ kg，1.3 hm^2 网箱养鲤鱼，每 667 m^2 产量为 20 000 kg，需饵料 $20\,000\times20\times2=80\times10^4$ kg，这样，该网箱养殖场总共需饵料 160×10^4 kg，其中大体需鱼粉 16×10^4 kg，豆饼粉 64×10^4 kg，菜饼粉 48×10^4 kg，米粉或玉米粉 16×10^4 kg，麸皮 16×10^4 kg，另外，作为黏合剂的原料和无机盐各 1.6×10^4 kg 及维生素混合剂 1 600 kg。

如果饵料的逐月分配量在 4～11 月份分别按 0.3，0.7，1.0，1.8，2.0，2.5，1.2 和 0.5 分配，则每月需要按上述配额加工配合饵料。配合饵料的贮存期不应太长，一般不超过 1 个月，以防霉变或因饵料的脂肪氧化而败坏。

部分地区天然饵料资源丰富，在 6～9 月份 4 个月内，可以用天然饵料来代替部分商品饵料。如用 50 kg 水草或 30 kg 螺、蚬类来代替 2.5 kg 的配合饵料，即 500 g 饵料折算 20 kg 水草或 8～12 kg 的螺、蚬类。

第三节　青绿饵料的种植

一、青绿饵料的概念

青绿饵料是指，用来喂养草鱼和团头鲂等草食性鱼类的人工栽培或野生陆生植物。与其他饵料相比较，青绿饵料嫩绿多汁，富含维生素和矿物质，粗纤维含量少。青绿饵料含有 1%～3%蛋白质，适口性好，易消化，人工栽培产量高(全年产鲜草 1 500 t/hm^2)。种草养鱼，鱼粪可以肥水，粪泥可以肥田种草，这样可以形成良性物质循环，降低生产成本，提高经济效益。渔业生产中常用的主要青绿饵料有：宿根黑麦草、苏丹草、苜蓿、墨西哥玉米、象草、聚合草和苦荬菜等陆生草和水葫芦、水浮莲、水花生、苦草、菹草、芜萍、浮萍等水生草。

用青绿饲料养鱼，对弥补饲料不足、降低养鱼成本、提高养鱼效益具有十分重要的意义。开发利用青绿饲料，要做到以下 6 点：

(1)选择青绿饲料的品种　目前比较常见的优良青饲料有黑麦草、苏丹草、墨西哥玉米、苦荬菜、浮萍等，不同的青绿饲料具有不同的营养价值。在鱼类的不同生长发育阶段，应选择不同的优良青绿饲料。在生产中可根据青绿饲料来源的难易及鱼种生长发育的需要加以选择。

(2)适时刈割　青绿饲料在不同的生长阶段，所含的营养成分不同。刈割不及时的青草，往往由于木质化程度增加，导致鱼类对饲草的利用率显著下降。一般禾本类青饲料应在抽穗时刈割，豆科类青饲料应在开花初期刈割。割后的青饲料要及时投喂，放置时间过长，不仅营养成分容易散失，而且适口性也会变差。

(3)加工调制　成鱼养殖可直接投喂刈割后的青饲料。如果用于苗种培育，则应将青饲料切碎或打浆。也可采取发酵的方法，以提高青绿饲料的适口性和利用率。如水花生适口性较差，鱼类不能直接将它消化吸收，但经过发酵处理后，鱼类就可以食用了。

(4)加强鱼病的防治　青绿饲料主要被草食性鱼类所利用，而草食性鱼类容易发病。因此，平时应注意水体的消毒和用药饵预防鱼病，合理安排投喂量、投喂时间和次数。

(5)坚持青、精饲料结合　青绿饲料虽然营养价值比较全面，但其本身营养物质浓度较低，难以满足鱼类快速生长的需要。比较可行的办法是青、精饲料结合，互相补充。

(6)充分利用塘边种植青绿饲料　在耕地不足时，利用塘边、岸边、堤边等地种植青绿饲料。池塘养鱼可利用冬闲塘种绿肥、黑麦草等，实现种、养结合，以达到高产量、低消耗、高效益、低成本的目的。

二、常见青绿饵料的种植

(一)黑麦草的种植

禾本科(Gramineae)黑麦草属(*Lolium*)一年生或多年生草本植物，是重要的栽培牧草和绿肥作物。本属约有20种，其中多年生黑麦草(*L. perenne*)和多花黑麦草(*L. multiflorum*)是具有经济价值的栽培牧草。现我国及新西兰、澳大利亚、美国和英国广泛栽培，用作牛、羊、鱼的饲草。

1. 生物学特性

多年生黑麦草原产南欧、北非及西南亚，1677年英国首先栽种。株高70～100 cm，有时可达1 m以上。茎秆丛生，质地较软。叶在芽中呈折叠状，叶鞘光滑，叶耳细小，叶舌短而不明显。穗状花序，小穗含小花6～11朵，无外颖。无芒，内稃与外稃等长。种子千粒重1.5～2.0 g。多花黑麦草在13世纪前栽培于意大利北部，故又称意大利黑麦草。植株较粗壮，叶较阔而长，在芽中呈卷曲状，叶耳大而明显，小穗含小花较多，有芒。

黑麦草须根发达，但入土不深，丛生，分蘖很多。黑麦草喜温暖湿润土壤，适宜土壤 pH 为 6～7。该草在昼夜温度为 12～27℃时再生能力强，光照强，日照短，温度较低对分蘖有利，遮阳对黑麦草生长不利。黑麦草耐湿，但在排水不良或地下水位过高时不利于黑麦草生长。栽培黑麦草可在短时间内提供较多青绿饲料，每 667 m^2 产量可达 5 000～10 000 kg，是春秋季畜、禽、鱼的良好草资源。

2. 营养成分

黑麦草营养丰富，鲜草中含蛋白质 2.6%，每 667 m^2 产粗蛋白 175 kg。黑麦草干物质中含粗蛋白 4.93%，粗脂肪 1.06%，无氮浸出物 4.57%，钙 0.075%，磷 0.07%。其中粗蛋白、粗脂肪比本地杂草含量高出 3 倍。

3. 栽培技术

（1）播种　利用山坡地、责任田种黑麦草，播种期黑麦草喜温暖湿润的气候，种子发芽适宜温度 13℃以上，幼苗在 10℃以上就能较好的生长。因此，黑麦草的播种期较长，既可秋播，又能春播，还能夏播。播种时间 9 月上旬至 11 月上旬，我国某些地方在 7 月份就在比较湿润的田土中播种。可撒播也可条播。条播行距11～20 cm，覆土 1～2 cm，每 667 m^2 播种量 1～1.5 kg。撒播时遇田块干旱时可灌水，使土壤潮湿后再排水，以有利于黑麦草发芽和出苗整齐，播种时混合 10 kg 磷肥拌匀后播种效果更好，每 667 m^2 播种量 1～1.5 kg 最适宜。生产上，具体的播种量应根据播种期、土壤条件、种子质量、成苗率、栽种目的等而定。一般秋播留种田块，每 667 m^2 要有(35～40)×10^4 株的基本苗，需播 1 kg 种子左右，但作饲草用，并需要提高前期产量时，可多播一些，每 667 m^2 2.5～3 kg。黑麦草种子细小，要求浅播。

（2）施肥　为了使黑麦草出苗快而整齐，有条件的地方，可用钙镁磷肥 150 kg/hm^2，细土 20 kg/hm^2 与种子一起拌和后播种。这样，可使种子不受风力的影响，避免稻板直播时因水稻生长繁茂，减少细小的黑麦草种子不易落地，确保播种均匀。稻板直播时，待播种后，每隔 2～4 m 开一条排水沟，并将沟中的土敲碎，覆盖在畦面上，作盖籽用。增施肥料黑麦草系禾本科作物，无固氮作用，因此，增施氮肥是充分发挥黑麦草生产潜力的关键措施，特别是作饲料用时，每次割青后都需要追施氮肥，一般尿素 5 kg/667 m^2，从而延长饲用期限。随着氮肥施用量的增加，鲜草总产量相应提高，日产草量也相应增加，草质也明显提高，质嫩，粗蛋白多，适口性好。要求每 667 m^2 黑麦草田施 25～30 kg 过磷酸钙作基肥。

（3）收割　黑麦草再生能力强，可以反复收割，因此，当黑麦草作为饲料时，就应该适时收割。黑麦草收割次数的多少，主要受播种期、生育期间的气温、施肥水平的影响。秋播的黑麦草生长良好，可以多次收割。另外，施肥水平高，黑麦草生长快，可以提前收割，同时增加收割次数；相反，肥力差，黑麦草生长也差，不能在短时间内达到一定的生物量，也就无法收割利用。适时收割，也就是当黑麦草长到25 cm以上时就收割，若植株太矮，鲜草产量不高，收割作业也困难。每次收割时留茬高度约5 cm左右，以利黑麦草残茬的再生。

(4)留种　黑麦草留种田一般不施氮肥为宜，若苗生长特别差，可适当补施一点氮肥。

(二)苦荬菜的种植

苦荬菜(*Lactuce indical*. L.)，又名苦菜、鹅菜、山莴苣等。由野生经多年驯化选育，已成为广泛栽培的优良高产饲料作物。除我国大面积种植外，日本、朝鲜、印度及俄罗斯也有分布。它是一种适应性强，产量高，营养好，鲜嫩适口的优质青绿多汁饲料，各种畜禽及鱼类均喜食。

1. 生物学特性

苦荬菜喜温暖湿润气候，既耐寒又抗热。当土壤温度5～6℃时，种子即能萌发，15℃以上生长加快，25～35℃时生长最快。耐热性强，在夏季35～40℃高温条件下，只要保持水肥供应，生长仍十分旺盛，产量极高。耐寒性较强，成株可抵抗−7～−5℃的冬季低温。苦荬菜对水分要求较多，但不耐积水。对土壤要求不严，各种土壤均可种植，但在排水良好的肥沃壤土上生长良好。耐轻度盐碱，在pH小于8.0的碱性土壤上生长良好。苦荬菜耐荫，可在果林行间种植。

2. 栽培技术

(1)整地与播种　苦荬菜种子小而轻，顶土能力弱，播种前要精细整地，以利于播种和出苗。播种期限以春播为主，南方也可秋播。春播以2月下旬至3月下旬为佳。播种方式可直播和育苗移栽。播种方法可采用条播、穴播或撒播。条播行距为25～30 cm，每667 m^2 用种量为0.5～0.8 kg。育苗移栽，每667 m^2 大田只需种子0.2～0.5 kg，苗床与大田面积之比为1∶5，行株距为(25～30) cm×(10～15) cm，条播、撒播或穴播，播深2～3 cm，播后及时镇压，使种子与土壤紧密结合，利于出苗。

(2)施肥　苦荬菜速生，再生力强，刈割次数多，鲜草产量高，因而需肥量大。要结合整地施足基肥，每667 m^2 可施腐熟的农家肥2 000～3 000 kg作底肥，以后每刈割1次追施10～15 kg尿素或复合肥，促进再生。

(3)田间管理　苦荬菜宜密植，如过稀则不仅影响产量，而且会使茎秆老化，品质及适口性降低。苗高4～6 cm时要及时中耕除草。每刈割一次后要追肥、灌水。苦荬菜的病虫害较少，主要虫害有蚜虫，可用蚜敌或其他杀虫药喷施。

(4)收获 苦荬菜生长快,春播的在5月上中旬便可第一次刈割,以后每隔20～25 d刈割1次,1年可刈割5～8次。收获方法可以剥叶,也可以整株刈割。当株高40～50 cm时即可刈割,留茬高度5～8 cm,以利再生。苦荬菜花期长达20余天,种子成熟不一致,要随时采收。

3. 饲用价值及其利用

苦荬菜产量高,每667 m^2 鲜草产量达5 000～7 500 kg,高者可达10 000 kg,营养丰富,干物质中粗蛋白质含量为30.5%,粗脂肪15.5%,粗纤维9.7%。富含各种维生素及矿物质。苦荬菜叶量大,鲜嫩多汁,茎叶中的白色乳浆虽略带苦味,但适口性特别好,猪、兔、禽、鱼尤其喜食,马、牛、羊也喜食。

苦荬菜除青饲外,还可青贮和制成干草粉。青饲喂畜、禽、鱼可节省大量精料,并能提高它们的繁殖力和泌乳力,喂育肥猪还可防便秘,喂仔猪可提高增重。喂蛋鸡能增加产蛋量。苦荬菜草质柔软,青贮时须压紧,青贮后呈黄色,具芳香气味,有微酸味,猪、兔、鱼特喜食。

苦荬菜可分期播种,分批采收。4～9月份可连续收割,不断供应,保证饲养场青绿饲料的均衡提供,提高经济效益。

(三)苏丹草的种植

苏丹草原产于非洲的苏丹高原。在欧洲、北美洲及亚洲大陆栽培广泛。新中国成立前我国已经引进,现南北各省均有较大面积的栽培。经多年的栽培试验和小面积的推广种植证明,苏丹草是耐旱、产高、质优、适宜在气候温暖、干旱地区种植的一年生优良牧草。

1. 生物学特性

苏丹草喜温暖,不耐寒,种子发芽最低温度为8℃,最适温度为20～25℃;幼苗在低于3℃时即受冻害或完全冻死。成株在低于12℃时生长变慢。根系强大,入土很深,能利用土壤深层的水分和营养。抗旱能力极强,在降雨量仅250 mm的地区种植仍可获得较高产量。对土壤要求不严,一般土壤均可种植,但不宜种植在沼泽土和流沙地上。对水肥反应良好。要获高产,必须施肥灌水。对其后期也要多施肥料,保证丰产。苏丹草宜在晚霜后播种。生育期100～120 d。进入分蘖期后的整个生育过程中能不断分蘖,而且从分蘖开始,生长速度加快,一昼夜生长5～10 cm,这期间施肥灌水可获高产。据西北畜牧兽医研究所1959年在武威黄羊镇种植,在管理粗放时,每667 m^2 产青草1 250 kg,种子50 kg以上。在水肥条件好时,1年割草2次,每667 m^2 产青草3 500 kg,种子100 kg以上。

2. 栽培技术

苏丹草根系发达,株体生长旺盛,需要从土壤中吸取大量的营养,因而整地要求深翻,并施足底肥,每 667 m^2 施有机肥料 1 500～2 000 kg。在晚霜过后地表温度达 12～14℃时即可开始下种。为保证长夏绿饲草不断线,可每隔 20～25 d 播种 1 次。苏丹草种子田间发芽率低,收草田每 667 m^2 播种量 2.5～3.0 kg,收种田可减半。宜条播,收草行距 30～40 cm,收种行距 50 cm。一般覆土深度 4～5 cm,土壤墒情差时可深达 6 cm。苗期易受杂草危害,要注意中耕除草。每次刈割后,都应灌溉和追施速效氮肥。青饲或青贮以孕穗至乳熟期为宜。调制干草以抽穗期为宜。刈割留茬 6～10 cm,以利再生,收种子宜在主茎的种子成熟时进行。如果等到分枝上的种子成熟才收种子,则主茎上价值最高的种子早已脱落。种子成熟时穗色变黄而干燥,种粒有光泽,压之有硬感。苏丹草幼苗期含氢氰酸较高,以后随生长而减少。宜在株高 50～60 cm 时刈割,割后稍加晾晒,而后饲喂,可避免牲畜中毒。苏丹草种子与其他谷类种子相比其蛋白质含量高,却因含有单宁,具收敛作用,不宜作精料。但与其他谷实等量混合,仍可饲用。

3. 饲用价值及利用技术

苏丹草抗旱能力强,能很好地适应气候温暖干旱地区的自然条件。分蘖期长,分蘖数量多,生长迅速,再生能力好,1 年可刈割 2～3 次。产量高而稳定,草质好、营养丰富,其蛋白质含量居一年生禾本科牧草之首。用于调制干草、青贮、青饲或放牧,马、牛、羊都喜采食,也是养鱼的好饲料。

4. 经济价值

苏丹草作为夏季利用的青饲料最有价值。仲夏生产鲜草最多,可作为此时乳牛、成鱼的青饲料,苏丹草的茎叶比玉米、高粱柔软,晒制干草也比较容易。每年刈割 2～3 次,留茬 7～8 cm,可生产鲜草 8 000～10 000 kg,喂肉用牛的效果和喂苜蓿、高粱干草的差别不大,羊、鱼、猪也喜食。

5. 发展前景

苏丹草是一种青绿饲料,由于其干物质含量较低,只能作为饲料中的配合饲料原料。目前,有雅津甜高粱和苏丹草杂交的高丹草,相对于普通苏丹草更有优势,主要是提高了干物质成分以及糖度,还有饲料的适口性更好。

(四)墨西哥玉米的种植

墨西哥玉米又名大刍草,原产于中美洲墨西哥等国。该品种遗传性稳定,分蘖性、再生性强;适口性好,抗病虫害,高产优质,单棵鲜草可达 11 kg。同样面积所产的粗蛋白质相当于普通玉米的 4～5 倍,是草食性畜、禽、鱼的极佳青饲料。我国从墨西哥引进的最新墨西哥玉米牧草品种,在河南、河北、山西、广东等地多点试种表明,每 667 m^2 最高产量可达 3.5×10^4 kg,较普通的墨西哥玉米草产量提高 40%～70%,其产量在所有牧草当中遥遥领先,极具推广价值。

1. 生物学特性

墨西哥玉米喜大肥大水，对土壤要求不严，既耐酸也稍耐盐碱，稍耐水渍。种子最适发芽温度15℃，生长最适温度2～35℃，能耐受40℃高温，不耐霜冻，气温降至10℃停止生长，0℃时植株枯黄死亡。在年降水量800 mm地区生长良好，需水量大，但不耐水淹，喜温暖湿润气候，耐热不耐寒，在18～35℃时生长迅速，遇霜逐渐凋萎，生长期约210 d，再生力强，1年可刈割7～8次，每667 m^2 产鲜草(1～2)×10^4 kg。

2. 栽培技术

种植墨西哥玉米，选择土地肥力中等以上，水源方便的田块，播前要求深耕，平整土地，修好排水沟，做成1.5 m宽的畦，并施基肥，每667 m^2 施有机肥1 500 kg，磷肥25 kg。该草适应性极强，耐热抗旱、耐盐碱贫瘠，各地可根据其生育期及当地气候情况选择适当的播种时间，南方地区可四季播种。每667 m^2 用种1～1.5 kg，播前种子用30℃的温水浸泡24 h，按株行距40 cm×60 cm，采用穴播或育苗移栽方式进行。播种时只需略覆细土，播后应保持畦面湿润，5 d可出苗。苗期或移栽初期应除草1次，并保持土壤湿润。苗龄25 d左右，植株3～4片叶时，追施少量尿素或薄粪水。植株有5叶，且气温不低于15℃时移栽，下午为宜，株行距为(40～45) cm×(50～60) cm，1穴栽1～2株。留种地肥力强的适当稀植。栽后要浇足水，成活5～10 d，追施催苗肥。幼苗有近1个月的"蹲苗期"，在此期间，未施磷肥的地块，叶梢甚至全叶会逐渐发红，影响根系发育，应补施磷肥。当苗高30 cm时，每667 m^2 施氮肥6 kg，进行中耕培土，促进分蘖快长。每次刈割后，注意旱灌涝排，可在当天或第2天结合灌水及除草松土，每667 m^2 施尿素5 kg或人粪尿按1∶3比例对水稀释后泼施，在生长期间如遇蚜虫或红蜘蛛侵袭，可用40%乐果乳剂1 000倍液喷施杀灭。

3. 刈割方法

墨西哥玉米播后45 d，株高50 cm以上时开始收割，应留茬5 cm，以利速生。此后每隔20 d可再割，全生育期可割7～8次。也可待株高1 m时开始刈割利用，但刈割留茬高度为10～15 cm，如不留茬则不能再生。刈割时注意刀口要割成斜面，以免雨水停留在割口上霉变。以后每次刈割，留茬高度相应增加2 cm，不能割掉生长点，影响再生。刈割后每667 m^2 追施氮肥15～20 kg，不能将肥料淋在刈口上。另外雨天不要刈割。

4. 繁殖方法

(1)种繁　在长江中下游地区采取一定措施，可以收获部分成熟的种子。但扬花期要和玉米错开，否则会杂交。隔年种子往往被虫蛀，不能再用。

(2)茎繁　可用中下部茎秆直接扦插繁殖，其方法是挖 10 cm 深窄沟，将茎秆直接埋入土中，或将茎节居中切断，每节上有 2 个花芽，斜插入土中，约 10 d 后有新芽长出。但这种方法较麻烦，一般不用。

5. 饲用价值及利用技术

据测定，墨西哥玉米草风干物中含干物质 86%，热能 14.46 MJ/kg，粗蛋白 13.8%，粗脂肪 2%，粗纤维 30%，无氮浸出物 72%，其营养价值高于普通食用玉米。墨西哥玉米主要用于青饲、青贮，该饲草茎叶柔嫩，清香可口，营养全面，畜禽及鱼类喜食。茎叶 22 kg 即可养成 1 kg 鲜鱼，喂奶牛，日均产奶量比喂普通青饲玉米提高 4.5%。牛、羊、鱼等可直接饲喂，鸡、鱼、鹅等也可切碎后再喂。螃蟹也十分喜食，方法是草高 50 cm 时刈割，扎成小捆，用绳系住，丢入蟹池中，2～3 h 后牵拉绳索，收回残茎，晒干后还可喂牛羊，如用不完，可将鲜草青贮或晒干粉碎供冬季备用。青饲应在株高 0.5～1.5 m 时刈割。青贮应在开花后刈割。每 667 m^2 可收(1～1.5)×10^4 kg。专做青贮时，可与豆科的大翼豆、山蚂蟥蔓生植物混播，以提高青贮质量。

第四节　配合饵料配方设计与加工

一、鱼类配合饵料的概念

鱼类配合饵料是按照不同种类的鱼在不同生长阶段的营养需要，将数种营养价值具有互补作用的原料按一定比例配合，调制成能满足鱼类生长繁殖需要并具有较高经济效益的饵料。配合饵料具有营养全面，适口性好，饵料报酬高等优点。按形态的不同，可将配合饵料分为粉状饵料、颗粒饵料和微粒子饵料。

1. 粉状饵料

粉状饵料是由粉碎达到一定粒度的粉状原料按一定比例混匀而成。如鳗鱼饵料是将粉状饵料按比例加水，加油，再充分搅拌形成具有较强黏性和弹性的团状饵料，进行投喂。培育鱼苗可选用 60 mm 直径筛网过筛的粉状饵料，这种饵料进入水体呈悬浮状，有利于鱼苗摄食。

2. 颗粒饵料

颗粒饵料呈短棒状。颗粒的直径根据鱼的大小而定。一般颗粒饵料直径的范围为 2～8 mm，长度为直径的 1～2 倍。依加工的方法和成品的性质不同，颗粒饵料又分为硬颗粒饵料、碎粒饲料、软颗粒饵料和膨化饵料(或发泡饵料)4 种类型。

(1)硬颗粒饵料　硬颗粒饵料是经加工冷却后，含水率在 13%以下的饵料。这种饵料的加工工艺特点是从原料的粉碎、搅拌、混合、制粒成型，直到冷却等过程都是连续的。硬颗粒饵料广泛用于青鱼、草鱼、鲤鱼、团头鲂、罗非鱼和虹鳟等鱼类的养殖。硬颗粒饵料颗粒直径一般应为 4～8 mm，养殖鱼体重大者所用颗粒饵料直径稍大，体重小者所用颗粒饵料直径稍小。硬颗粒饵料在水中应有良好的稳定性，入水 10 min，损失重量不应超过 10%。

(2)碎粒饲料　碎粒饲料又叫破碎料，一般颗粒饲料机械只能生产颗径为 2.5 mm 以上的颗粒饲料。为了适应满足幼鱼阶段(鱼苗、鱼种)的需要，一般采用先制成较大的硬颗粒饲料，然后进行破碎，过筛分成不同大小的碎粒状饲料，饲喂不同规格的鱼种。

(3)软颗粒饵料　软颗粒饵料是指，用绞肉机式的制粒机生产的含水率在 25%～30%，且质地较松软的饵料。这种饵料适用于养殖团头鲂、草鱼、鲤鱼和虹鳟等鱼类。软颗粒饵料属于沉性颗粒饵料，缺点是水中稳定性较差。

(4)膨化颗粒饵料　膨化饵料是指，粉状原料经充分混合后用蒸汽形式加进水分，再经过高温和高压处理后立即减压使饵料体积迅速膨胀的一种饵料。这种饵料中含有的淀粉在高温下糊化形成了结构疏松、颗粒牢固的发泡颗粒。这种颗粒饵料适宜饲养观赏鱼、草鱼和团头鲂等。

3. 微粒子饵料

微粒子饵料是日本开发的一种配合饵料，供饲养虾、贝类幼苗和鱼类幼苗使用，也可以用来饲养滤食性鱼类。我国目前在虾育苗过程中已使用微粒子饵料。微粒子饵料的加工条件要求比较高，一般颗粒的大小在 10～100 μm，依制造方法和性状的不同可分为 3 类，即微膜饵料(MCD)、微黏饵料(MBD)和微胶囊饵料(MED)。

二、设计合理的鱼类饲料配方

设计合理的饲料配方，设计配方之前必须弄清楚养殖鱼类的种类及生长阶段，以便确定饲料中蛋白质、能量等营养素的水平。既要满足鱼类生长对蛋白质的需要，又要使能量和蛋白质的比例适中，过高和过低的能量蛋白比都不利于鱼类生长。设计配方时还要考虑饲料营养与容量的关系，既要保证鱼类能摄入足够的营养，又要能使其产生饱感。一般而言蛋白质饲料的价格都高于能量饲料，切不可贪图便宜加大能量饲料的比例，而降低蛋白质饲料的比例，这样做反而会无形中增加饲料成本。

(一)配合饲料配方设计的依据和原则

1. 配合饲料配方的设计依据

①根据养殖鱼、虾的营养需求及饲料营养标准；

②根据饲料原料营养成分及营养价值；

③现有饲料状况及其价格成本等。

2. 饲料配方设计必须遵循的原则

(1)科学性　饲料配方设计首先要考虑的是养殖对象(鱼虾)的营养需要,按其食性及不同阶段的营养要求拟出饲料的营养标准,再根据饲料原料营养价值,将多种动、植物饲料及添加剂进行科学配比,充分发挥各自的营养物质效能,起到取长补短(即互补)作用,从而提高饲料的消化率和对营养物质的利用率;

(2)经济性　在设计配方时,组成配方的原料一定要根据国情和地情来选择,要因地制宜,就地取材,尽量选用营养丰富、来源广和价格低廉的饲料原料来配制。这样,可减少运输、贮藏环节,原料新鲜,养鱼效益高,节省人力、物力,降低成本;

(3)实用性　设计的饲料配方要有实用性,而不是脱离实际的配方。按设计配方生产的配合饲料,必须使鱼虾等养殖对象适口、喜食,并在水中稳定性能好,鱼虾吃后生长快,饲料效率高;

(4)安全卫生性　在设计配方时,应考虑饲料的卫生安全要求。在考虑饲料营养指标时,必须注意饲料其他质量问题。如有严重变质发霉的原料,不宜做配合饲料的原料。含泥沙多、含有毒有害成分的饲料原料,不得超过国家规定的范围,一定要符合安全卫生指标的要求,即符合《渔用配合饲料的安全指标限量》的要求。

(二)鱼、虾用配合颗粒饲料的特殊要求

鱼、虾常年生活在淡水、海水中,属低等变温动物。由于生活环境的特殊,在对配合饲料的配方组成、加工工艺流程及饲料的形态和水中稳定性等方面均有特殊的要求。

1. 在饲料配方营养组成方面的要求

①要求粗蛋白质含量较高(23%～55%),且要求其蛋白质中必需氨基酸齐全(10种)、平衡。其要求的蛋白质含量为陆生畜禽的2～4倍(畜禽为12%～25%)。

②对碳水化合物要求不宜太高,尤其是粗纤维要限量。

③因鱼、虾类为变温动物,不需要消耗能量来维持体温,加之鱼、虾生活在水中,水有浮力,因此,只需很少能量供给肌肉活动和维持在水层中的位置,所以其耗能较少,为陆生动物的50%～67%。

④其他方面也有特殊性,如对脂肪利用率特别高(其消化率达90%以上),鱼类要求饲料中的钙磷比例为1∶1或1∶1.5左右。

2. 在加工工艺上的特殊要求

①饲料原料粉碎粒度特别要细,一般说来,鱼类要求粉料粒度要达到全部通过40目筛网,虾、蟹类要求达到通过60目以上,鳗鱼、鳖要求达到通过80～100目筛网。而畜禽要求粉料粒度全部通过8目,16目筛上物不得大于10%就可以。因

此，鱼、虾用粉碎机必须采用微粉碎机或超微粉碎机才能满足上述要求。

②配合饲料制粒机必须为鱼、虾专用的制粒设备。此设备在制粒机前必须设有通蒸汽(加热)熟化调质设备，制粒后还设有保温稳定器，使颗粒饲料黏实稳定了才能冷却、过筛包装。

3. 对颗粒饲料在水中的稳定性要求特别高

因为鱼、虾生活在水中，饲料必须投入水中才能被摄食。投入水中的颗粒饲料必须维持一定时间后不溃散鱼、虾才能吃饱。因此，这就要求配制的颗粒料在水中的稳定性(保型性)要高。根据鱼、虾的摄食特点及要求，国家水产行业提出了有关规定，鱼类颗粒饲料投入水中后，至少要在 10～20 min 内颗粒不溃散；虾、蟹颗粒要求 2 h 以上不溃散。

(三)配合饲料的粒径与鱼、虾规格的关系

不同鱼类及同种鱼类不同生长阶段需要的颗粒饲料大小也不同，鱼苗和鱼种自然需要微粒颗粒和小颗粒饲料，成鱼需要大颗粒饲料。但是，颗粒的大小必须与养殖鱼类的口径相适应，才能有利于鱼类摄食。据有关资料表明，体重为 50～150 g 的鱼，喜食粒径为 3 mm 的饲料。体重在 225 g 以上的鱼，喜食 5 mm×5 mm 的颗粒饲料；体重为 454 g 或更重一些的鱼，喜食 6 mm×6 mm 的颗粒饲料。但是，13 mm×13 mm 的硬颗粒饲料，任何一种鱼类都不愿意吞食。

为了适应养鱼生产的需要，除了各种颗粒机已配好不同孔径的模板之外，有的还需要将大的颗粒饲料经粉碎机粉碎后，用筛分选出微粒及不同粒径的小颗粒饲料。

(四)人工配合饵料的原料选择

饲料原料的科学选择，选用原料要坚持质优价廉、货源稳定、运输方便的原则。在条件允许的情况下，原料的种类越多越好，这样才能保证饲料中的必需氨基酸尽量达到平衡，最大限度满足鱼类对各种必需氨基酸的需求。绝对不能使用发霉变质的原料，霉变的原料含有大量的病菌和毒素，投喂这些饲料后极易引起鱼类患病。棉粕和菜粕等原料虽然价格便宜，蛋白质含量也较高，但是由于它们分别含有棉酚和葡萄糖硫苷等抗营养因子，过多使用会影响鱼类生长。因此要限制用量，一般不超过 10%。许多养殖户喜欢使用廉价的油渣和肉粉，但是这类原料中混有大量的动物皮毛，影响粉碎与制粒工艺的顺利进行，鱼类食用后也不易被消化。油渣和肉粉中所含的脂肪都是饱和脂肪，有的由于储存时间过久已经开始酸败。鱼类对饱和脂肪的利用率低，过多摄入酸败脂肪还会导致鱼类患脂肪肝等疾病，这类原料的用量应该控制在 5%以下。

1. 植物性饵料

植物性饵料的原料种类繁多，包括饼粕类、谷实类、糠麸类、块根块茎类、糟渣类、壳粉类(粗饲料)及青绿饲料类等。植物性饲料一般都是低蛋白质的饲料，因此，植物性饲料的生理价值较差。但是它来源广、产量高、成本低，如能正确使用，并利用蛋白质的互补作用来提高饵料效果，仍是很重要的养鱼配合饵料原料。植物性饵料中豆科植物的种子，如大豆等是一种高蛋白质饵料原料。由于植物性饲料的价格便宜，来源方便，是我国目前配合饵料的主要原料。饼粕类含蛋白质量最高，而无氮浸出物含量相对较低。饼粕类中豆饼和豆粕含蛋白质约46%，即使含蛋白质量最低的糠饼也达17.48%。谷实类除黄豆含蛋白质44%，蚕豆、豌豆24%～27%外，一般谷实类蛋白质含量为10%～20%。糠麸类蛋白质含量为10%～12%；壳粉类蛋白质含量多数在5%～10%，仅少数种类达20%左右。块根块茎类和糟渣类因不是干制品，蛋白质含量更低，一般仅1%～5%，并含较高的水分。青绿饲料具有85%～90%的水分，仅含1%～3%蛋白质，但这类饵料因植物体含有多种维生素和无机盐等微量元素，对草食性的草鱼、鳊鱼、鲂鱼特别需要，饲养这类鱼在投喂配合饵料时，适当夹着喂青绿饲料，将会促进网箱养殖鱼类的快速生长，从而提高配合饵料的效率。各类常见植物性饵料的营养成分见表4-1。

表4-1 常见植物性饵料的营养成分 %

饲料名称	营养成分								
	水分	粗蛋白质	粗脂肪	无氮浸出物	粗纤维	粗灰分	钙	磷	干物质
大麦	12.58	11.77	1.90	66.19	4.34	3.22	0.22	0.38	87.42
元麦	14.24	11.74	1.70	68.05	1.72	2.55	0.17	0.32	85.76
小麦	11.40	12.90	2.00	69.70	2.10	1.90	0.05	0.42	88.6
荞麦	14.25	11.20	1.73	56.83	11.37	4.62	0.49	0.26	85.75
稻谷	13.67	8.16	2.31	64.19	6.95	4.72	0.03	0.27	86.33
三级籼碎米	13.26	10.32	2.41	72.27	0.42	1.32	0.03	0.20	86.74
三级粳碎米	13.24	9.30	2.31	73.47	0.46	1.22	0.09	0.20	86.76
米糄	13.09	8.87	1.68	73.97	0.89	1.50	0.04	0.24	86.91
高粱	11.48	6.60	2.97	74.11	2.19	2.65	0.07	0.25	88.52
玉米	11.42	8.98	3.92	72.48	1.70	1.50	0.04	0.28	88.58
黄豆(次品)	11.36	44.27	12.92	16.11	8.42	6.92	0.25	0.56	88.64
蚕豆	13.72	24.51	1.36	49.04	8.02	3.35	0.24	0.43	86.28
豌豆	13.95	26.98	2.47	46.42	7.22	2.96	0.47	0.45	86.05

续表 4-1　　　　%

饲料名称	营养成分								
	水分	粗蛋白质	粗脂肪	无氮浸出物	粗纤维	粗灰分	钙	磷	干物质
豆饼	9.07	45.97	3.98	30.42	4.69	5.87	0.36	0.63	90.93
豆粕	8.96	46.60	0.76	32.52	5.06	6.10	0.34	0.69	91.04
花生饼	11.50	39.50	3.60	33.20	3.60	8.60	0.32	0.59	88.50
花生粕	10.99	42.21	0.90	35.17	4.41	6.32	0.20	0.66	89.01
棉籽饼	11.37	43.17	3.91	24.70	8.84	8.01	0.34	0.45	88.63
棉籽粕	10.34	33.34	1.05	36.71	12.28	6.28	0.12	1.18	89.66
菜籽粕	10.81	37.73	1.50	30.48	11.69	7.79	0.71	0.98	89.19
细糠饼	12.72	20.21	1.48	46.99	7.56	11.04	0.72	1.56	87.28
粗糠饼	12.10	17.48	2.26	41.84	15.13	11.19	0.45	0.97	87.90
玉米胚芽饼	6.84	22.00	0.83	56.07	8.83	5.43	0.25	0.87	93.16
玉米粕	10.87	17.92	1.22	57.17	7.85	4.97	0.05	0.80	89.13
椰子饼	10.06	24.19	6.87	34.78	12.84	11.26	0.43	0.48	89.94
去壳胡麻籽饼	10.44	45.88	2.35	23.10	9.77	8.46	0.45	0.79	89.56
蓖麻籽饼	11.30	29.56	1.10	24.76	25.54	7.74			88.70
白糠	11.72	13.85	10.3	52.92	3.47	7.73	0.05	1.73	88.28
青糠	11.71	14.10	9.92	50.63	5.95	7.69	0.12	1.52	88.29
麸皮	11.80	14.29	4.28	55.58	9.30	4.75	0.17	0.91	88.20
玉米皮	12.50	9.90	3.60	61.50	9.50	3.00	0.08	0.59	87.50
四号粉	12.99	14.75	3.61	59.58	5.68	3.38			87.01
二八糠	10.00	4.40			34.70		0.39	0.32	90.00
三七糠	10.00	5.40			31.70		0.36	0.43	90.00
四六糠	10.00	6.30			28.70		0.33	0.55	90.00
稻谷糠(砻糠)	11.20	5.70			29.40		0.18	0.53	88.80

2. 动物性饵料

动物性饵料的特点是蛋白质含量高，氨基酸组成好，而且容易被鱼类消化与利用，缺点是价格稍高，来源有限。动物性饵料在饲养优质肉食性鱼类的使用中十分广泛，在国外是工厂化养鱼或网箱养鱼的主要蛋白源。目前我国网箱主要养的是草食和杂食性鱼类，而且由于动物性饵料的原料来源少，价格高，故仅限在养鳗、鳟时投喂的比重较大，一般网箱养杂食性、草食性鱼类时仅少量添加应用。常见动物性饵料原料的营养成分见表 4-2。

表 4-2　常见动物性饵料原料的营养成分　　%

饲料名称	营养成分								干物质
	水分	粗蛋白质	粗脂肪	无氮浸出物	粗纤维	粗灰分	钙	磷	
秘鲁鱼粉	8.00	61.30	7.70	2.40	1.00	19.60	5.49	2.81	92.00
一级鱼粉	9.38	55.22	8.00	3.44	1.48	22.48	5.79	3.06	90.62
三级鱼粉	8.18	43.33	6.00	7.81	3.37	30.95	9.24	5.20	91.81
羽毛粉	8.68	75.53	0.63	0.81	2.50	11.85	0.78	0.08	91.32
蚕蛹渣	10.20	68.90	3.10	5.00	4.80	8.00	1.20	0.73	89.80
血粉	9.20	83.80	0.60	1.80	1.30	3.80	0.20	0.24	90.80
肉粉	7.90	70.70	12.20	0.30	1.20	7.70	2.94	1.42	92.10
骨肉粉	6.50	48.60	11.60	0.90	1.10	31.30	11.31	5.61	93.50
动物性油脂	2.60		96.20			1.20			97.40
黄鱼头	81.95	7.63	3.23	0.54	0.05	6.60	2.15	3.23	18.05
马面鲀	73.99	14.20	6.60	0.58	0.06	4.57	1.19	0.73	26.01
马面鲀头、皮	75.00	12.71	4.81	0.92	0.06	6.50	1.63	0.51	25.00
干燥蚕蛹		58.00	26.00		4.00	3.00			91.00
动物骨骼		11.20	9.20	5.00	1.60	80.20			97.00
石油酵母		62～73	10～15	10		6～12			

从表 4-2 中可以得知，除动物骨骼或鱼类的鲜品外，一般动物性饵料的干品，其蛋白质含量均在 50％以上，其中最高的是血粉和羽毛粉，其蛋白质含量竟分别达到 83.8％和 75.5％。

3. 添加剂

饲料添加剂是指添加到饲料中能促进营养物质消化吸收、调节机体代谢、保证动物健康、改善营养物质利用效率、提高动物生产水平，从而改进动物产品品质的物质的总称。主要有维生素、无机盐、油脂、抗生素药物、着色剂、引诱剂和黏合剂等。对维生素、无机盐的作用，前已述及，下面只介绍其他几种添加物。

(1)油脂类　油脂类在配合饵料中主要是为提高能量和满足鱼类对必需脂肪酸的需要，水生动物油和大豆油是理想的油脂添加物。

(2)着色剂　有些养殖鱼类体色不如自然状态美观。为便于销售，可添加一些着色剂，以改善鱼类的颜色。如日本饲养的真鲷、香鱼、金鱼等，一般都在饲料中加一定的着色剂。常用的着色剂有虾黄素、阿扑卡诺丁酸酯等。

(3)黏合剂　为使饵料定形，防止在水中散失，要在面团状和软颗粒饵料中加些黏合剂，以增加定形效果。常用的黏合剂有 α-淀粉、羧甲基纤维（化学糨糊）、麦粉、海带胶等。其加入量随不同黏合剂和不同制形的饵料而异。某些硬颗粒饲料为了延长其在水中的定形时间或在制作时便于黏合，也可添加少量的黏合剂。

（4）引诱剂　鱼类对优良饲料都有一定的嗜好和被吸引力。为了增进鱼类食欲，在有些饲料中添加特定的引诱剂。如鰤鱼可以用鱼肝油来引诱。巴非蛤能引起鳗鱼强烈的食欲，鳙鱼肉对真鲷有良好的引诱效果。蚯蚓、牛肝、牛血能引起斑点叉尾鮰强烈的食欲等。但并不是所有鱼类都要用引诱剂，而且即使是需要用引诱剂的鱼类也只是在开始训练摄食阶段使用，一旦鱼能正常摄食，就可停止使用。我国常见的网箱养殖鱼对配合饵料都有较好的摄食能力，因此，并不需要添加引诱剂。

（5）酵母　是发酵工业的副产品，营养成分比较丰富，并且往往还含有能促进生长的因子。国内外常用作养鱼添加剂使用。常用的酵母有啤酒酵母和饲料酵母等。啤酒酵母是生产啤酒时的副产品，含丰富的水溶性维生素；饲料酵母又称纸浆酵母，是纸浆厂净化废水后的副产品；白地霉酵母是淀粉厂常生产的酵母。这些酵母营养成分都比较丰富。由于酵母的价格比较贵，故常作为一种添加剂使用，一般在饵料中的添加量为 1%～5%。

石油酵母是以石油产品为原料所培养的微生物而得到的一种单细胞蛋白质。其蛋白质含量一般为 50%～70%，维生素含量也很丰富。在国外用石油酵母来直接饲养鲤鱼、鳗鲡、鲷鱼、鰤鱼、鲇鱼等均获得成功。在国内通过鳗鱼和鲤鱼的试验，也都获得理想的结果。但石油酵母生产成本较高，同时饲养出的鱼类易产生气味，并且在所使用的石蜡中确实存在着环芳香族碳化氢（DCA），这是一种致癌物质，因此对其开发利用应受到限制。

（五）饲料配方设计的计算方法和程序

饲料配方设计需要进行计算，其计算方法也较多。但归纳起来可分为两种：一种为传统手工计算法；另一种为电子计算机法。传统的手工计算方法有方块法、分组方块法、试差平衡法和代数法等。

饲料配方设计程序，可遵循下列步骤进行：一是根据鱼虾营养需要量，确定饲料配方的主要营养指标；二是收集饲料营养成分分析资料，即备有饲料原料营养成分表；三是确定微量成分（矿物质和维生素）添加量；四是列出所使用单一饲料的百分比例，计算其营养是否符合饲料的营养指标要求，然后减去过多或补充不足者；五是再加某些特殊成分，使配制的饲料更能满足饲养对象的营养需要和嗜好。

1. *方块法*

方块法亦称对角线法。简单易学，适宜于饲料原料种类不多及考虑营养指标少的配方设计。

例如，应用糠麸和饼类，设计草鱼饲料配方。

计算步骤为：

①根据草鱼营养需求和饲料源实际情况，设定草鱼饲料配方粗蛋白质水平为25%。测定或查表计算得糠麸粗蛋白质含量为13.8%，饼类为44.8%。

②画一个方块图，在方块图中央写上要设计的饲料配方蛋白质含量，即25%。把糠麸与饼类的粗蛋白质含量分别写在方块图左上、下角。

糠麸 13.8%

25%

饼类 44.8%

③连接对角线计算，即顺对角线方向大数减小数，得出的差数分别写在方块图的右上、下角处。

糠麸 13.8%　　44.8%－25%＝19.8%

26%

饼类 44.8%　　25%－13.8%＝11.2%

④把第3步的各差数分别除以两差数之和，就算出2组饲料混合的百分数，即为配方的比例。

$$\frac{19.8}{19.8+11.2}\times 100\%=63.87\%\text{（糠麸百分数）}$$

$$\frac{11.2}{19.8+11.2}\times 100\%=36.13\%\text{（饼类百分数）}$$

⑤对组合成的配方，进行粗蛋白质的验算：0.138×63.87＋0.448×36.13＝25%，验算结果粗蛋白质确为25%，符合设计要求。

要使草鱼配合饲料粗蛋白质为25%，可用63.87%的糠麸（含粗蛋白质13.8%）与36.13%的饼类（含粗蛋白质44.8%）进行配合，即能完全符合要求。

用方块法计算粗蛋白质指标时，有一点要特别注意，就是方块图左边2组饲料原料的粗蛋白质含量，与要设计的配方粗蛋白质含量指标相比，必须一组大、一组小。若2组原料都比配方要求的大或者小，最后算出的配方就是错误的，这一点必须引起注意。

2. 分组方块法

分组方块法适宜于多种饲料原料，配制成一种营养较全面的配合饲料。计算的基础仍然是方块法，即把多种原料分成3类：蛋白质饲料、能量饲料及添加剂。每种原料在同一类中的比例是事先预定的，然后再按方块法求得每一类在配方中应占的比例，最后将同一类中预定的每种原料比例计算得出在饲料配方中的百分比例。

例如，应用玉米、大麦、三等粉、鱼粉、豆饼及添加剂，设计团头鲂饲料配方。

计算步骤为：

①根据养殖鱼类饲料营养指标和有关饲料营养成分，设定团头鲂饲料配方粗蛋白质含量为25%。查得饲料原料粗蛋白质含量分别为：玉米9%、大麦10%、三等粉17%、豆饼40%和鱼粉60%；添加剂不含粗蛋白质，但在配方中占2.5%的比例。

②把各种饲料原料按粗蛋白质含量在20%以上的划为蛋白质类饲料，20%以下的划为能量类饲料，添加剂另列。在同一类饲料中预先确定好每种饲料所占的比例，并查出或测定各自的粗蛋白质含量。

预定点的比例　　粗蛋白质含量

能量饲料
- 玉米　20%×9%＝1.8%
- 大麦　50%×10%＝5.0%
- 三等粉　30%×17%＝5.1%

含粗蛋白质11.9%

蛋白质饲料
- 鱼粉　30%×60%＝18%
- 豆饼　70%×40%＝28%

含粗蛋白质46%

③把添加剂2.5%也计入饲料100%配方中，再计算出团头鲂配合饲料的粗蛋白质含量。

$$25\% \div (100\% - 2.5\%) = 25.6\%$$

从而得出含2.5%添加剂的团头鲂配合饲料粗蛋白质含量为25.6%。

④运用方块法求得两大类饲料的百分比，再依据第2步预定的每类中各原料所占比例逐一得出各原料百分比。再把2.5%添加剂计算在内，最终得出团头鲂成鱼饲料配方。

能量饲料11.9%

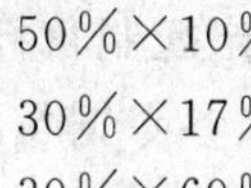

蛋白质饲料46%

20.4　$\frac{20.4}{20.4+13.7}=59.8\%$

13.7　$\frac{13.7}{20.4+13.7}=40.2\%$

按预定所占比例还原：

能量饲料
- 玉米　59.8%×20%＝11.96%
- 大麦　59.8%×50%＝29.9%
- 三等粉　59.8%×30%＝17.94%

蛋白质饲料 $\begin{cases} 鱼粉 & 40.2\% \times 30\% = 12.06\% \\ 豆饼 & 40.2\% \times 70\% = 28.14\% \end{cases}$

再把添加剂计算在内得饲料配方如下：

$$
饲料配方\left\{\begin{array}{l} 添加剂 \quad\quad\quad\quad\quad\quad\quad\quad\quad\quad 2.5\% \\ 能量饲料\left\{\begin{array}{ll} 玉米 & 11.96\% \times 97.5\% = 11.66\% \\ 大麦 & 29.9\% \times 97.5\% = 29.15\% \\ 三等粉 & 17.94\% \times 97.5\% = 17.49\% \end{array}\right. \\ 蛋白质饲料\left\{\begin{array}{ll} 鱼粉 & 12.06\% \times 97.5\% = 11.76\% \\ 豆饼 & 28.14\% \times 97.5\% = 27.44\% \end{array}\right. \end{array}\right\} 100\%
$$

上例中营养指标是以粗蛋白质含量来计算的，若以能量为指标，同样也可以分组计算。

3. 试差平衡计算法

试差平衡计算法的基本步骤是：先确定配制目标，即想要达到的营养指标，再根据饲料来源、经济成本、养殖经验或其他参考饲料配方，将各种原料设定一个大致的比例，即初配方。后计算每种营养成分或者成本与目标营养指标相对比，若不足或多余时再进行比率调整，修改平衡，反复计算，直到基本上达到或接近目标营养指标为止。因此，涉及的饲料种类与营养指标越多，计算的工作量越大。

例如，用蚕蛹、血粉、菜籽饼、细米糠、麦麸和次粉为原料来设计鲤鱼饲料配方。

计算其步骤为：

①查鱼类的营养指标推荐值，得知鲤鱼营养指标为：粗蛋白质 32%，粗脂肪 5%，赖氨酸为 1.82%，蛋氨酸＋胱氨酸为 0.99%，色氨酸为 0.26%。

②查饲料原料营养成分，得知各饲料原料营养成分含量，如表 4-3 所示。

表 4-3　几种饲料营养成分　　%

饲料名称	粗蛋白质	粗脂肪	赖氨酸	蛋氨酸＋胱氨酸	色氨酸
蚕蛹	53.9	22.3	3.66	2.84	1.25
血粉	84.7	0.4	7.79	2.77	1.43
菜籽饼	36.4	7.8	1.23	1.22	0.45
细米糠	12.1	15.5	0.56	0.45	0.16
麦麸	15.4	2.0	0.54	0.58	0.27
次粉	8.6	3.5	0.27	0.31	0.08

③按确定的营养指标要求，初步确定各饲料的用量进行试配，并计算其营养成

分总量，与要达到的营养指标进行比较，如表 4-4 所示。

表 4-4　鲤鱼饲料试配方营养成分　%

饲料名称	用量	粗蛋白质	粗脂肪	赖氨酸	蛋氨酸＋胱氨酸	色氨酸
蚕蛹	6	3.234	1.338	0.219 6	0.170 4	0.075 0
血粉	4	3.388	0.016	0.311 6	0.110 7	0.057 2
菜籽饼	15	5.460	1.170	0.184 5	0.183 0	0.067 5
细米糠	20	2.420	3.100	0.112 0	0.090 0	0.032 0
麦麸	30	4.620	0.600	0.162 0	0.174 0	0.082 0
次粉	25	2.150	0.875	0.067 5	0.077 5	0.020 0
合计	100	21.272	7.099	1.057 2	0.805 7	0.332 7
指标		32.000	5.000	1.820 0	0.990 0	0.260 0
相差		－10.728	2.099	－0.762 8	－0.184 3	0.072 7

试配结果是粗蛋白质和赖氨酸等与指标相差较多，而粗脂肪较指标为高，故需调整。

④调整配方中饲料的用量，使各营养成分与目标营养指标基本平衡为止。

试配结果是能量物质脂肪偏高，蛋白质和赖氨酸偏低。调整时需降低能量饲料(含脂肪高的饲料)的用量，增加蛋白质高的饲料用量。在饲料原料中，蛋白质含量高而赖氨酸含量也丰富的饲料是血粉；含脂肪高而蛋白质含量低的为细米糠，故可增加血粉用量而降低细米糠的用量。若用 1 份血粉代替 1 份细米糠，可净增蛋白质 0.726(0.847－0.121)，现偏低 10.73，需几份血粉替代米糠呢？通过计算可得：10.73÷0.726＝14.8(份)，即用 14.8 份血粉替代细米糠，可以补足 10.73 的蛋白质。按此调整及计算结果见表 4-5。

表 4-5　调整后饲料配方的营养成分含量　%

饲料名称	用量	粗蛋白质	粗脂肪	赖氨酸	蛋氨酸＋胱氨酸	色氨酸
蚕蛹	6.0	3.234	1.338	0.219 6	0.170 4	0.075 0
血粉	18.8	15.924	0.075	1.464 5	0.520 7	0.268 8
菜籽饼	15.0	5.460	1.170	0.184 5	0.183 0	0.067 5
细米糠	5.2	0.629	0.806	0.029 1	0.023 0	0.008 3
麦麸	30.0	4.620	0.600	0.162 0	0.174 0	0.082 0
次粉	25.0	2.150	0.875	0.067 5	0.077 5	0.020 0
合计	100.0	32.020	4.864	2.127 0	1.149 0	0.521 0
指标		32.000	5.000	1.820 0	0.990 0	0.260 0
相差		＋0.020	－0.136	＋0.307 0	＋0.159 0	＋0.261 0

从表4-5中可知，调整后的饲料配方，粗蛋白质与营养指标完全一样，除粗脂肪略低0.136外，其他如3种氨基酸含量均高于营养指标，考虑血粉中氨基酸利用率较差，以此作为保险系数，可不再调整。

最后确定鲤鱼饲料配方为：蚕蛹6%、血粉18.8%、菜籽饼15%、细米糠5.2%、麦麸30%、次粉25%；其营养指标为粗蛋白质32.02%，粗脂肪4.86%，赖氨酸2.13%，蛋氨酸+胱氨酸1.15%，色氨酸0.52%。除脂肪外，其他均优于鲤鱼的营养标准(指标)，可算为优质配合饲料。

4. 电子计算机法

在现代大型饲料厂，因其生产规模大，生产饲料品种多，完全靠设计人员以传统手工计算法设计出既能满足所需营养物质，而价格又最为便宜的饲料，这是很难做到的。因为要生产出价优质好的全价配合饲料，必须涉及营养价值指标较多，使用的饲料原料品种及添加剂种类也多。所以，要应用线性规划的原理，借助电子计算机的计算，饲料配方才能达到优质饲料。至于电子计算机的方法这里略，请参考有关书籍。

三、配合饲料的加工

配合饲料加工工艺的流程一般包括粉碎、混合、制粒等过程，有条件的地方在制粒之前还包括调质。粉碎粒度过粗或过细都不好，一般粉碎的鱼用配合饲料原料应全部通过40目筛，60目筛以上物质不超过20%。调质是饲料制粒前，饲料与蒸汽搅拌混合的过程，调质使淀粉糊化，可提高消化率。调质后的饲料流动性好，有利于饲料成型。调质的关键是控制调质蒸汽，要求使用饱和蒸汽，一般按物料5%的比例来计算所需的蒸汽量。另外，还要根据饲料的组成确定调质温度，鱼饲料由于蛋白质含量高，料温需达85℃以上。颗粒饲料的粒径应根据鱼类口裂宽度来确定，饲料的粒径应小于鱼类口裂宽度的1/2。

(一)配合饲料加工生产的程序

配合饲料加工生产程序分为：原料检验和清杂，原料的粉碎，混合搅拌；制粒成型，破碎，筛分和包装。

目前，生产上分为2种加工工艺：①先粉碎后配合加工工艺(畜禽饲料使用较多)；②先配合后粉碎加工工艺(适用鱼虾饲料)。这2种工艺流程概要如图4-1和图4-2所示。

(二)鱼类配合饲料加工生产主要机械设备

配合饲料加工生产主要机械设备有原料清杂设备、粉碎设备、配料计量设备、混合搅拌设备、制粒成型设备、冷却及包装设备等。此外，生产中尚需使用通风除

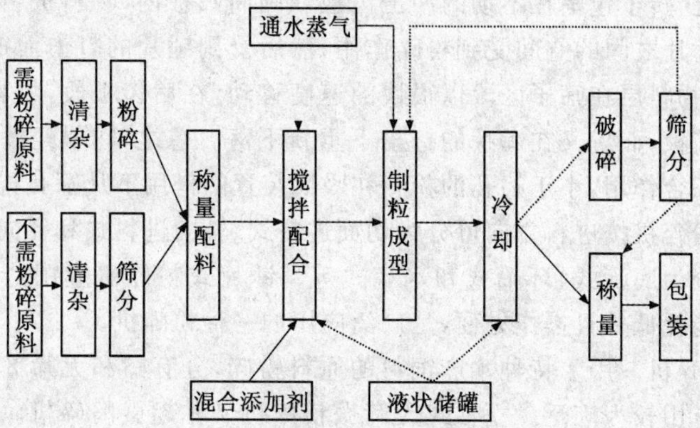

图 4-1　先粉碎后配合加工工艺

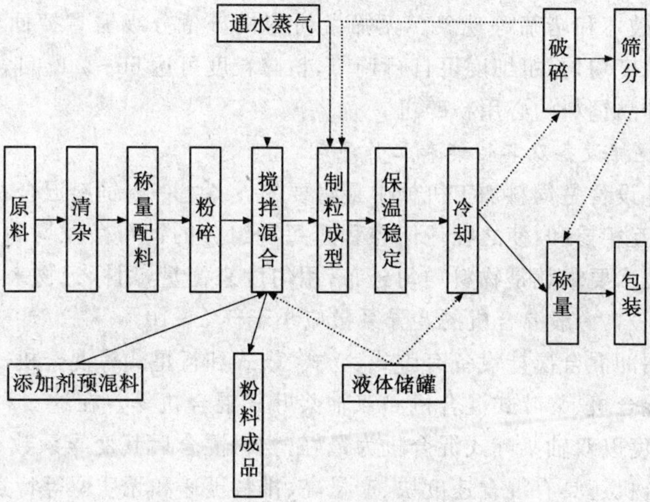

图 4-2　先配合后粉碎加工工艺

尘和气力输送设备，动力和传动、自动控制的贮存等设备。这些设备的类型很多，生产效率、电耗及投资费用等相差甚大，必须根据建厂资金和规模来选择。

1. 饲料粉碎设备及其性能和工作原理

饲料粉碎设备主要是粉碎机。目前，国内常用饲料粉碎机有锤片式粉碎机、水滴型粉碎机、立轴式粉碎机、微粉碎机和超微粉碎机等。下面主要介绍锤片式粉碎机和微粉碎机的性能原理。

(1)锤片式粉碎机　主要由转子、筛片、进料机构、机壳和操作门等组成。锤片安装在转子上，转子包围在不动的冲击齿板和圆筒筛板内，物料被引入冲击齿板、筛板和旋转锤片之间的空间受到粉碎作用，然后受到锤片的打击而成大小不一的碎粒。此外，物料层在筛子区段以很快的速度移动，在后齿板段，物料颗粒在锤片处抛开击向齿板，而后又在锤片的打击下重新下落。总之，物料经锤片的撞击、剪切和摩擦等综合作用，小于筛孔的粉料在吸风装置的作用下从筛孔排出。

锤片式粉碎机按进料方向可分为切面进料式、轴向进料式和径向进料式；按筛片的形式可分为底筛式、环筛式和水滴式等。锤片式粉碎机应用范围广，适应性强，产量高，能耗低并且操作方便，是广泛应用的一种粉碎机。

(2)微粉碎机　用于特种水产饲料的原料粉碎，分有筛和无筛 2 种类型，目前无筛粉碎机应用较为广泛。立轴式无筛微粉碎机又称超微粉碎机。它集粉碎、筛选和分离于一身，粉碎室和分级室位于同一机体内部，可同时完成粉碎、风力筛选、分离和再粉碎过程。由于排除筛板的影响，因此，不容易引起粉碎物料温度急剧上升、营养成分破坏和堵筛等现象。无筛微粉碎机自备分级器省掉回料处理，电耗省，产量高，粒度均匀，粗细度可自行调节，粉碎粒度可达 60～200 目，是虾、蟹和鳗鱼等特种水产品饲料的必用粉碎机。

2. 混合搅拌设备及其性能和工作原理

混合搅拌设备是饲料加工机械中最重要的设备之一。饲料混合在外力的作用下，各种饲料互相掺和，使之在任何容积里每种组分的饲料微粒均匀分布。因此，混合工序的技术要求就是物料均匀分布，用匀度来衡量，用标记物来测量，并计算变异系数(CV)。一般混合机的变异系数应小于 5%～10%。

国内常用的混合搅拌设备有卧式、立式、鼓式和行星式等混合机。卧式混合机中有螺带式混合机、桨叶式混合机和双轴桨叶式混合机等。在这 3 种卧式混合机中，混合均匀度以双轴桨叶式混合机为最好，物料混合后其变异系数小于 5%。双轴桨叶式混合机还具有混合速度快、产量高、排料迅速和无残留等特点。

卧式双轴桨叶式混合机是现在饲料厂常用、较先进的一种。它由 2 个旋转方向相反的转子组成，转子上焊有多个不同角度的桨叶，桨叶一方面带动物料沿内壁旋转，一方面带动物料左右翻动，在 2 个转子的交叉处重叠，形成一个失重区，在此区域内，不管物料的形状、大小和密度如何，都能浮上，处于瞬间失重状态，使物料形成全方位连续循环翻动，相互交错剪切，从而达到快速柔和及混合均匀的效果。

3. 制粒成型设备及其性能和工作原理

制粒成型是鱼虾饲料加工最后一道关键的工序。即将混合均匀的粉状饲料加入少量水或通蒸汽，通过颗粒成型机挤压成各种大小的颗粒状饲料。目前，生产上常用的制粒成型机械主要有软颗粒制粒机、硬颗粒制粒机和膨化颗粒制粒机 3 种。

(1)软颗粒制粒机的性能及工作原理　软颗粒制粒机是我国制粒成型机械中开发最早的一种软颗粒饲料加工机，比较适合我国配合饲料研制初期，利用精、粗粉状饲料和青绿饲料浆汁拌匀后加工成软颗粒饲料。该机具有绞肉机式的性能，对饲料原料适应性强、结构简单、造价低，缺点是生产量低，现加工现投喂，颗粒饲料含水分高(30%左右)，必须晒干(或烘干)后才能保存。

软颗粒制粒机大多数属螺杆挤压式(或称绞龙式)颗粒饲料加工机械，是由电机、传动减速装置、螺杆、筒身、模板(压模)、刮刀、料斗及机架等组成。电动机通过三角皮带传动，经减速箱减速后带动主轴即螺杆旋转，使已混合好的湿的配合饲料不断地从料斗进入，随着螺杆的螺旋方向向前推进，同时饲料受到挤压、摩擦、剪切的糅合作用，进入模板孔内挤出成圆柱状颗粒，靠刮刀切断成一定规格的颗粒饲料。

(2)硬颗粒制粒机的性能及工作原理　硬颗粒制粒机是我国目前大规模生产鱼用配合饲料的加工机械设备。其颗粒成型机分平模式和环模式 2 种，开始主要用平模颗粒机，后来新研制出环模颗粒机后，由于环模比平模式制粒机结构紧凑，颗粒成型光泽好，压实程度高，所以现大多数配合饲料厂都使用环模颗粒机。

环模颗粒机主要由主电机、齿轮减速装置、环模、压辊、螺旋输送器、加热搅拌器(通蒸汽)及输送器和搅拌器配套用的小电机或调速装置等组成。也有些机型用给料器(螺旋式)代替输送器和搅拌器。环模式制粒机，多数都配有加蒸汽装置。其制粒机构是:在环模内侧装设有可以自由转动的压辊，压辊外侧和环模内侧留有很小的间隙。环模通过减速传动装置由主电机带动而旋转，压辊可以绕中心轴转动，压辊和环模内表面的间隙只有零点几毫米，所以一旦经蒸汽调质过的混合粉料，进入环模和压辊之间时，粉料被环模及压辊的滚动、挤压而从环模圆周的模孔中挤压出来，并被切刀切割成一定长度的圆柱状的颗粒饲料，保温、冷却过筛后即可包装使用。

(3)膨化颗粒饲料机的性能及工作原理　目前，我国膨化颗粒饲料加工机是中小型的。主要有需要预热加温和不需要加温 2 种类型。这 2 种类型的加工机在结构上略有差别。不要加温的是靠螺杆挤压产生大量的热量和压力。需要预热加温的膨化颗粒机主要由电机、减速箱、膨化腔、远红外加热装置、自动控温装置、模头和切粒机构等组成。机器在运转前，先将自动控温器调到预定温度，通电使其膨化腔预热，当料斗处温度约 110℃、模头处温度约 130℃时，温度已达到调定的值后，就自动切断加热电源，停止加温。这时，把搅拌混合好的粉状饲料倒入料斗，通蒸汽或加水调质(使物料含水率在 23%～27%之间)，膨化腔的螺杆由电机经减速传动机构带动旋转，将料斗中的物料卷进膨化腔。螺杆的螺距和螺杆深度从料斗处到模头处是逐渐变小的(叫变距变径螺杆)，所以物料随着螺杆的转动一边前进，一边被激烈摩擦、挤压、剪切，温度和压力急剧上升，此时物料本身发生一系列的物理、化学变化，呈黏流状态(淀粉糊化)。当从模头的模孔处挤喷出来时，温度、压力骤然下降，水分急剧蒸发，从而使其体积膨大。在模头出口处装设的切粒机构，把挤出来的饲料切割成一定规格的颗粒。

膨化颗粒饲料由于淀粉几乎完全被胶化凝结，因此，它不易破碎粉化，在水中也不易崩解，浮于水面，投喂时能观察鱼类摄食情况。膨化颗粒饲料因加工时加热温度过高，维生素等易被破坏，故需膨化成型后再喷涂。此外，膨化加工耗电较高，生产量偏低，因此，加工成本较上述2种机械要高。

复习思考题

1. 名词解释

鱼类营养需要　蛋白质　青绿饲料　饲料系数　鱼类配合饲料　饲料加工

2. 填空题

(1)鱼类营养需要的成分包括________、________、________、________、________。

(2)鱼类饲料配方设计的计算方法有____________、____________，常用的方法为____________。

(3)鱼类饲料分类的方法包括__________、__________、__________、__________。

3. 简答题

(1)简述鱼类饲料的鉴别方法。

(2)简述饲料营养价值的评价方法。

(3)简述鱼类配合饲料的加工工艺。

(4)简述硬颗粒制粒机的性能及工作原理。

第五章 渔场的规划与设计

知识目标

- 了解渔场选址的选择标准和注意事项；
- 了解渔场的总体规划与布局。

能力目标

- 能设计建造渔场，进行鱼类养殖。

第一节 渔场的选址

渔场在定点建场时，应首先对建场的地点是否具备建场的条件有充分的分析、调查、研究和论证。选择场址应进行实地勘查，在勘查时要着重注意以下几方面的因素，以作出正确的选择。

一、水源

养鱼的主要条件是水，无论是江河、湖泊、水库、溪流、雨水还是地下水，只要水量充足、水质良好都可以作为水源。为了满足养殖场的用水要求，对水源情况必须仔细调查研究。一方面要注意水量充足防止水源干枯，另一方面要注意江河、湖泊有泛滥成灾的可能，溪流有山洪暴发的事故。所以对水源的地理、水文资料必须弄清楚，认真考虑，防止意外事故的发生。以水库为水源时，要了解水库的常年存水情况。对水源的污染情况要作很好的调查，是否会影响鱼类的生长发育。在城市附近建场时，场址应尽量选在河流的上游，和市政规划相结合。

选择水源时要注意水量问题，应掌握常年水量变化情况，尤其是和农田灌溉用同一水源时更应注意，应作到任何时间内，都要保证水源对渔场的正常供水，而不能因供水不足影响生产。此外，选择水源时还应了解江河、湖泊的水位变化情况，确定其最高水位和最低水位，以供设计渔场时作为参考。

二、水质

水的质量是决定建场的基本条件，水质的好坏直接关系到鱼类的栖息、繁殖和生长。选择水源时，必须对其水质进行物理、化学、生物等方面的严格检验，只有水质合格的水源才能被定为渔场的水源。水源的水质按以下几方面检验：

1. pH

最适宜鱼类生长的水的酸碱度为中性偏碱，pH 应在 7.2～8.5 之间。

2. 水中气体

(1)氧气　是鱼类生长的必要条件，适合的溶氧量是 4～6 mg/L 以上。

(2)二氧化碳　是绿色植物进行光合作用的物质基础，含量过高的二氧化碳对鱼类生长不利，较适宜的含量是 20～30 mg/L。

(3)沼气和硫化氢　是危害鱼类生长的气体，在缺氧的条件下产生，在水中一般不允许存在。

3. 化学物质

油类、硫化物、氰化物、酚类及各类重金属等对鱼类的生长都有很大的危害，能造成大量鱼类死亡，应严格控制在一定的范围内，超过一定标准时水源的水不能用。上述物质应按国家渔业水质标准 GB 11607—89 规范中规定来执行。

对水源的水质审定要慎重，不能草率从事，野外的初步鉴定是以有天然鱼类生长为原则，准确的判断应取水样送实验室测定各种指标。

三、能源

能源与渔场生产有直接关系，尤其是电能更为重要，建场时应慎重考虑这一因素。

四、土质

土是建渔场的主要建筑材料，土的种类和性质对渔场的工程质量和养鱼生产都有很大的影响，在选择建场的土质时要细致，在保证工程质量和有利于生产的前提下，尽量选取当地的土料来建造鱼池。下面介绍几种常见土壤的分类和性质，供选择场址时参考。

1. 沙土

沙土的土性较瘦，凝聚力和附着力都很差，吸收性也差，土壤中可溶性养分很容易流失，透水性大，建池后池中水位很难保持且肥水较难，筑堤后水土流失严重，稳定性差，不适合建造鱼池。

2. 黏土

黏土的凝聚力和附着力都很强，干燥时坚硬，透水性很小，筑堤后堤身坚固，吸收大，可溶性养分不易流失，但土中空气不流通，升温较慢，使水中有机物分解较慢，对天然饵料的形成不利，因此，黏土也不是理想的建池材料。

3. 壤土

壤土的性质介于沙土和黏土之间，硬度合适，透水性小，吸收性好，空气流通，养分不易流失，有机物易于分解，对池内生物饵料的形成和繁殖有利，肥水快，是理想的建池材料。

五、地形

渔场最好建在地势平坦地区，这样施工简单，排灌水方便，利于生产。地势高时，注水困难；低洼地易受洪水威胁且排水困难。选场地时应尽量避免侵占农田，一般都建在农业生产有困难的地方，尽管用工多投资大，但从长远来看，这样的地方建场既不影响农业生产，又能充分利用荒地，增加了渔业生产。此外，在建场时还有目前生产和长远规划相结合的问题，在选场地时要留有一定的发展余地。

六、交通运输

渔场每年有大量的生产物资和产品运进、运出，主要是靠公路交通维持着渔场和外界的联系，要求渔场最好建在公路边，如果远离公路时，应规划自己修一段路和公路相连。靠近铁路和河流、湖泊的渔场，应充分利用铁路运输和水上运输的条件，来发展生产。建场时应考虑到不能因交通条件不好而影响渔场的生产。

综上所述，影响建场场址的因素是多方面的，能在一个地方全部满足所有因素的要求是不大可能的。事实上，往往大多地方是具备了这些因素，而不具备另外一些因素。在诸多因素中，最重要的是水源、水质及土质。如果水源、水质和土质基本合乎要求，其他因素有不足时，可以适当放宽或加以改造以适应建场的需要。

第二节　渔场的总体规划与布局

一、渔场规模的确定

渔场的规模主要是由生产任务的要求来确定，但有时选场也受场地的限制。当允许建场的场地大小一定时，渔场的规模也就随之确定了。在有限的场地内，由生产任务来确定生产品种,或是苗种,或是商品鱼,发展生产只能靠经营管理方面的努力,想靠扩大规模是不行的。在场地不受限制时,渔场的规模由生产任务和单位水面的生产能力来确定。生产任务是指养殖对象的种类和数量。

二、渔场规划的原则

渔场的规划设计,必须从便利生产这个要求出发,遵循以下原则:

(1)在保证工程质量和发挥最大生产效率的前提下,应贯彻勤俭节约的方针,以达到多、快、好、省的目的。贯彻以渔业为主,多种经营,综合利用的方针,搞好总体规划。

(2)应根据生产程序,合理安排各类建筑物的位置,使之建成后便于操作和管理,降低劳动强度,提高生产效率。应全面综合考虑,做到合理布局。

(3)应充分利用地形和地物,减少挖方和填方量,合理地调配土方,节约劳动力和运输量,做到便于施工,合理施工。

(4)在整个建设过程中,应做到就地取材,因地制宜,这样既能节省大量的运费,也能使当地材料得以充分的利用。

(5)在满足当前规模和生产要求的同时,要提出切实可行的远景规划,做到当前和长远合理结合。

三、山区渔场的规划

山区建造的渔场,水源大都是用的溪水、泉水或水库水,这些水源能自流排灌,但对水源的供水量要作慎重的调查和计算,防止供水不足。溪水、泉水的水温较低,含矿物质多,应有贮水池,使溪水和泉水在池中升温,溶氧,净化后进入鱼池。

山区建场由于地形因素的影响,鱼池的布置应依地势而分层为阶梯形,每层鱼池的数目由地形来决定,可多可少。各类鱼池的位置应根据地形、生产和工作多方面因素考虑。灌水时应从上而下,并且应各池自排自灌,这样可节省动力和防止鱼病的传播。鱼池四周应挖排水沟,防止雨水形成的地面径流进入鱼池,造成泛滥逃鱼。

山区渔场的建设,应该是因地制宜,根据地形特点,多以工程的难易和投资的多少来考虑生产池的大小,这样往往可节省大量的投资。山区渔场以水库为水源的较多,水量充足且注、排水方便。这类渔场往往是利用水库的水面养成鱼,在水库附近兴建苗种场来供应苗种。

四、平原地区渔场的规划

平原地区渔场的水源一般为湖泊、河流,水量充足,供给方便,水质也较好,且湖泊和河流四周地势平坦，是发展大面积养鱼的好场所。平原渔场都具有规模较大的特点。同一类型的鱼池可以做到规格化，成行成排，由于地势平坦，一般都是靠机械从水源处动力提水供给鱼池。场内的灌排水系统各自独立，以防鱼病的蔓延。

靠近湖泊的渔场一般用湖面放养成鱼，在其旁边兴建鱼种场供应鱼种，也有的渔场是在场内饲养成鱼。在河流两岸或附近建造的渔场，要特别注意防止河流在汛期时洪水泛滥造成的灾害，为此必须兴建防汛大堤，确保生产安全。也要注意枯水期能否满足鱼池需水要求。

五、渔场的平面布局

渔场的平面布局主要是根据各类建筑物的特点，相互关系及生产技术上的要求，结合地形合理地安排它们的位置。总的要求是有利于生产，管理方便，易于操作，使生产效率得到充分的发挥。

1. 渔场场部的位置

场部是生产领导指挥的中心，它的位置选择是很重要的。一般是将场部安排在渔场的生产中心附近，场地要求平坦，交通方便，有利于和外界联系。对于场内边远地带可设管理点或分场部。渔场水源处，用于生产的重要建筑物较多，有时可将场部设在水源附近。总之，场部的位置应选在便于指挥生产，便于领导生产，便于开展各项活动，便于和外界联系的宽阔平坦地区，场部最好不和居民区混杂在一起，这样可以减少不必要的干扰和麻烦。

2. 各种鱼池的位置

渔场总是要根据水源的位置、生产性质和特点以及管理上的要求将场区划分成若干生产区，如亲鱼饲养区、苗种培育区、成鱼饲养区及其他副业区等。从有利于生产管理，方便操作，节省劳动力和降低劳动强度的目的出发，各类鱼池的位置一般按下面的顺序来布置。

水源⟶鱼苗池⟶鱼种池⟶成鱼池⟶排水口

需要说明的是，各种鱼池都应有自己的排水口，各排水口都连接排水渠道，整个场内向外排水时可能只有一个出口。鱼池不能向鱼池排水。

(1)鱼苗池和鱼种池　鱼苗池面积为 1 330～2 000 m^2，水深 1.2 m 左右；鱼种池面积为 2 668～6 670 m^2，水深 1.5 m 左右。

(2)成鱼池　面积为 3 335～6 670 m^2，水深 2～3 m。

3. 灌排水系统的位置

灌水系统是由水源开始，由渠道分别流入鱼池，进水口应根据实际情况，认真研究，既满足生产要求，又要符合实际。灌水系统应尽量设在场内的高处，尽量扩大控制面积。

排水系统是由鱼池开始，由渠道将水排出场外，应尽量的布置在场内的低处，能使水尽快地排走。排水去处要认真处理好，具体位置在平面布局中认真考虑。

4. 以渔为主，综合经营

一个渔场，只经营单一的生产项目而没有其他项目与之配合，生产成效是要受到影响的。在规划设计中应考虑到以渔为主，综合经营，相互促进，有计划有步骤地把生产发展起来。在养鱼过程中，要解决精、青饲料的问题，就要有农作物的生产。要解决肥料的问题，就要有畜牧业。以上诸方面一定要在规划中给予适当的重视。

复习思考题

1. 建立渔场应具备什么样的条件？
2. 渔场规划设计中应注意哪些问题？
3. 渔场进行平面布局时，应从哪些方面进行考虑？

第六章　淡水鱼类的人工繁殖

知识目标

- 正确理解鱼类的人工繁殖、人工催产和人工孵化等基本概念；
- 熟悉亲鱼正确的运输方法；
- 熟悉我国目前养殖的一些鲤鱼和鲫鱼的优良品种的杂交亲本情况。

能力目标

- 能选择合适的四大家鱼亲鱼，并正确鉴别雌、雄亲鱼；
- 掌握四大家鱼亲鱼的饲养管理技术；
- 能选择适合催产的四大家鱼亲鱼；
- 能正确配制鱼类的催产剂和掌握正确的注射方法；
- 掌握家鱼人工授精的3种方法；
- 掌握家鱼鱼卵的人工孵化方法；
- 熟练掌握鲤鱼和鲫鱼的人工繁殖技术。

第一节　鱼类人工繁殖概述

淡水鱼类的养殖首先要从鱼苗生产开始，没有充足的鱼苗，鱼类的养殖就不能发展。目前，养殖用的鱼苗主要通过鱼类人工繁殖获得。鱼类人工繁殖是指在人工控制的条件下，使鱼类达到性成熟，排卵、产卵、受精和孵化出鱼苗的一系列过程。草鱼、青鱼、鲢鱼、鳙鱼四种鱼类俗称四大家鱼，是我国普遍饲养的淡水鱼类。自然情况下，它们只能在长江、珠江、黑龙江的一定江段产卵，而在静水水体中，尤其是池塘中，虽然能培育达到性成熟，但不能完成产卵过程，也就无法获得鱼苗。必须人工催产、人工孵化，使其产卵和孵出鱼苗。鲤鱼、鲫鱼和团头鲂等鱼类，虽然能在池塘静水水体中产卵，但其自行产卵过程长，分多批产卵，产卵先后不一致，产出的鱼苗不整齐，不利于获得规模化的苗种进行培育，也必须进行人工繁殖。

我国在1958年就开始了鱼类人工繁殖技术的研究，并获得了成功。这项技术在生产上迅速推广应用，改变了过去完全依靠从江河捞取天然鱼苗进行养殖的历史，也为淡水养鱼稳产高产、苗种良种化、生产标准化奠定了基础。

天然条件下，达到性成熟的草鱼、青鱼、鲢鱼、鳙鱼必须在大江、大河一定江段的产卵场所产卵。因为那些产卵场所才有鱼类生殖所必需的水位、水流速度和特定地形、地质等的刺激，使鱼类性激素的分泌数量达到促使鱼类发情、产卵和排精的程度。在池塘养殖的条件下，没有促使家鱼发情产卵的生态条件，因此，达到性成熟的鱼类无法在池塘完成自然产卵过程，所以需要用人工的方法将外源激素注入到鱼体，来促使亲鱼发情、产卵和排精。生产上常用的外源激素有鱼类脑垂体(PG)、绒毛膜促性腺激素(HCG)和促黄体激素释放类似物(LRH-A)等。

第二节　四大家鱼的人工繁殖

草鱼、青鱼、鲢鱼和鳙鱼等四大家鱼的人工繁殖包括亲鱼的培育、人工催产和人工孵化等三个基本环节。

一、亲鱼的培育

亲鱼是指用于繁殖的雌鱼和雄鱼。池养亲鱼通过人工培育使其达到性成熟才能催产。亲鱼的种质及培育的好坏，直接影响到催产效果及苗种质量，因此必须十分重视。

1. 亲鱼的准备

(1)亲鱼的来源　为了保证用于繁殖的亲鱼具有优良的种质，必须坚持从江河等天然水体捞取天然鱼苗培育成亲鱼。我国在长江流域各省建立了一批四大家鱼原种场和种质资源库。湖南省在长沙建立有国家级的鱼类原种场，这些原种场和种质资源库均是从长江水系捞取天然的家鱼苗，并按国家规定的标准经过精心筛选和培育的优质亲鱼。所以，所需家鱼的亲鱼，都应购自鱼类原种场，绝不可直接用池塘培育的鱼苗做亲鱼，以防近亲交配引起家鱼种质衰退。

(2)亲鱼的选择　所选择的亲鱼必须达到年龄和体重标准：草鱼，4～5龄，体重7 kg；青鱼，6龄，体重14 kg；鲢鱼，4龄，体重4 kg；鳙鱼，5龄，体重8 kg。雌鱼和雄鱼的比例应达到1∶1，或雄鱼略多于雌鱼。鱼体健壮，无畸形个体，无病无伤。

雌、雄鱼的鉴别主要靠副性征。2 龄以上的雄性草鱼和青鱼的胸鳍鳍条较粗大,胸鳍狭长,自然张开呈尖刀状。而雌鱼的胸鳍鳍条较细而短,胸鳍自然张开呈扇形。在生殖季节,雄鱼的胸鳍内侧、鳃盖后头部等部位出现许多细小灰白色、圆锥状的角质突起即追星。这些追星突起肉眼不易看清,但手摸有粗糙感。生殖季节过后这些角质突起自然消失。而雌鱼的这些部位是光滑的。

2 龄以上的雄性鲢鱼,在胸鳍前面的几根鳍条上生有一排细小的骨质栉齿,手摸有刺手的感觉。这些栉齿生成后终生不消失。雌性鲢鱼只在胸鳍末梢的小部分有微小的栉齿,其余大部分胸鳍是光滑的。

2 龄以上的雄性鳙鱼,在胸鳍前面的几根鳍条上生有向后倾斜的锋口,手摸有割手的感觉。这些骨质锋口生成后也终生不消失。雌性鳙鱼的胸鳍完全是光滑的。

(3)亲鱼的运输　亲鱼运输首先要做好几个准备工作。预先对亲鱼池清整消毒,灌满池水,鲢鱼和鳙鱼亲鱼池还要施足基肥,培肥水质;准备必要的运鱼工具和器材,包括车辆,装鱼的容器,有关的器材如下水裤、氧气瓶、提桶等。消毒药物,如食盐、高锰酸钾、磺胺类药物和各种抗菌药等。在亲鱼起运前 1 d,应拉网 1 次使亲鱼排空体内的排泄物,减少体表黏液对运输用水的污染。

亲鱼运输的方法主要有车运法(包括汽车和火车)和空运法等。

亲鱼经过捕捞和长途运输后,鱼体难免受伤,容易感染疾病。因此,在运输途中和运输后都应采取防病措施。运输途中可在运鱼的容器中按每升加入 4 000～10 000 IU 的青霉素消毒鱼体,还可防止水质恶化。运输后在下池前对受伤的亲鱼进行药物处理。体表伤口可涂一些饱和的高锰酸钾溶液。也可涂磺胺类药膏和各种抗菌药膏,同时肌肉注射各种抗生素如青霉素、链霉素和庆大霉素等。

2. 亲鱼培育池的准备

亲鱼池要求水源充足,水质好,排灌方便。池形为长方形,池底平坦。池塘分产前池和产后池。产前池面积 667～2 000 m^2,水深 1.5 m 左右,应靠近亲鱼产卵池。产后池面积 4 000～5 400 m^2,水深 2 m 左右。

鲢鱼和鳙鱼亲鱼池应选底质较肥,保水力较强的池塘。但底泥不宜太深,以 20 cm 以下为宜。草鱼和青鱼的亲鱼池,池底淤泥要少些。

亲鱼池每年要清整 1 次,清除淤泥,并在亲鱼放养前消毒。

3. 亲鱼的放养

亲鱼的放养最好在越冬前进行,最迟不得晚于 3 月中旬。放养比例基本上按照催产比例。放养方式一般多采用混养。主养草鱼和青鱼的池塘,每 667 m^2 放养草鱼 10～15 尾或青鱼 8～10 尾,可搭配鲢鱼 3～4 尾,鳙鱼 2～3 尾,总放养量为

120～140 kg。主养鲢鱼的池塘，每 667 m^2 可放养鲢鱼 20 尾左右，搭配鳙鱼 1～2 尾、草鱼 3～4 尾或青鱼 1～2 尾，总放养量为 120～140 kg。主养鳙鱼的池塘每 667 m^2 放养鳙鱼15～20 尾，一般不搭配鲢鱼，可搭配草鱼 2～3 尾或青鱼 1～2 尾，总放养量为 80～100 kg。此外，每种池塘都还可搭配些鲴鱼、团头鲂、鲤鱼和鲫鱼等。这些鱼类能清除饲料残渣，防止水草滋生。

催产后的亲鱼应放到产后池培育，每 667 m^2 水体的放养量可加大至 200 kg 左右。

4. 亲鱼的饲养管理

亲鱼的培育必须常年抓紧，日常的管理包括投饵、施肥、冲水、巡塘、防盗、防逃和防病等工作。

(1)投饵　亲鱼池的投饵，总的要求是坚持“四定”，即定时、定位、定质、定量。就是每次投饵要在固定的时间，投喂在固定的地点，投饵量要根据鱼的体重、季节、水温、天气和鱼的摄食情况而定。饵料要新鲜适口，营养丰富，不投腐败变质的饲料。

投喂草鱼应以青饲料为主，精饲料为辅。4 月份以前主要投喂谷芽和麦芽，谷芽和麦芽维生素 E 丰富，有利于性腺的发育。4 月份以后，应以黑麦草为主，一直喂到产前。催产后半月左右，应以谷芽和麦芽为主，有利于产后恢复体质。6～9 月份以苏丹草为主。10 月份以后，青饲料逐渐枯萎，应以精饲料为主，以增强鱼的体质，为越冬做准备。

青鱼饲料以螺、蚬、蚌为主，辅以谷芽、玉米、糠饼等精料。

鲢鱼和鳙鱼也应投喂一定数量的精料，以麦麸、等外粉、油糠等粉末状饲料为主。

(2)施肥　以鲢鱼和鳙鱼为主的亲鱼池，必须施肥，以培养浮游生物作为亲鱼的饵料。施用的肥料以有机肥为主，化肥为辅。施基肥一般在亲鱼下池前 7～10 d 进行。一般每 667 m^2 施畜粪 100～150 kg，或人粪尿 50～150 kg。追肥一般在亲鱼下池后 3～5 d 开始，每 5～7 d 追肥一次，每 667 m^2 每次施用人畜粪 100～150 kg，或化肥 10～13 kg(其中氮肥、磷肥、钾肥的比例为 1∶1∶0.5)。

亲鱼池的施肥必须十分谨慎。应做到“少量多次、勤施少施”，并“看水、看鱼、看天、看季节”施肥。

(3)亲鱼池的水质调节　亲鱼池应适当冲水，保持水嫩、水活。冲水有两种作用：一是改善水质，增加池水含氧量；二是水流可以刺激亲鱼的性腺发育。

二、人工催产

经过培育后性腺发育成熟的亲鱼，在池塘中不能自行产卵，必须使用人工催产剂，才能使其发情产卵，这一过程称为催产。

1. 产卵池的修建

产卵池要建在注、排水方便，水质良好，靠近亲鱼培育池和孵化设备的地方。

产卵池的大小一般为 50～100 m^2，产卵池的形状一般为圆形，池边深 1.5 m，池底由四周向中心逐渐倾斜，呈锅底形。池中心设一直径 20 cm 的出卵孔，孔下设一暗管直通集卵池。集卵池为长方形，一般长 2.5 m，宽 1.5 m，其底低于产卵池底 30～40 cm。

2. 催产期的确定

我国长江流域一带催产期一般是 4 月下旬至 6 月上旬，华南地区约早 1 个月，华北地区约迟 1 个月。

决定催产期的主要因素是水温，水温在 18～30℃之间都能催产。催产的适宜水温是 22～28℃，在此范围内催产，产卵率、受精率和孵化率都高。一般鲢鱼和草鱼性成熟最早，可先对其进行催产，再催产鳙鱼和青鱼。

3. 催产亲鱼的选择和配组

选择性腺充分成熟的亲鱼是催产成败的关键。

(1)雌亲鱼的选择　选择时把鱼放在担架内，使鱼腹部向上。性成熟好的腹部膨大，有明显的卵巢轮廓，用手按鱼的后腹部，松软而有弹性。将鱼体前后倾斜时，卵巢轮廓也随之滑动。生殖孔松弛而略微突出。若外观不能判别其性腺成熟程度时，则可用挖卵器挖几粒卵子检查。挖出的卵子用透明液观察，如卵粒分散、大小均匀、饱满有光泽、核偏位者就是成熟好的，相反反之。

(2)雄亲鱼的选择　用手轻压雄鱼后腹部，有乳白色精液流出，精液浓厚，遇水即散者为好。

(3)雌、雄亲鱼的配组　采用自然产卵受精时，雄鱼应多于或至少等于雌鱼，雌、雄比例为 1∶(1～1.5)，当雄鱼少于雌鱼时，可采用人工授精方法以提高受精率。

4. 注射催产剂

(1)催产剂的种类　目前使用的催产剂有下列几种：鲤鱼脑垂体(PG)；促黄体激素释放类似物(LRH-A)；高效鲑鱼激素(S-GnRH)；绒毛膜促性腺激素(HCG)；地欧酮(DOM)，一般做辅助药；DOM＋LRH-A，即高效鱼类催产剂 2 号；DOM＋S-GnRH，即高效鱼类催产剂 3 号。

(2)注射次数和剂量　注射次数分一次注射和两次注射。对于性腺充分成熟的亲鱼和催产的中后期多用一次注射法，催产早期或性腺成熟不够充分的亲鱼及青亲鱼的催产则适宜采用两次注射法，两次注射法第一针和第二针间隔的时间一般为 6～24 h。

两次注射法的剂量如下。

第一针：鲢鱼、鳙鱼、草鱼的雌鱼使用。注射总剂量的1/10左右。一般每千克体重注射 PG 0.3～0.5 mg 或 LRH-A 2～3 μg。青鱼雌鱼每千克体重注射 LRH-A 5 μg或 HCG 1 000～1 250 IU。

第二针：草鱼雌鱼用 LRH-A 15～20 μg 加 DOM 3～5 mg，或 PG 3～4 mg。鲢鱼和鳙鱼雌鱼用 HCG 800～1 200 IU 或 PG 3～5 mg。青鱼雌鱼用 LRH-A 50～120 μg 加 PG 3～4 mg，雄鱼用 LRH-A 50～120 μg 加 HCG 800～1 200 IU，另加丙酸睾丸素 1 mL。

除青鱼外，其他几种鱼的雄鱼注射剂量为雌鱼的一半。

(3)注射液的配制　注射液在催产前临时配制，配制注射液的水最好是 0.9%的生理盐水，注射用水量控制在每尾亲鱼 2～5 mL。

(4)注射方法　有胸鳍基部注射法和背部肌肉注射法 2 种。目前多用胸鳍基部注射法。注射时，将鱼放在夹子中，侧卧于水中，从胸鳍基部内侧无鳞的凹沟内插入一针头，与身体呈 45°角进针，进针深度为 1.5～2 cm。将注射液徐徐注入鱼体。

5. 发情与产卵

亲鱼注射催产剂后，经过一段时间，就呈兴奋状态，雄鱼开始追逐雌鱼，这叫发情。从注射催产剂到开始发情产卵的时间叫做“效应时间”。此时间的长短主要由水温决定，其次受注射次数、催产剂种类和亲鱼成熟程度的影响。水温在 22～28℃之间，效应时间一般为 6～10 h。

6. 人工授精

方法有干法、半干法和湿法 3 种。

(1)干法　先将鱼放入采卵架内，提出水面，擦干鱼体，挤卵入盆。用同样的方法挤入雄鱼的精液。注意不要滴水入盆。每 10 万粒卵只需 0.5 mL 精液(约 5 滴)，然后用羽毛轻轻搅拌，加入少量清水，稍加搅动后静置 1 min，倒去污水，如此重复洗涤 2～3 次。

(2)半干法　先将精液挤入 0.9%的生理盐水中稀释后，再采卵，然后将稀释的精液倒在卵上，其余方法同上。

(3)湿法　带水操作，将精、卵同时挤入盆中即可。但要求精、卵入盆的时差不超过 1 min。

三、人工孵化

1. 孵化器

目前生产上使用的孵化器有孵化缸、孵化槽和孵化环道 3 种。各种孵化器虽然构造不同，但其基本原理都一致，都要有水流将鱼卵和鱼苗冲起，分散在水中并随之流动，直到下池。

2. 孵化条件

(1)流水　家鱼的卵是半浮性的，流水的作用能保证鱼卵胚胎的发育有充足的氧气。

(2)水温　家鱼受精孵化的水温范围是 18～30℃，最适水温为 22～28℃，水温过高或过低都对胚胎的发育不利。

(3)水质　要求 pH 在 6.5～8.5 之间，水中溶解氧在 4 mg/L 以上，水质清新，无污染。

3. 孵化的操作管理

(1)孵化工具的准备　先安装好孵化设备，接通管道，再用高锰酸钾溶液消毒环道。进水准备放卵。

(2)进卵　将卵缓慢倒入水流中。

(3)调节流速和注意观察鱼卵发育　进卵后要保持适当的水流速度。鱼卵初下环道时，因浮力小，需要较大水流。随着卵膜吸水膨胀，水流减小。大部分鱼卵脱膜后应有较大水流才能将鱼卵冲起。鱼苗能平游后又应降低流速。

(4)经常洗刷过滤纱窗和缸罩　防止卵膜堵塞网眼，水漫鱼逸。

(5)防除病害　孵化过程中常见的敌害是剑水蚤，常见的病是水霉病。

4. 鱼苗出池、运输和下池

(1)鱼苗出池　当鱼苗腰点出齐，身体变黑，游泳活泼时，即可出池。

(2)鱼苗运输　目前普遍采用的运输鱼苗的方法是尼龙袋充氧运输。尼龙袋的规格多为 70 cm×40 cm。

(3)鱼苗下池　鱼苗下池的时间最好在晴天上午 10:00 左右或下午 16:00 左右。

第三节　鲤鱼和鲫鱼的人工繁殖

一、鲤鱼和鲫鱼的优良品种

目前我国普遍养殖的优良鲤鱼和鲫鱼品种有以下几种：

(1)建鲤　是荷包红鲤与沅江鲤的杂交后代。

(2)芙蓉鲤　是以散磷镜鲤为母本，兴国红鲤为父本所得的杂交一代。

(3)湘云鲤　是用红鲫与湘江野鲤杂交所得的四倍体后代，再与芙蓉鲤或丰鲤杂交而成。

(4)异育银鲫　是天然的三倍体方正银鲫与兴国红鲤交配得到的后代。

(5)湘云鲫　是红鲫鱼与湘江野鲤杂交的后代再与日本白鲫交配所得的后代。

二、鲤鱼和鲫鱼的人工繁殖技术

1. 亲鱼的选择和培育

在湖南,鲤鱼雌鱼的性成熟年龄为2龄,雄鱼为1龄。鲫鱼均在1龄就可达性成熟。鲤鱼亲鱼放养密度可为每667 m^2 100～150 kg,50～80尾。雌鱼和雄鱼最好分开饲养,以防生殖季节流产。鲫鱼的放养密度为每667 m^2 100～120 kg,200～300尾。

鲤鱼和鲫鱼亲鱼主要摄食商品饲料和配合饲料,可常年投喂豆饼、菜饼、糠饼、蚕蛹和碾碎的螺蚬及配合饲料。每天上午和下午各投饲1次。

亲鱼池夏秋季节应适当冲水,调节水质。但产前半月不能冲水,以防流产。

2. 人工催产

在春季水温上升到16℃以上,湖南省在4月上、中旬即可催产。

催产前先要准备好棕片或杨树根须或水草做产黏性卵的鲤鱼、鲫鱼产卵时卵子的附着物,叫鱼巢。使用时先消毒和扎束。可用煮沸的方法消毒。扎束后绑在竹竿上备用。

鲤鱼和鲫鱼适合催产的水温是16～30℃,最适温度为22～26℃。

鲤、鲫鱼的雌鱼可用PG催产,每千克体重注射3～4 mg,雄鱼减半。注射多用一次注射法。

3. 人工孵化

通常可采用下列3种方法对鲤鱼和鲫鱼的鱼卵孵化。

(1)池塘静水孵化　产卵完毕后将粘满鱼卵的鱼巢轻轻移入孵化池。前期每天冲水2次,脱膜后经常注入新水。

(2)淋水孵化　产卵后如遇低温,可在室内搭架进行淋水孵化。孵化期间经常淋水,以保持鱼巢和鱼卵的湿润。当鱼卵出现黑色眼点时,将鱼巢移到孵化池中脱膜出苗。

(3)脱黏流水孵化　人工授精的鱼卵,经脱黏后放入家鱼孵化环道中进行流水孵化。鱼卵的脱黏,通常采用泥浆脱黏法。将黄泥过筛,加水调制成泥浆,加1%的食盐充分溶解后,过滤即可。孵化期间的管理同四大家鱼。

复习思考题

1. 名词解释

鱼类的人工繁殖　亲鱼　鱼巢　人工催产　人工孵化

2. 实践操作题

(1)怎样鉴别四大家鱼的雌雄?

(2)怎样选择性腺充分成熟的亲鱼进行催产?

(3)试述家鱼人工授精的 3 种操作方法。

(4)怎样孵化鲤鱼和鲫鱼的鱼卵?

3. 计算运用题

催产草鱼 4 组,4 尾雌鱼的平均体重为 10 kg,5 尾雄鱼的平均体重为 8 kg。用 LRH-A 进行催产,剂量为雌鱼每千克体重用 20 μg,加 DOM 5 mg,雄鱼只用 LRH-A,剂量为雌鱼的一半,每尾亲鱼用生理盐水 4 mL。求 LRH-A、DOM 及生理盐水的用量,并写出配制方案。

第七章 鱼苗、鱼种的培育技术

知识目标

- 了解鱼苗、鱼种的生物学特性；
- 熟悉鱼苗的培育技术；
- 熟悉鱼种质量优劣的鉴别方法；
- 熟悉鱼种的几种培育方法；
- 熟悉鱼种并塘越冬的技术。

能力目标

- 能鉴别鱼苗质量优劣和进行饲养管理；
- 能选出优质的鱼种进行养殖；
- 能培育规格大、成活率高的鱼种；
- 能进行鱼种并塘，保证鱼种安全越冬。

鱼苗、鱼种的培育，就是把孵化后3～4 d的鱼苗，养成供池塘、湖泊、水库、河沟等水体放养的鱼种。鱼苗长到全长3 cm左右时，称为夏花鱼种。夏花鱼种培育到当年12月底出池时称为1龄鱼种；培育到第二年冬季出池时，称为2龄鱼种。一般把从鱼苗入池起培育到2龄鱼种的这段生产过程统称为鱼苗、鱼种培育，其间分为鱼苗培育和鱼种培育2个阶段。

第一节 鱼苗、鱼种培育的基础知识

一、鱼苗阶段的生物学特征与鉴别

不同种类的鱼苗主要根据其体形大小、眼的大小和位置、鳔的形态大小及位置、尾鳍褶的形状、体色及游泳特点等方面进行鉴别，具体鉴别方法见表7-1。

二、食性变化

刚孵出的鱼苗以卵黄囊中的卵黄为营养，称内营养期；随着鱼苗逐渐长大，卵黄囊由大变小，此时鱼苗一面吸收卵黄，一面摄食外界食物，称混合营养期；卵黄囊消失后，鱼苗就完全靠摄食水中的浮游生物而生长，称外营养期。几种主要养殖鱼类由鱼苗成长为鱼种的过程中，它们的食性将发生明显的变化。

1. 仔鱼早期

此时鱼苗刚刚下塘 1～5 d，全长一般为 7～10 mm。鲢、鳙、鲤、草鱼等鱼苗的“口径”(特指鱼口的长径)大小相似，为 0.22～0.29 mm，适口食物大小为(165～210)μm×700 μm。食物主要有轮虫和小型枝角类，个体过大、过小的食物都不适合。

表 7-1　鱼苗的形态特征与鉴别

种类	体型	体色	头部	眼	尾部	鳔(腰点)	色素(青盘)	栖息水层和游泳
青鱼鱼苗	体长，略呈弯曲	淡黄色	头纵扁而长，略呈三角形，较草鱼苗头部尖长	大而黑，呈倒八字形排列	有不规则的小黑点，呈芦花状	椭圆形，较狭长，与头部距离较草鱼鱼苗稍远	灰黑色，明显，直至尾端，在鳔处略向背面拱曲	游于水体中、下层边缘，游时头略向下，时游时停，较安静
草鱼鱼苗	较青鱼、鲢、鳙鱼苗短小，比青鱼鱼苗胖	淡橘黄色	头较短而大，略呈方形	较青鱼鱼苗小，黑色，平行排列，眼间距大	尾小，如笔尖	椭圆形，较狭长而小，距头部近	明显，起自鳔前，达肛门之上(尾部有红黄色血管)	栖息底层边缘，游泳时，头略低，时游时停
鲢鱼苗	身体挺直，仅小于鳙、青鱼鱼苗	灰白色(较大时灰黑色)	圆形，下颌突出	不凸不凹，平行排列，眼间距较近	上下叶有2黑点，上小下大	椭圆形，距头部较鳙鱼苗为近	自鳔前到尾部，但不到脊索末端	喜居水上层，游泳活泼，时游时停
鳙鱼苗	体较大，肥胖	嫩黄色	圆形而大，下颌突出	比鲢鱼苗大，眼间距也较宽	蒲扇形，下叶有黑点	椭圆形，较鲢鱼苗大，距头部远	黄色，较直	居水中、上层，较鲢鱼苗低，游时头略向下，持续游动

续表 7-1

种类	体型	体色	头部	眼	尾部	鳔（腰点）	色素（青盘）	栖息水层和游泳
鲫鱼苗	短小，楔形，鳔后部分逐渐削细	淡黄色	较大	小，八字形，眼间距宽			粗，黑色	中下层，游动缓慢，头略向下，不喜光
鲤鱼苗	体粗而短，头大，鳔后逐渐缩小	浅赭黄色	较大	呈三角形，向两侧突出	尖细	长圆形	灰黑色	底层，不活泼
鲮鱼苗	短小，胖	稍呈红色	吻钝圆，宽	圆，深黑色	尖短	圆形		下层，游时头向下，活泼灵敏

2. 仔鱼中期

鱼苗下塘后的 5～10 d，全长一般为 12～15 mm。几种常见鱼类鱼苗的口径大小基本为 0.62～0.87 mm，但摄食方式已开始出现差别，鲢、鳙鱼苗摄食方式由吞食向滤食转化，适口的食物是轮虫、枝角类、桡足类、少量无节幼体和较大型的浮游植物；鲤、草鱼鱼苗摄食方式仍然是吞食，适口食物是轮虫、枝角类、桡足类，还能吞食摇蚊幼虫等底栖动物。

3. 仔鱼晚期

鱼苗下塘后培育 10～15 d，此时全长一般为 16～20 mm，即乌仔阶段。此时鲢、鳙鱼苗由吞食完全转为滤食，但鲢鱼苗的食物以浮游植物为主，鳙鱼苗的食物以浮游动物为主；草、青、鲤鱼等鱼苗口径增大，摄食能力增强，主动吞食大型枝角类、摇蚊幼虫和其他底栖动物，草鱼鱼苗开始吃幼嫩水生植物。

4. 夏花期

此时鱼苗的全长一般为 21～30 mm。几种常见鱼类鱼苗的食性分化更加明显，很快进入鱼种期。

5. 鱼种期

此时鱼体全长一般为 31～100 mm。摄食器官和滤食器官的形态和机能都基本与成鱼相同。草、青、鲤鱼等的上、下颌活动能力增强、可以挖掘底泥，有效地摄取底栖动物。

综上所述，草、青、鲢、鳙、鲤鱼等5种主要养殖鱼类，由鱼苗发育至鱼种阶段，其摄食方式和食物组成发生规律性变化。鲢、鳙鱼由吞食转为滤食，鲢鱼由吃浮游动物转为主要吃浮游植物，鳙鱼由吃小型浮游动物转为吃各种类型的浮游动物；草、青、鲤鱼等始终都是主动吞食，草鱼由吃浮游动物转为吃草，青鱼由吃浮游动物转为吃螺、蚬等底栖动物，鲤鱼由吃浮游动物转为主要吃摇蚊幼虫和水蚯蚓等底栖动物。

三、生活习性

1. 栖息水层

鱼苗培育是在池塘等小水体中进行。初下塘时，各种鱼苗在池塘中是大致均匀分布的。当鱼苗长到15 mm左右时，各种鱼苗所栖息的水层随着它们食性的变化而各有不同。鲢、鳙鱼因滤食浮游生物，所以多在水域的中上层活动；草鱼食水生植物，喜欢在水的中下层及池边浅水区成群游动；青鱼和鲤鱼除了喜食大型浮游动物外，主要吃底栖动物，所以栖息在水的下层，也到岸边浅水区活动。

2. 水温

鱼苗、鱼种的新陈代谢受温度影响很大，当水温降到15℃以下，主要养殖鱼类的食欲明显减弱，水温低于7～10℃时，几乎停止或很少摄食。它们最适生长温度为20～28℃，水温高于36℃，生长受到抑制。

3. 水质

鱼苗、鱼种对水质适应能力相对比成鱼差，因此对水质条件要求比较严格。

(1)溶氧　鱼苗、鱼种的代谢强度比成鱼高得多，因此对水中的溶氧量要求高，草、青、鲢、鳙、鲤鱼等摄食和生长的适宜溶氧量为5～6 mg/L或更高，水中溶氧应在4 mg/L以上，低于2 mg/L，鱼苗生长受到影响，低于1 mg/L，容易造成鱼苗浮头死亡。

(2)pH　鱼苗、鱼种生长的最适pH为7.5～8.5，长期低于6.5或高于9.0都会不同程度地影响生长和发育。

(3)盐度　成鱼可在5‰盐度中正常发育，而鱼苗在盐度3‰的水中生长缓慢，成活率很低，鲢鱼苗在5.5‰的盐度中不能存活。

(4)氨氮　当总氨浓度大于0.3 mg/L时(pH为8)，鱼苗生长受到抑制。

四、生长特点

1. 鱼苗的生长特点

鱼苗到夏花阶段相对生长率最大，是生命周期的最高峰。据测定，鱼苗下塘

10 d 内，平均每 2 d 体重增加 1 倍多，平均每天增重 10～20 mg，鲢鱼平均每天增长 0.71 mm，鳙鱼为 1.2 mm。鲢、鳙鱼苗的生长情况见表 7-2。

表 7-2 鲢、鳙鱼苗的生长情况表(引自《鱼类增养殖学》，2000)

日龄	鲢鱼苗		鳙鱼苗	
	体长/mm	体重/mg	体长/mm	体重/mg
2	7.2	3	8.1	4
4	8.1	10	8.5	12
6	10.7	21	11.6	27
8	13.3	40	11.8	54
10	18.8	94	13.0	90

2. 鱼种的生长特点

鱼种阶段鱼体的相对生长率较鱼苗阶段有显著下降，在 100 d 的培育期间内，每 10 d 体重约增加 1 倍，但绝对增重量则显著增加，平均每天增重：鲢鱼 4.19 g，鳙鱼 6.3 g，草鱼 6.2 g，是鱼苗阶段绝对增重的 200～600 倍。在体长增长方面，平均每天增长数：鲢鱼 2.7 mm，鳙鱼 3.2 mm，草鱼 2.9 mm，鲢鱼鱼种体长增长为鱼苗阶段的 2 倍多，鳙鱼鱼种体长增长为鱼苗阶段的 4 倍多(表 7-3)。影响鱼苗、鱼种生长速度的因素很多，除了遗传性状外，还与生态条件密切相关，主要有放养密度、食物、水温和水质等。

表 7-3 鲢、鳙、草鱼鱼种的生长情况(引自《鱼类增养殖学》，2000) cm，g

日龄	鲢鱼				鳙鱼				日龄	草鱼			
	全长	体重	平均每天增长		全长	体重	平均每天增长			全长	体重	平均每天增长	
			全长	体重			全长	体重				全长	体重
20	4.7	1.08			4.35	0.9			27	5.7	1.48		
60	17.3	55.3	0.31	1.4	24.2	207	0.5	5.16	74	21.6	1.57	0.34	2.02
120	31.8	420	0.24	6.78	37.6	633	0.23	7.1	134	37.2	661	0.26	8.04

第二节 鱼苗的培育技术

鱼苗培育就是将鱼苗养成夏花鱼种。为了提高夏花鱼种的成活率，在鱼苗培育阶段要创造无敌害生物，水质良好的生活环境；要保持数量多、质量好的适口饵料。以便培育出体质健壮、适合于高温运输的夏花鱼种。

一、鱼苗培育前的准备工作

1. 鱼苗池的选择

(1)水源　为了保证鱼苗正常生长发育，在鱼苗培育过程中，需要随时注水和换水。要求鱼苗池注排水方便，水源水质清新，不含泥沙和其他任何污染物质。

(2)鱼苗池要求　鱼苗池要池形整齐，最好为长方形东西走向，其长宽比为5∶3。面积为0.1～0.3 hm^2，水深1.0～1.5 m为宜。鱼苗池堤坝应牢固不漏水，其高度应超过最高水位0.3～0.5 m。池底平坦，并向出水口倾斜，且以壤土为好，池底淤泥厚度应少于20 cm，无杂草。鱼苗池通风向阳，其水温增高快，也有利于有机物的分解和浮游生物的繁殖，保持鱼池较高溶氧水平。

2. 鱼苗池的清整和消毒

(1)清整鱼池　鱼苗池使用过以后要排干池水，清除过多淤泥；通过日晒、冷冻等自然过程可杀死致病菌、病毒、害虫和各类水生动、植物。开春后，清除水面上下各类杂草、脏物，修堤，堵漏，平整池堤、池坡。

(2)药物清塘　所谓清塘，就是在池塘内施用药物，杀灭影响鱼苗生存、生长的野杂鱼、敌害生物、鱼体寄生虫、病原菌等，是改良水质、提高鱼苗成活率的重要措施。一般在鱼苗放养前10～12 d进行，药物清塘的时间过早或过晚，都会给鱼苗培育带来不利影响。清塘常用的药物有生石灰、漂白粉、清塘净等。

①生石灰清塘有2种方法：第一种是干法清塘，先把池水排低至6～10 cm，在池底四周挖若干个小坑，按照60～70 kg/667 m^2 的用量将生石灰倒入小坑内加水兑浆，不待其冷却即向全池均匀泼洒，为了提高清塘效果，次日可用铁耙将池底耙动一遍，使生石灰与底泥充分混合；第二种方法是带水清塘，即不排出池水，将刚溶化的石灰浆全池泼洒，生石灰用量为125～150 kg/667 m^2(平均水深1 m)。生石灰清塘经济实用、方法简单、清塘效果最好，是目前最常用的清塘方法。

②漂白粉清塘，药性消失快，对急于使用的鱼苗池更为适宜。漂白粉清塘时同样要先将池水排低至5～10 cm，按照100 kg/hm^2 左右的用量将漂白粉在瓷盆内用清水溶解后，立即全池泼洒。

③清塘净是近几年生产的清塘用鱼药，它的优点是用量少，劳动强度小，易于操作，对野杂鱼、各类病原菌、寄生虫有极强的杀灭作用。但药性消失缓慢，使用时要慎重。

使用上述药物清塘，一般2 d后可向池中注水，7 d后药效消失方可放鱼。

3. 培养天然开口饵料

鱼苗下池时能吃到适口的食物是鱼苗培育的关键技术之一，也是提高鱼苗成活率的重要一环。主要养殖鱼类鱼苗的天然开口饵料有轮虫和类似轮虫大小的其他原生动物。

鱼苗培育池清整、消毒以后，在鱼苗下池前 7 d 左右注水 50～60 cm，并立即向池中施放绿肥或粪肥（畜粪、禽粪等）150～300 kg/667 m^2，或施微生物菌肥 20～30 kg/hm^2（或依说明书施用），以繁殖适量的天然饵料，俗称“肥水下塘”。在水温约为 25℃，施肥后 5 d 左右轮虫会大量出现，逐渐达到繁殖的高峰期，如果此时投入鱼苗，鱼苗就可摄取丰富、可口的活饵料，生长快，成活率高。

为了促进轮虫繁殖生长，鱼苗下塘前，以拉空网的方式翻动底泥，使沉入泥中的轮虫冬卵翻起、孵化、生长，而增加其数量。如果水质变瘦，应适当追肥，以补充有机质和营养盐类，保持一定数量的轮虫和藻类，不断为鱼苗提供天然饵料。

4. 放苗前准备工作

放苗前 1～3 d 要对鱼苗培育池水质仔细检查，包括：测试清塘药物的毒性是否消失，方法是取池塘底层水用几尾鱼苗试养，观察 24 h 左右，若鱼苗生活正常，可以放苗；检查鱼苗培育池中有无有害生物，方法是用鱼苗网在塘内拖几次，俗称“拉空网”，若发现大量丝状绿藻，应用硫酸铜杀灭，并适当施肥，如有其他有害生物也要及时清除；观察池水水色，一般以黄绿色、淡黄色、灰白色（主要是轮虫）为好，池塘肥度以中等为好，透明度 20～30 cm，浮游植物生物量 20～50 mg/L。若池水中发现大量的大型枝角类，可用（0.2～0.5）$\times 10^{-6}$的晶体敌百虫全池泼洒，并适当施肥。

二、鱼苗放养技术

1. 放养密度

鱼苗的放养密度对鱼苗的生长速度和成活率有很大影响。密度过大鱼苗生长缓慢或成活率较低，由鱼苗培育至夏花的时间过长，影响下一步鱼种的饲养；密度过小，虽然鱼苗生长较快，成活率较高，但浪费池塘水面，肥料和饵料的利用率也低，使成本增高。在确定放养密度时，应根据鱼苗、水源、肥料、饵料来源、鱼池条件、放养时间以及饲养管理水平等情况灵活掌握。

目前，鱼苗培育大都采用单养的形式，由鱼苗直接养成夏花，放养密度为 10 万～15 万尾/667 m^2；由鱼苗养成乌仔，放养密度为 15 万～20 万尾/667 m^2；由乌仔养到夏花时，一般放养密度为 3 万～5 万尾/667 m^2。

2. 鱼苗下塘时注意事项

鱼苗幼嫩，对环境的适应能力较弱，特别是经过长途运输的鱼苗，在放入培育池时应注意以下事项：

(1)鱼苗入池标准　准备下塘的鱼苗必须是腰点(鳔)大部已经显现,肉眼清晰可见,卵黄囊基本消失,体色清淡,游动活泼,在鱼盘内能逆水游动,去水后能在盘中弯体摆动,能摄食外界食物。

(2)暂养　凡是经过运输的鱼苗,须先放在鱼苗暂养箱中暂养后再下塘。塑料袋充氧密封运输的鱼苗,特别是长途运输的鱼苗,应先放入暂养箱中暂养 0.5 h 左右,并在箱外划动池水,以增加暂养箱内水的溶氧。当暂养箱中的鱼苗能集群在箱内逆水游动,即可下塘。

(3)下塘前喂食　鱼苗下塘前先喂食,以提高鱼苗下塘后的觅食能力和成活率。将煮熟的鸭蛋黄用双层纱布搓碎,均匀泼洒到鱼苗暂养箱内,待鱼苗饱食后,肉眼可见鱼体内有一条白线,方可下塘。一般每 10 万尾鱼苗喂 1 个鸭蛋黄。

(4)温度　鱼苗下塘的安全水温不能低于 13.5℃,一般要求水体温差不超过 ±3℃。

(5)天气　闷热天、气压低或雷暴雨前后鱼苗不宜入池,否则会明显降低成活率,甚至全部死亡;长期阴雨、水温低时鱼苗入池后成活率降低。

(6)敌害生物　放养鱼苗前用密眼网拉 1～3 遍,如发现培育池中有大量蛙卵、蝌蚪、水生昆虫或残留野杂鱼等敌害生物需重新清塘消毒。

(7)水质　鱼苗下塘时,池水透明度最好在 30～35 cm。如池水过肥则应加些新水;如果池水中枝角类、桡足类较多,池水透明度大,用 $(0.2～0.5)\times10^{-6}$ 的晶体敌百虫全池泼洒进行杀灭,也可以放养体长 13 cm 左右的鳙鱼 300～450 尾/667 m^2,待枝角类、桡足类等浮游动物被吃掉后,将鳙鱼全部捕出,然后放入鱼苗。

(8)下塘时间　一般选择在上午 9:00～10:00。下塘时应选择在鱼池上风向方位入池,以便鱼苗随风游开。

三、鱼苗的饲养管理技术

1. 精细喂养

根据不同发育阶段鱼苗对饵料的不同要求,可分为 4 个阶段进行强化培育:

(1)轮虫阶段　此阶段为鱼苗下塘 1～5 d。此期鱼苗主要以轮虫为食,为维持池内轮虫数量,鱼苗下塘当天就应泼洒豆浆。每天上午、中午、下午各泼 1 次,每次每公顷泼 15～17 kg 豆浆。豆浆一部分供鱼苗摄食,一部分用于培养浮游动物。

(2)水蚤阶段　此阶段为鱼苗下塘后 6～10 d。此期鱼苗主要以水蚤等枝角类为食。每天需泼豆浆 2 次(上午 8:00～9:00,下午 13:00～14:00),每次每公顷豆浆数量可增加到 30～40 kg。在此期间,选择上午追施 1 次腐熟粪肥,施肥量为 100～150 kg/667 m^2,以培养大型浮游动物。

(3)精料阶段　此阶段为鱼苗下塘后11～15 d。此期水中大型浮游动物数量下降,不能满足鱼苗生长需要,鱼苗的食性已发生明显转化,开始在池边浅水寻食。此时,应改投豆饼糊或磨细的酒糟等精饲料,每天每667 m^2 投干豆饼1.5～2.0 kg。这一阶段必须投喂数量充足的精饲料,以满足鱼苗生长的需要。

(4)锻炼阶段　此阶段为鱼苗下塘后16～20 d。此期鱼苗已达到夏花规格,需拉网锻炼,以适应高温季节出塘分养的需要。此时豆饼糊的数量需进一步增加,每天每667 m^2 投干豆饼2.5～3.0 kg。此外,池水也应加到最高水位。

2. 日常管理

鱼苗入池后,首先观察其活动状态是否正常。凡正常的鱼苗应立刻向四周游动散开,1 h之内在鱼池边的水下,可观察到鱼苗有规律地游动并开始摄食。

(1)分期注水　鱼苗饲养过程中分期注水是加速鱼苗生长和提高鱼苗成活率的有效措施。在鱼苗入池时,池塘水深50～60 cm;然后每隔3～5 d加水1次,每次注水10～20 cm,培育期间共加水3～4次,最后加至最高水位。注水时须在注水口用密网过滤,防止野杂鱼和其他敌害生物进入鱼池,同时避免水流直接冲入池底把水搅浑,具体注水时间和注水量要根据池水肥度和天气情况灵活掌握。分期注水可使水温提高快,促进鱼苗生长,又可节约饵料和肥料,同时容易掌握和控制水质。

(2)巡塘　每天早晨和下午各巡塘1次,早晨巡塘要特别注意观察鱼苗有无浮头现象,如有浮头应立即注入新水或采取其他措施。要在早晨日出前捞出蛙卵,否则日出后,蛙卵下沉水中不易发现。观察鱼苗活动、生长和摄食情况,以便及时调整投饵、施肥数量,随时消灭有害昆虫、害鸟,清除池边杂草等。及时发现和治疗鱼病,做好各种记录,以便不断总结经验。

(3)控制水质　池水呈绿色、黄绿色、褐色为好。透明度以25～30 cm为宜。

(4)鱼苗培育阶段病害的防治　鱼苗培育早期阶段的鱼病主要是气泡病,而敌害有以水蜈蚣为代表的水生昆虫,以水绵、水网藻为代表的藻类,甚至过多的大型浮游动物、水生草类和水边杂草也会对下塘鱼苗构成危害。此外,野杂鱼类、虾类、螺类、蚌类、贝类、蝌蚪等都是鱼苗的敌害。到了培育后期,随着鱼体不断长大和食性转化,鱼病逐渐增多,如由车轮虫、斜管虫、鳃隐鞭虫等常见小型寄生虫引起的鱼病,以白头白嘴病、白皮病等为常见的细菌性鱼病。

在鱼苗入池前必须进行彻底清塘和采取措施防止敌害多途径入侵;在培育后期,一旦发现病害需要及时对症治疗并及时分塘。

3. 鱼苗拉网锻炼

鱼苗下塘20 d后,一般已达3 cm左右,体重增加了几十倍乃至上百倍,它们要求有更大的活动范围。同时鱼池的水质和营养条件已不能满足鱼种生长的需要，应及时分塘转入下阶段鱼种养殖。

出塘前要拉网锻炼，锻炼的目的是增强鱼的体质，提高分塘和运输成活率。因为拉网使鱼受惊，增加运动量，使肌肉结实，并增强各个器官功能。同时，幼鱼密集在一起，相互受到挤压刺激促使分泌大量黏液和排出粪便，增加耐缺氧的能力，大大减少运输过程中黏液和粪便的排出量，有利于保持运输水质，提高夏花运输成活率。另外，拉网锻炼还可以发现并淘汰病弱苗，清杂除野，安排生产。

鱼苗拉网锻炼时，为使鱼体不受伤或少受伤，力争使网内鱼群自动游进箱内。选择晴天的上午 9:00 左右进行，天气阴雨、闷热和下午均不好。拉网前应停食，拉网速度要慢些，与鱼苗的游泳速度相一致，并且在网后用手向网前撩水，促使鱼苗向网前进方向游动，否则鱼体容易贴到网上，特别是第一次拉网，鱼体质差，更容易贴网。第一次拉网将夏花围集网中，提起网衣，使鱼在半离水状态密集 10～20 s 后放回原池。如夏花活动正常，隔天拉第二网，将鱼群围集后，移入网箱中，使鱼在网箱内密集，经 2 h 左右放回池中。在密集过程中，须使网箱在水中移动，并向箱内撩水，以免鱼浮头。若要长途运输，应进行第三次拉网锻炼。

4. 夏花鱼种的计数

夏花鱼种出塘销售或分塘饲养，都涉及到数量问题，需要计数。目前生产上常用的计数方法，多采用体积法和重量法两种。

(1)体积法　用适当的鱼盘或类似鱼盘形状大小的塑料碗、搪瓷碗等器具，量出夏花鱼种盘数或碗数，再任选几盘或几碗过数，求出每盘或每碗的平均尾数，最后计算总尾数。

(2)重量法　先用鱼桶加少许清水，称其重量(皮重)，然后将网箱中的夏花鱼种集中，用抄网捞取鱼种放入桶内称重，计算出鱼种净重，最后通过单位重量的尾数计算总尾数。

第三节　鱼种的培育技术

鱼苗经过 20 d 的培育养成 3 cm 左右的夏花鱼种，由于夏花鱼种身体弱小，觅食的能力和对敌害生物的防御能力都还较弱，若直接放入湖泊或水库等大水面或成鱼池塘饲养，其成活率较低，并浪费水体。但是，夏花鱼种的食性和形态结构已经接近成鱼，而且体重比鱼苗增长了数十余倍，如果仍在原池继续培育，则因密度过高，饵料不足，同一水层鱼类分布不匀，这样影响鱼体的生长。因此，需要将夏花鱼种再经过一段时间较精细的饲养管理，养成规格较大和体质健壮的鱼种，才可供网箱、湖泊和水库等大水面或成鱼池塘放养。

因为生产上大规格鱼种有以下优点：一是摄食强、生长快，养殖周期短，加速资金周转。放养1龄大规格鱼种经过强化培育，当年或次年养成即可上市，如放养10～13 cm的鱼种通过1年的培育可达450～470 g的收获尾重，放养13～16 cm的鱼种通过1年的培育可达700 g的收获尾重，放养20～23 cm的鱼种通过1年的培育可达1 150 g的收获尾重。如在成鱼池中放养小规格的鱼种一般要3年才能达到上市规格。二是节约水体空间，降低成本。鱼种可以和成鱼套养，便于轮捕轮放。实践证明，小规格的鱼种如套养在成鱼池中，其成活率很低（通常仅20%～40%），而规格大的鱼种可直接套养在成鱼池中培养2龄鱼种，成活率高，增加池塘的利用效率。三是防御能力强，鱼种成活率高，养殖回捕率高。大规格鱼种丰满度高，体内脂肪贮存量多，其抗病力和抗寒力高，养殖和越冬过程中死亡率低。特别是北方地区，鱼类需经历150～190 d的越冬期。养殖鱼类在越冬期内通常很少摄食，维持鱼体代谢的热能主要依靠体内贮存的脂肪。个体小的鱼所贮存的脂肪少，越冬期间就容易死亡。据研究，在东北地区，5～10 g重的鲤鱼越冬成活率仅38%，而50 g以上的鲤鱼越冬成活率达94.2%。放养10～13 cm的鱼种，回捕率可达10%～15%，而放养16～20 cm的鱼种，回捕率可达60%～70%。四是高产的物质基础。大规格鱼种体质健壮，成活率高，生长快，为池塘大面积养鱼的高产、优质、低耗、高效打下良好的基础。

鱼种的培育分1龄（当年）鱼种培育和2龄（老口）鱼种培育。1龄（当年）鱼种培育是指从夏花分塘后培育到当年年底或翌年春天出池的过程，饲养时间一般为5～7个月，当年秋季出池叫秋花鱼种“秋片”，冬季出池叫冬花鱼种“冬片”，翌年春天出池叫春花鱼种“春片”。2龄（老口或过池）鱼种培育是指将1龄（当年）鱼种入池再经过1年的饲养，体重达0.5 kg以上的鱼种的养殖过程，饲养时间一般一年半左右。

一、鱼种的放养

鱼种的培育方法有池塘鱼种培育、室内水泥池鱼种培育和网箱鱼种培育等几种类型。池塘鱼种培育是我国淡水鱼类大规格鱼种培育的主要方法。下面以池塘鱼种培育为例。

（一）鱼种放养前的准备

1. 鱼种池条件

鱼种池的条件与鱼苗池相似，但面积和深度稍大一些，一般面积要求1/7～1/3 hm^2，水深1.5～2.0 m为宜。

2. 鱼种池清整消毒和施肥

鱼种池塘清整消毒和注水施肥等准备工作与鱼苗培育时的准备工作相同。但鱼种池的肥度要求高些，因为，虽然夏花培育阶段，鱼种的食性已经分化，但对浮游动物均喜食。故在夏花下塘前应施足有机肥料以培养大量的浮游生物，以使鱼种下塘时有丰富优质的饵料，这是提高鱼种成活率的重要措施。一般每公顷施用 3 000～6 000 kg 粪肥作为基肥。施基肥时以鲢鱼、鳙鱼为主体鱼的池塘，应适当多一些，使轮虫达到高峰期鱼种才下塘；以青鱼、草鱼、团头鲂、鲤鱼为主体鱼的池塘，应培育大量的小型枝角类。以草食性鱼类如草鱼为主体鱼的池塘还应在池中培养芜萍或小浮萍，作为鱼种的适口饵料。如采用配合饲料进行鱼种培育，可以不施或少施有机肥料。

(二)夏花放养

1. 放养时间

夏花放养的时间一般在 5～6 月份，北方地区可能晚些，具体根据当地或当年的气候而定。

2. 夏花鱼种选择

夏花鱼种质量的优劣关系到鱼种培育的规格和成活率。夏花鱼种的优劣可根据鱼种的体质，出塘规格、体色、鱼类活动情况等方面来判别，具体见表 7-4。

表 7-4　夏花鱼种优劣鉴别方法

鉴别方法	优质夏花	劣质夏花
看体色规格	体色鲜艳有光泽，规格整齐	体色暗淡无光、变白或黑，个体大小不一
抽样检查	鱼在白瓷盆中身体肥壮、头小背厚、鳍鳞完整，跳跃不停者	鱼在白瓷盆中身体瘦弱、头大背窄、鳞鳍残缺、体伤充血，很少跳动者
看游动情况	行动敏捷、集群游动，受惊迅速潜入水底，不常停留水面，抢食能力强	行动迟钝、不集群，在水面慢游或静止不动，抢食力弱者

3. 混养搭配

鱼种的放养方式可以单养也可以混养，为了充分利用水体和提高鱼种出塘率一般多采用混养模式。因为各种鱼类鱼种阶段的摄食食性、生活习性和对水域环境的适应能力都已有明显差异，所以将多种鱼进行适当的混养搭配，可以充分利用池塘水体和天然饵料资源，发挥池塘的生产潜力。但是鱼种混养时生产上一般以 1 种鱼为主体鱼搭配 2～3 种其他的在食性上矛盾不大的鱼种。因鱼种培育阶段各种鱼类对所投喂的人工饲料均喜食，容易造成争食现象，为了培育出规格整齐、体格健壮的鱼种，要求种间不争食、互为有利，提高池塘利用率和鱼种成活率。

(1)鱼种池混养搭配注意事项

①同一规格的鲢、鳙鱼通常不混养。因鲢鱼与鳙鱼,在放养密度大,以投饵为主的情况下,它们之间在摄食上就发生矛盾。鲢鱼行动敏捷,争食力强,而鳙鱼则行动迟缓,争食力弱。如果鲢、鳙鱼混养,鳙鱼因得不到充足的饵料而生长不良。即使要混养,只可在以鲢鱼为主的池塘中搭配少量鳙鱼(一般在20%以下),即使鳙鱼少吃投喂的饲料,也可依靠池中的天然饵料维持正常生长。而在以鳙鱼为主的池塘中,则不能混养同一规格的鲢鱼,即使混养少量鲢鱼,也因抢食凶猛,有可能对鳙鱼生长带来不良影响。

②草鱼与青鱼、鲤鱼一般不混养。其原因跟鲢鱼与鳙鱼的关系一样,即使混养也只有在以草鱼为主的池塘搭配少量的青鱼或鲤鱼(5%),而以青鱼为主的池塘中不能混养草鱼。另外,以鲤鱼、鲫鱼、罗非鱼等杂食鱼类作为搭配鱼不宜多放。

(2)常见的几种放养模式:①以草鱼为主体鱼,草鱼占60%、25%的鲢鱼、10%的鳙鱼、5%的鲤、鲫鱼;②以鲢鱼为主体鱼,鲢鱼占65%、草鱼占20%、鳙鱼5%、鲤、鲫鱼各5%;③以鳙鱼为主,鳙鱼占65%、草鱼25%、鲤、鲫鱼10%;④以青鱼为主,青鱼70%、鲢鱼25%、鳙鱼5%。目前,淡水鱼种培育生产上多采用草鱼、鲢鱼、鲤鱼(或鲫鱼)混养或青鱼、鳙鱼、鲫鱼(或鲤鱼)混养,效果较好。

4. 放养密度

放养密度的确定主要依据生产成鱼所需要的鱼种规格确定。依据目前鱼种培育情况,一般每667 m^2 放养量为6 000～8 000尾,具体要求依据鱼的种类、池塘条件、饵料、肥料供应情况和饲养管理水平以及养殖设备等因素综合考虑(表7-5)。池塘条件好,饵料和肥料充足,养鱼技术水平高,配套设备较好,就可以增加放养量,反之则减少放养量。北方地区鱼种生长期短,可酌情减少放养量。夏花放养的密度直接影响到鱼种出塘规格。一般来说,30～50 mm的鱼种,密度1 000～2 000尾/m^2;70～80 mm的鱼种,密度300～600尾/m^2;120～130 mm的鱼种,密度150～300尾/m^2;150～160 mm的鱼种,密度60～100尾/m^2。密度过小,虽然鱼种的生长速度快,但育苗水体浪费大;密度过大,水质难控制,鱼种的生长速度缓慢,病害多。由于鱼种中间培育处于高温季节,控制合理的放养密度是鱼种培育的关键。

表7-5 每667 m^2 鱼种池夏花放养数量与出塘规格参考表

主体鱼			配养鱼			放养总数/尾
种类	放养量/尾	出塘规格	种类	放养量/尾	出塘规格	
草鱼	2 000	50～100 g	鲢鱼	1 000	100～125 g	4 000
			鲤鱼	1 000	13～15 cm	

续表 7-5

主体鱼			配养鱼			放养总数/尾
种类	放养量/尾	出塘规格	种类	放养量/尾	出塘规格	
	5 000	10～12 cm	鲢鱼	2 000	50 g	8 000
			鲤鱼	1 000	12～13 cm	
	8 000	8～10 cm	鲢鱼	3 000	13～15 cm	11 000
	10 000	8～10 cm	鲢鱼	5 000	12～13 cm	15 000
青鱼	3 000	50～100 g	鳙鱼	2 500	13～15 cm	5 500
	6 000	13 cm		800	125～150 g	6 800
	10 000	10～12 cm		4 000	12～13 cm	14 000
鲢鱼	5 000	13～15 cm	草鱼	1 500	50～100 g	7 000
			鳙鱼	500	15～17 cm	
	10 000	12～13 cm	团头鲂	2 000	10～13 cm	12 000
	15 000	10～12 cm	草鱼	5 000	13～15 cm	20 000
鳙鱼	4 000	13～15 cm	草鱼	2 000	50～100 g	6 000
	8 000	12～13 cm		3 000	17 cm 左右	11 000
	12 000	10～12 cm		5 000	15 cm 左右	17 000
鲫鱼	5 000	12 cm 以上	鳙鱼	4 000	12～13 cm	10 000
			草鱼	1 000	50 g 左右	
团头鲂	5 000	12～13 cm	鲢鱼	4 000	13 cm 以上	9 000
	10 000	10 cm 左右	鳙鱼	1 000	13～15 cm	11 000

近年来随着全价配合饲料在渔业生产中的推广使用，在鱼种培育时采用单养方式，尤其用配合饲料单养草鱼、鲤鱼、鲫鱼等鱼种获得了高产高效的目标，值得推广应用。

表 7-6　以夏花鲤鱼为主体鱼放养与收获情况（参考王武，2000）

鱼种	放养规格/cm	每 667 m^2 放养量		成活率/%	收获规格/g	每 667 m^2 产量	
		尾	kg			尾	kg
鲤鱼	4.5	10 000	10.00	88.2	100	8 820	882
鲢鱼	3.5	200	0.15	95.0	500	190	95
鳙鱼	3.5	50	0.15	95.0	500	48	24
总计	—	10 250	10.30	—	—	9 058	1 001

注：投喂高质量的鲤鱼颗粒饲料，饵料系数 1.3～1.5。

二、鱼种饲养管理

(一)饲养方法

鱼种饲养的过程中,要获得高产就必须有足够的饲料和肥料,并做到合理投喂。目前鱼种的饲养方法主要有以下 2 种。

1. 投饵料为主的饲养方法

鱼种饲养属于高密度养殖类型,水域中的天然饵料已经不能满足鱼种的营养需要了,需要人工投喂饵料以促进鱼种的生长发育,获得较好的鱼产量。人工投喂的饵料来源有种植的青绿饲料和加工的配合饵料。

(1)以青绿饲料为主的饲养　青绿饲料一般为草食性鱼类的喜好食物。在以养殖草食性鱼种为主的池塘,投饵时以投青饲料为主。以草鱼为例介绍,草鱼喜欢在水质清新的水环境中生活。夏花鱼种下塘后以投喂芜萍,平均每天每万尾投喂 20～25 kg;经过 10～15 d 的培养,鱼种规格达 6～7 cm 时,改投小浮萍,平均每天每万尾投喂 60～70 kg,随水温、鱼的摄食量增加,投喂量也增加,以后增至平均每天每万尾投喂 100 kg;当鱼种体长达 8～10 cm 时,其消化器官已发育完全,可以投喂嫩的水草和陆生旱草。为了照顾弱小者、提高鱼种的成活率,投草时有条件的可将其打碎后再投喂;并要求投饵新鲜适口、摄食均匀、节制投喂,投饵后能使鱼种在 2 h 吃完为宜,1 d 投喂 2 次,当日饵料当日吃完。

对搭配的鲢、鳙鱼要定期施肥,每 10～15 d 施 1 次,每次施大草 100～150 kg 或施腐熟粪肥 100 kg。

投喂注意:在投饵料时应设草料框,草料框可以用木棍和竹棍作材料搭建成方形或三角形。这样饵料投在框里避免散乱漂浮于池中污染水质,便于检查鱼吃食情况,减少鱼病发生,进行鱼病防治。

(2)以颗粒配合饲料为主的饲养　随着我国饲料工业以及鱼类营养学科的发展,以颗粒配合饵料为主饲养鱼种的方法已在全国逐步展开。根据所养鱼种的营养需要选择合适的颗粒配合饲料,在夏花下塘第 2 天进行驯食。驯食的方法是在池边上风向阳处,向池内搭一个跳板,作为固定的投饵点,夏花下塘第 2 天开始投喂。每次投喂前在跳板上先敲铁桶或吹口哨弄出声响,然后每隔 10 s 撒一小把饵料。无论吃食与否,如此坚持数天,每天投喂 4 次,一般经过 7 d 的驯食能使鱼种集中上浮吃食。驯食可以先用米糠、面粉等漂浮性饵料然后逐渐增加颗粒配合料,每天 4～5 次,经过 7～10 d 直到大部分鱼种集中上浮吃食,使鱼种形成上浮争食的条件反射后,则进行正常投喂。每天上午 8:00 至下午 18:00 之间进行投饵,一般在鱼种体长 10 cm 之前,每天投喂 4～5 次,投饲率 10%～15%;体长 10～

20 cm，每天投喂 3 次，投饲率 5%～10%；体长 20 cm 以上，每天投喂 2～3 次，投饲率3%～5%。

在 7 月中旬至 8 月下旬，鱼类摄食旺盛，每天投饵量和投饵次数可多些，9 月后投喂次数可减少，10 月份每天投 1～2 次。具体投喂量应根据水温和个体大小、鱼种的生长情况、天气等确定，投饵量以生产中见大半部分鱼在 20～30 min 吃饱游走为准。

（3）投饵原则　不管是投喂天然饲料还是人工配合饵料，投饵应坚持“四定”（定时、定位、定质、定量）的原则，以提高投饵利用率，降低饵料系数。

①定时　投饵必须定时进行，以养成鱼类按时吃食的习惯，提高饵料利用率；选择水温较适宜、溶氧较高的时间投饵，可以提高鱼的摄食量，有利于鱼类生长。对于胃不发达的鱼类，需要不停的摄食，因此少量多次投饵才符合它们的摄食习性。

②定位　投饵必须有固定的位置，使鱼类集中于一定的地点摄食。定点投喂不仅可以减少饵料浪费，而且也便于检查鱼的摄食情况，便于清除残饵和定期进行食场的消毒，保证鱼种的摄食卫生。在鱼病高发季节还便于对鱼种进行药物处理，防治鱼病。投喂青饲料可用竹竿搭成三角形或方形框架，将青饲料投在框内。投喂商品饵料可在水面以下 30～40 cm 处，用芦席或木盘（带有边框）搭成面积 1～2 m^2 的食台，将饵料投在食台上让鱼类摄食。通常每 3 000～4 000 尾鱼种设食台 1 个。

③定质　饲料必须新鲜，不腐败变质。青饲料必须鲜嫩、无根无泥。配合饲料要求是营养丰富的全价饲料，具有诱食性，粒径大小合适，保证饵料的适口性。

④定量　投饵应掌握适当的数量，使鱼类吃食均匀，以提高鱼类对饵料的消化吸收率，减少疾病，利于生长。每日的投饵量应根据水温、天气、水质和鱼的吃食情况等灵活掌握。水温在 25～32℃的范围内，饵料可多投；水温过高或较低，则投饵量减少。晴天可多投饵，阴天，水中溶氧不同程度的降低，应减少投饵，甚至暂停投饵。水质较瘦，水中有机物耗氧量小，可多投饵。水质过肥，有机物耗氧量大，应减少投饵量。及时检查鱼的吃食情况，是掌握下次投饵量的最重要的方法。如投饵后鱼很快吃完，应适当增加投饵量；如较长时间吃不完，剩下饵料较多，则应减少投饵量。

2. 以施肥为主的饲养方法

鲢、鳙鱼种仍然以浮游生物为主要饵料，池水要求肥沃、含浮游生物丰富。所以主养鲢鱼、鳙鱼的池塘以施肥为主，适当辅以精饲料。施肥方法和数量应掌握量少勤施的原则。夏花放养后 5～8 d 开始要施追肥，每 667 m^2 施绿肥 100～

200 kg,腐熟发酵的粪肥 100～150 kg,施粪肥可每 2～3 d 全池泼洒 1 次,具体施肥量根据天气、水质等情况灵活掌握。因夏花培育正值天气转热的季节,施肥时应特别注意水质和天气的变化,以免发生鱼池缺氧和泛池,造成死鱼事故。另每万尾鱼种投精料 1.5～2 kg,满足搭配种类的营养需要,如搭配草鱼则参考以草食性饵料为主的饲养方法。

(二)鱼种日常管理

1. 勤巡塘

每日早晨、中午和傍晚分别巡塘 1 次,早上主要观察水色和鱼种的动态,特别注意缺氧浮头情况。早晨如鱼类浮头过久,应及时注水或开增氧机解救,同时注意水质变化。中午和傍晚检查鱼类吃食情况,以便调整次日的投饵量。有时晚上 23:00 点左右可以巡塘 1 次,以了解水质变化情况。

2. 勤注水

适时加注新水,改善水质。通常每月隔 10 d 注水 1 次,每次 10～20 cm。以草鱼为主体鱼的池塘更要勤注水,因为草鱼喜欢生活于水质清新的水域中,在饲养早期和后期每 3～5 d 加水 1 次,每次加水 5～10 cm;7～8 月份应每隔 2 d 加水 1 次,每次加水 5～10 cm,以促进草鱼种的生长。

3. 讲究鱼塘卫生

经常清除池边杂草和池中草渣和腐败污物,清洗暴晒食台并每半月用漂白粉 300～500 g 进行食台、食场的消毒,以保持池塘卫生。

4. 鱼种分选

定期检查鱼种生长情况,如发现个体生长不均匀,应及时拉网,进行分级饲养。特别是肉食性鱼类鱼种培育阶段,个体发育参差不齐,自相残杀的现象较为严重。因此,必须定期检查鱼种生长情况并及时分选,鱼种规格在 10 mm 以下时,每个月分选 2～3 次;鱼种规格在 10 mm 以上,每个月分选 1 次。分选过程淘汰个体特小、体型和颜色异常的劣质苗种,降低培育密度,同时保持同池鱼种规格尽可能一致。

5. 精心饲喂

培育鱼种的饲料主要有碎鱼虾贝肉、卤虫成虫、糠虾和人工配合饲料等。选择饲料要保证营养均衡,避免长期使用单一饲料造成营养缺乏症。尽可能采用鱼种专用商品饲料,保证鱼种培育成活率的稳定性。一般体长 8～10 cm 之前,每天投喂 4～5 次,投饲率 10%～15%;体长 10～20 cm,每天投喂 3 次,投饲率 5%～10%;体长 20 cm 以上,每天投喂 2～3 次,投饲率 3%～5%。

6. 做好防洪、防逃和防敌害等工作

在汛期季节，必须及时加固加高池埂，保持排水沟、渠的通畅，做好防洪和防逃工作。防止野生鸬鹚、翠鸟等敌害生物的危害。

7. 做好池塘日常管理的记录

为提高管理的科学性，将鱼种池每天管理过程中出现的问题做好详细的记录。如放养量、投饵施肥、注水、防病、收获等方面的原始资料进行记录、分析、整理，并做到定期汇总，为以后改进养殖技术提供科学依据。

三、鱼种疾病防治

1. 鱼种疾病预防

夏花鱼种出塘时，经过 2～3 次拉网锻炼，鱼种易擦伤，鱼体往往容易寄生车轮虫等寄生虫。故在鱼种下塘前，必须采用药物浸浴。通常将鱼种放在 20 mg/L 的高锰酸钾溶液中浸浴 15～20 min，以保证下塘鱼种具有良好的体质。在 7～9 月份的高温季节，每隔 20～30 d 用 30 mg/L 的生石灰水（盐碱地鱼池忌用）全池泼洒，以提高池水的 pH，改善水质，防止鱼类患烂鳃病。

2. 常见鱼种疾病防治

鱼苗夏花阶段的病害主要有跑马病、白头白嘴病、白皮病、车轮虫病及藻类形成的“水华”型枝角类等，它们将危害鱼苗的存活与生长。培育期内每 5～7 d，每 667 m^2 每米水深用生石灰 30～40 kg 溶浆全池泼洒，澄清水质，预防鱼病。当发生白皮病、白头白嘴病时，每 667 m^2 用漂白粉 1～1.5 kg 或强氯精 0.5 kg 或其他杀菌剂全池泼洒，连用 2～3 d，效果明显。当发生车轮虫病时，每 667 m^2 每米水深用硫酸铜 0.5 kg 或苦楝树叶 35 kg 加适量石灰煮沸全池泼洒，连用 2 次。施药后要加注新水，勤于观察，及时了解鱼池中鱼的各种状况。

第四节 鱼种出塘和并塘越冬

一、鱼种出塘

1. 出塘要求

鱼种经过 5～6 个月的精心饲养管理后，一般长到 20～70 cm 时才可出池放入大水面或成鱼池中养殖。

2. 鱼种质量鉴别（1 龄）

①同一池塘出池的鱼种规格比较均匀整齐；

②鱼种体质健壮，背部肌肉肥厚，尾柄肉丰满，摄食活动能力强；

③体表光滑，色泽鲜明光亮，无病无伤，鳞片、鳍条完整无缺；

④浮头时在池中央徘徊，白天大都在水下活动；

⑤游泳活泼，溯水性强，受惊时能迅速潜入水底，密集时，头向下而尾不断扇动。

二、并塘越冬

秋末冬初，水温降至10℃以下，鱼种已停止摄食，即可开始拉网并塘，按鱼种的种类和规格进行分塘，作为商品鱼养殖之用或进入越冬池暂养，安全过冬。

1. 并塘目的

并塘越冬主要目的是使鱼种在条件较好的池塘中能够安全越冬，能够有足够的鱼种留作春季放养和出售。

①鱼种按不同种类和规格进行分类，计数暂养，利于运输和放养；

②并塘后将鱼种暂养在较深的池塘中安全越冬，便于冬季管理；

③并塘能全面了解当年鱼种生产情况，总结经验，制定下年度的放养计划；

④空出鱼种池进行整塘清塘，为翌年生产做好准备。

2. 并塘方法

(1)出塘　当水温下降到10℃以下时鱼摄食量减少，这时开始停止投饵，经过5～7 d，选择天气晴朗，风和日暖的日子拉网出塘。因为水温偏高，鱼类活动能力强，耗氧大，操作过程中鱼体容易受伤；而水温过低，特别是刮风和下雪天不能并塘，否则鱼体容易冻伤，越冬期间发生水霉病。

(2)鱼种计数　鱼种分类放养可用鱼筛筛选方法.将不同种类、不同规格的鱼种分开，不能分开的用手拈的方法把它分开。

然后进行计数，鱼种计数采用称量法：从每一种类、每一种规格的鱼种中各随意取25尾，测量其长度和重量以确定该规格的长度范围、重量及其平均值，再各称出5 kg数出其尾数，然后称出各类和各规格鱼种的总重量，即可算出每种鱼每种规格的尾数，并进一步算出每种鱼和全部鱼种的成活率。

(3)放养　选择面积为0.3～0.8 hm^2，水深2～3 m，背风向阳，保水力强，环境安静的鱼池作为越冬池。通常规格为10～13 cm的鱼种，可放75万～90万尾/hm^2，如果规格较大的鱼种，暂养的密度相应要减小。

3. 越冬管理

越冬期间保持水质清新，根据水质变化及时加注新水，防止渗漏，加注新水不仅可以增加溶氧，而且还可以提高水位，稳定水温，改善水质。经常测定池水中的溶氧量，保持池水溶氧在 5 mg/L 左右。

越冬应保持水质一定的肥度，根据天气状况及时做好投饵、施肥工作以保证鱼种越冬的基本营养需求。一般每周投饵 1～2 次，长江以北，冬季冰封季节长，应采取破冰增氧，防止鱼种缺氧。此外，应加强越冬池的巡视，防止逃跑和敌害生物侵袭。

4. 并塘注意事项

①并塘时间是在水温降至 10℃以下或鱼基本不摄食时；

②拉网应选择在晴天，拉网前停食 3～5 d，拉网、捕鱼、选鱼、运输过程要小心细致，避免伤鱼；

③并塘管理时要适当投饵、施肥，北方冰封期防缺氧，防渗漏。

复习思考题

1. 名词解释

乌仔　夏花　春片　秋片　1 龄鱼种　2 龄鱼种

2. 鱼苗、鱼种为什么要采取分段培育？

3. 试述鱼种质量的鉴别方法。

4. 1 龄鱼种搭配混养要注意哪些问题？

5. 鱼苗放养密度要根据哪些条件来决定？

6. 提高鱼苗成活率和质量的关键是什么？

7. 怎样才能实现培育鱼种的高产高效益？

8. 如何进行鱼种并塘越冬？

第八章　主要淡水鱼成鱼养殖技术

知识目标

- 了解成鱼养殖的放养准备工作和鱼种放养技术；
- 了解成鱼养殖的施肥投饵技术和饲养管理技术；
- 了解成鱼养殖常见病的预防、诊断与治疗方法。

能力目标

- 掌握成鱼饲养管理技术；
- 掌握成鱼养殖常见病的预防、诊断与治疗方法。

第一节　池塘要求

一、水源及周围环境

水源是池塘养鱼的首要条件。既要有充足的水源，水质又要符合国家渔业用水标准。池塘最好建设在周围没有高大树木及房屋的开阔地带。在池塘养鱼过程中充足的阳光照射有利于池塘内浮游生物的大量繁殖，可以提高池塘水体温度。

二、池塘要求

成鱼养殖池塘的面积一般在 1 hm^2 左右，水深在 2～3 m，以长方形为宜，其长宽比一般约为 2∶1 或 5∶3。长方形池塘有利于阳光照射；同时受风面积大，有利于增加水体的溶氧，减少鱼类浮头；有利于拉网操作。池底要求中间稍高周围略低，进水口与排水口方向要有 1∶200 的斜度便于排水。

第二节　放养前的准备工作

鱼种放养是商品鱼饲养的一个关键技术环节，它关系到商品鱼饲养过程的成活率、生长速度和成鱼上市的时间和规格等。

一、池塘的清整

清塘的目的是改善底质，减少泛池的危险；提高池塘肥度和鱼产力。主要是清除池底杂物、挖去过多的塘泥，平整池底，维修排水通道和拦鱼设施、消灭池塘中的有害生物等。

二、注水与施基肥

清塘 5～6 d 后向池塘注水，注水时要用筛网过滤以防敌害生物进入池塘。初次注水水深在 50～80 cm，有利于水温的提高。为了提高水体鱼产力及增加水体浮游生物的生物量，在放养鱼种前要根据池塘条件施基肥。一般每公顷施粪肥或绿肥 4 500～7 500 kg，具体的施肥量根据水体状况决定。在施有机肥的时候一定先要进行充分发酵，一方面可以杀死大量的微生物，另一方面还可以通过发酵使有机肥料进一步分解，有利于浮游植物的利用。施肥时间一般选择在清塘 5～6 d 后的晴天中午进行。

三、优质鱼种的选择

优良的鱼种在饲养中成长快，疾病少，成活率高，饵料转化效率高，是获得高产及高效益的前提条件之一。因此优质鱼种的选择对成鱼的饲养就显得非常重要。选择优质鱼种主要从鱼的品种和体质两方面考虑。

1. 品种

品种的优劣主要由亲鱼的遗传性状所决定。对于四大家鱼，目前一般认为从自然水体捕获的亲鱼由于近亲繁殖的可能性小，保持了天然的遗传性状，抗病力强。而对于鲤、鲫鱼种要看杂交亲本的亲缘关系，亲缘关系越远，杂交优势越大，在繁殖和生长上都有一定的优势。同时，杂交亲本选育越纯，杂交优势表现越强。

2. 体质

鱼种体质从鱼种体重和外观及活动状况就可以判断。体质好的鱼种规格整齐，同种同龄鱼种体重体长接近，体型正常，背部肌肉厚，体色鲜明，鳞片、鳍条完整；活泼好动，在池塘或容器中受惊立即下沉，并且都逆水游动。

四、放养时间的确定

提早放养是高产的措施之一，放养宜早不宜迟。对于长江流域或以南地区冬季起捕以后应立即清塘放养。因为，冬季水温低，鱼的活动能力弱，鱼种在捕捞和运输过程中不易受伤，同时放养后能有较长的适应期和恢复期，可以降低发病率，提高成活率。北方地区可以在秋季起捕以后放养，也可以在解冻以后水温稳定在5～6℃时放养。放养具体时间一般确定在晴天的中午或傍晚进行。

第三节　鱼种放养技术

一、放养规格

为了保证出塘规格、养殖期间成活率，提高鱼产量，一般要求放养大规格鱼种。由于我国各地区气候条件差异大，饲养方法不同，不同地区对放养规格有不同的要求。如对于青、草鱼养殖，由于我国南方气温高，池塘不结冰，鱼种越冬容易，一般放养 500 g 左右的 2 龄鱼种；而北方地区由于越冬困难一般当年鱼种就需要放入成鱼养殖池，其规格一般在 50～100 g。鲢、鳙鱼一般放养 50～100 g 的 1 冬龄鱼种，为了提高当年上市规格，目前也可放养 2 龄 250 g 左右的鱼种。鲤鱼的放养规格一般 25～50 g，当年就可达到 1 kg 的商品鱼。

二、鱼种消毒

放养过程中要防止鱼病传染和鱼体受到机械损伤。放养前要对鱼种进行疾病检查和消毒（表 8-1），防止疾病传染。为了减少鱼种在放养和运输过程中的机械损伤，在操作过程中要尽量使用光滑的容器，并且操作要尽量小心。

表 8-1　鱼种消毒药物的种类与浓度

药物种类	浓度	浸泡时间/min
漂白粉	10 mg/kg	20～30
硫酸铜	8 mg/kg	20～30
食盐	3%	20～30

三、养殖种类搭配与放养密度

由于鱼类的栖息习性、摄食习性不同，可以将不同种类、不同规格的鱼种混养于同一水体中。可以充分利用水体增加放养量，降低养殖成本，增加池塘的产量，提高养殖经济效益，混养是我国池塘养殖的主要形式。

1. 放养种类搭配原则

在混养模式中，按照养殖目的将放养鱼类分为主养鱼和配养鱼。所谓主养鱼就是投放、管理的主要对象；配养鱼则是在投放和管理中处于次要地位的饲养鱼类。在放养数量上以主养鱼为主，而配养鱼放养较少；在饲养上以投喂主养鱼饲料为主，而配养鱼则投料少，或者不投料，只是以主养鱼的残饵或水中的浮游生物和有机碎屑为食。

主养鱼与配养鱼的种类及搭配要根据不同的养殖方式、饵料来源、池塘的特点、当地的消费习惯等方面来确定(表 8-2)。如有机肥料来源充足、方便的地区可以鲢、鳙、罗非鱼等为主养鱼；草类资源丰富的地区可以草鱼、鲢鱼、团头鲂等为主养鱼；贝类资源丰富的池塘可以青鱼为主养鱼。对于配养鱼，除了以鲢、鳙鱼为主养鱼的池塘外一般池塘养鱼都可以考虑搭配鲢、鳙鱼，因为不管主养鱼为何种鱼类，鲢、鳙鱼对主养鱼均没有太大的影响，同时还可以充分利用水中的浮游生物。另外，鲫鱼也是非常好的搭配种类，因为鲫鱼个体小，以摄食有机碎屑为主，因此对主养鱼影响也不大。对于小型野杂鱼多的池塘可适当放养一些肉食性鱼类，如乌鳢、鳜鱼、翘嘴红鲌等。

在主养鱼与配养鱼搭配过程中要考虑将不同栖息水层、不同食性的鱼类进行搭配。这样才能充分利用水体及各种饵料资源。

表 8-2　池塘鱼类混养比例参考表(仿毛洪顺《池塘养鱼》)　%

养殖方式与池塘条件	上层主养鱼	底层主养鱼	底层配养鱼
投饵与施肥精养池	鲢、鳙 40～50	青、草、鲤 30～40	鲂或鳊、鲮或鲴、鲫 20
施肥不投饵的池塘	鲢、鳙 75～85	鲤、鲫、鲴、鲮 10～15	青、草、鲂或鳊 5～10
水质较肥的粗养池	鲢、鳙 60～70	鲤、鲫、鲴、鲮 20～30	青、草、鲂或鳊 5～10
水质中等的粗养池	鲢、鳙 40～50	青、草、鲤 40～50	鲂或鳊、鲮或鲴、鲫 10
水质清瘦的粗养池	鲢、鳙 5～10	青、草、鲤 65～70	鲂或鳊、鲮或鲴、鲫 20～25

注：表中搭配比按产量比计算。

2. 密度的计算

放养密度应该根据池塘条件、水体估计鱼产量、鱼种的成活率以及放养鱼在养殖期间的平均增重等方面进行考虑。例如水体较深，饵料充足，管理精细，技术水平高，池塘放养密度可以大一些；相反，水体浅，饵料受限，管理粗放，技术水平不高的池塘，放养密度则应小一些。同时，历年的放养量、产量、放养规格、捕捞规格等养殖经验也是计算放养密度的重要依据。如成鱼规格过大，单位产量不高，说明放养密度过小，应该适当增大放养密度；反之，如果成鱼规格过小，则应降低放养密度。

(1)单养放养密度计算公式

$$X = P/(W_2 - W_1) \times K$$

式中：X 为某种鱼的放养密度，尾/hm^2；P 为池塘估计鱼产量，kg/hm^2；W_2 为预期养成规格，kg/尾；W_1 为放养鱼种规格，kg/尾；K 为养殖成活率，%。

(2)混养放养密度计算公式

$$X = rP/(W_2 - W_1) \times K$$

式中：X 为某种鱼的放养密度，尾/hm^2；r 为计划某种鱼产量占总产量的比例，%；P 为池塘估计鱼产量，kg/hm^2；W_2 为预期养成规格，kg/尾；W_1 为放养鱼种规格，kg/尾；K 为养殖成活率，%。

四、轮捕轮放的套养鱼种技术

轮捕轮放是指一次或多次投放鱼种、分期捕捞、捕大留小或捕大补小的养殖方法，是提高池塘产量的重要措施。

1. 轮捕轮放的条件

(1)鱼种　有数量充足，规格一致的鱼种是实施轮捕轮放的首要条件。在养殖初期要具有大量大规格鱼种，而在养殖中后期则需要小规格或中等规格的鱼种，使各种规格的鱼种呈梯度生长。

(2)饲养密度　轮捕轮放是一种高密度、高产量的养殖模式。只有当养殖鱼类密度较高时，采用轮捕轮放才能达到很好的效果。一般静水池塘载鱼量达到 5 000～7 000 kg/hm^2，流水养鱼或具有较好增氧设备的池塘载鱼量达到 9 000～15 000 kg/hm^2 时，应采用轮捕轮放的养殖模式。

(3)销售和运输　良好的销售渠道和运输技术是实现轮捕轮放的保证。

2. 轮捕轮放的方法

(1)捕大留小　一次放足不同规格、年龄的鱼种，分期捕捞达到商品规格的食用鱼，不再补放鱼种。这种方法由于不能为翌年提供大规格鱼种，因此养殖过程中需要大面积的专用鱼种养殖池，因此这种方法目前很少被采用。

(2)捕大补小　一次投放 3～4 个不同规格的鱼种，当大规格鱼种达到商品规格时及时捕捞，同时再投放相同数量的小规格鱼种。这样既能保证池塘内具有较高的载鱼量，又能为翌年的养殖提供大量大规格鱼种。

第四节　施肥与投饵技术

一、施肥

施肥以有机肥为主无机肥为辅。有机肥能直接作为腐屑食物为鲫鱼等鱼类提供饵料，同时有机肥还能培育大量浮游生物为滤食性鱼类提供饵料生物。但有机肥耗氧量大，容易引起水质恶化或鱼类浮头，所以大量施有机肥时应该加强巡塘，如发现鱼类浮头必须及时注入新水或开增氧机。一般在早春和晚秋多施有机肥，在鱼类主要生长季节多施无机肥。具体施肥方法如下：

1. 施基肥

一般放养前施的基肥占全年施肥总量的 50%～60%，每公顷施粪肥 4 500～7 500 kg。肥水池塘或多年养鱼池要适当少施或不施基肥，新开挖的池塘则应适当多施。选择晴天的中午将发酵后的有机肥泼洒到池塘中，也可以将有机肥堆放在池塘 4 个角上。

2. 施追肥

根据池塘水质肥瘦状况来确定施加追肥。一般施追肥要坚持少量多次的原则，有利于防止池塘缺氧；同时施追肥应选择晴天中午进行。

二、投饵

饵料是池塘养鱼的基础，正确的投饵方法不但是养殖鱼类健康、快速生长的条件，也是养殖场能否获得经济效益的关键。

1. 投饵计划

投饵计划就是根据净产量（由养殖鱼类的放养规格、放养量、养殖成活率和计划增重等计算）和饵料系数来计算全年投饵量。例如，某养殖场鱼池面积 1.5 hm^2，草鱼放养密度 700 kg/hm^2，计划净增重倍数为 5，即每公顷产草鱼 700×5=3 500(kg)，颗粒料饵料系数为 2.5，青饲料饵料系数为 35，并确定青草投喂量占草鱼净增重的 2/3，则全年计划共需草料为：3 500×2/3×35×1.5=122 500(kg)，全年计划共需颗粒料为：3 500×1/3×2.5×1.5＝4 375(kg)。

一年各月的投喂计划，应根据鱼类的大小、生长状况、水温等来确定。在养殖初期投喂量少，在生长旺季投喂多。每月投饵计划可以参考表 8-3 制定。

表 8-3 池塘养殖饵料投喂各月分配比例

月份	4	5	6	7	8	9	10	11
分配比例/%	2.5～3	7～8.5	11～12	14～15.5	18～20	20～23	16.5～18	4～5

2. 每日投饵量的确定

在每月投饵分配比例的指导下，制定每日的投饵量。但在养殖过程中不能盲目按照计划执行，要坚持"三看"，即看鱼、看天、看水。所谓看鱼，就是看鱼的生长状况，吃食状况。如果每次投饵很快被吃完，则应适当增加投喂量，相反应适当减少投喂量；所谓看天，就是看天气。天气晴朗温度较高则应多投，天气阴沉或下雨应少投；所谓看水，就是看水色。水色呈褐绿或草绿色，可正常投饵，水色过于清瘦可以多投，并施有机肥，水色浓并呈黑色，水质已开始恶化，应减少投饵，并加注清水。

3. 投饵方法

在池塘养殖过程中投饵要坚持"定时、定位、定质、定量" 的"四定"原则。草料一般每天 1～2 次，并选择在上午或傍晚投喂。颗粒料一般 4 和 11 月份每日 1～2 次；5 和 10 月份每日 3 次，可在每天 9:00、13:00、16:00 投喂；6～9 月份每日 4 次，可在每天 9:00、12:00、14:00、16:00 投喂。不同养殖场可以根据本地区的日出、日落的差异适当调整投喂时间，保证在日落前所投饵料被食完为准，但每天应准时投喂。每次投喂要固定食场，不能随意改变投喂场所。投喂草料时，则需将青草撒开，以免堆积腐烂。饲料要新鲜、适口、营养价值高，草料要去根、去泥，贝类要清洗干净无杂质。发霉变质的饲料绝不可以投喂，以免引起鱼类中毒。

第五节 养成期间的饲养管理技术

一、水位的控制

放养初期的池水一般控制在 1 m 以下，池水水温升高快，有利于浮游生物的生长繁殖。之后每天加注新水 2～3 cm，直到 2.0～2.5 m。高温季节池水应保持在 2.5 m 以上。不断向池塘注入新水，一方面可以增加水中溶氧，另外还有利于浮游生物的生长繁殖。补水时间一般选择在清晨 3:00 左右，此时池塘溶氧低。

一般在6～9月份的高温季节，每周排水2～3次，每次排水量为池水的1/20左右；每半个月大排1次，约为池水的1/5。排水的目的在于排出池塘中鱼类排泄物、残饵以及氨氮含量高的底层水。排水时间一般选择在清晨，此时水体分层明显，底层水几乎处于无氧状态。排水的同时还需要对食场进行冲洗。

二、水质管理

1. 肥度

水体的肥度主要通过透明度来进行判断。如果透明度偏低可以通过注入新水或换水的方法提高透明度，在晴天的中午全池泼洒泥浆也可以降低水体肥度。如果水体透明度偏高则需要通过向水体施加有机肥和磷肥来降低水体透明度，即增加水体肥度。一般套养滤食性鱼类的池塘，为了提高滤食性鱼类(如鲢、鳙鱼等)的产量，全年透明度控制在20～40 cm，并且应该两头小、中间大。即6月份以前因为水体中浮游生物对鲢、鳙鱼适口，透明度应控制在20～25 cm；6～8月份，其他鱼类摄食旺盛，水中溶解氧较低，氨氮升高，为了保证水体具有较好的水质，透明度应控制在30～40 cm；9月份以后水温降低，水质转好，浮游生物大量繁殖，此时透明度应控制在25～30 cm。

2. 溶解氧

水中溶解氧低，不但影响鱼的生长，甚至会引起浮头和泛池。养殖池塘溶解氧要求不低于4 mg/L。生产上通常需要在晴天的中午开动增氧机，目的是使水体形成垂直对流，消耗表层过饱和的溶氧，缓解底层缺氧的状况，有效预防因为天气突然变化引起的泛池现象。另外，利用生物、化学增氧法也能达到增氧的目的。

3. pH

鱼类生长适宜的pH一般在6.5～8.5之间，在中性偏碱性时鱼生长最好。正常情况下，由于池塘大量施有机肥，水体pH容易偏低，可以用生石灰来调节pH。生石灰不但能调节水体pH，还能释放大量钙离子提高水体肥度。

三、增氧机的使用

精养池塘由于饲养密度大，投饵多，池底有机质丰富，因此在养殖过程中常常会出现因缺氧引起的浮头或泛池。所以精养池塘必须配置大功率增氧机。目前多数养殖场采用叶轮式增氧机。增氧机主要有增氧、搅水和曝气的作用。据测定，1 kW的叶轮式增氧机每小时能使水中溶氧增加1 kg以上。晴天白天使用增氧机可以造成池塘水体垂直对流，把溶氧多的表层水传到底层，不但能增加底层水溶氧缓解夜间或阴雨天气的缺氧状况，同时还能加速底质中有机质的分解。叶轮式增氧机通过搅动池水起到曝气的作用，能加速水中有害气体（如 H_2S、NH_3 等）向空气中扩散，从而达到改良水质的作用。

四、记录与统计

在养殖过程中要坚持做好池塘日志。对各种鱼的放养及捕捞日期、数量、规格、重量，投饵施肥的种类与数量以及平常其他相关工作记录在案，以便日后统计分析，为及时调整养殖措施、管理方法和制定生产计划提供科学依据。

五、"八字精养法"及其相互作用

所谓"八字精养法"，就是将我国池塘养鱼技术总结，概括为"水、种、饵、密、混、轮、防、管"等八个字。这是我国多年池塘养鱼技术的总结，是广大劳动人民智慧的结晶。

"水"是养鱼的环境条件，是鱼类栖息、生长的场所，水质必须适合养殖鱼类生活和生长的要求；"种"是鱼种，要质优、体健、量足、规格合适、品种齐全；"饵"是饵料或饲料，要营养完全、新鲜、适口、量足；"密"是放养密度，要高而合理；"混"是实行不同规格、不同年龄的多种鱼类混养；"轮"是轮捕轮放，能使养殖过程始终保持较合理的密度，以适应高产高效和市场的需求；"防"是做好防病工作；"管"是饲养管理，要精心科学。

这 8 个字有极其丰富的内涵，同时它们之间也相互依存、相互制约。"水"是鱼类生存的必要条件和生活场所；"种"是养殖对象；"饵"是养鱼的物质基础。鱼种、饵料、水体构成了池塘养鱼生产的三大要素，也是保证高产、稳产的物质基础。"密、混、轮"是池塘高产的主要养殖技术，密度、混养是根据"水、种、饵"的条件，根据各种鱼类间的关系，充分利用水体和饵料，发挥各种鱼类的群体生产潜力，以达到稳产、高产的目的。轮捕轮放是建立在密度和混养的基础上，通过轮捕轮放能使池塘在整个养殖过程中始终保持适当的密度，充分利用池塘空间，并能使活鱼均衡上市。总之，"水、种、饵"是池塘高产的基础，"混、密、轮"是池塘高产的技术保证。"防"和"管"是池塘稳产的保证。"防"是"管"的重要组成部分。在生产中要坚持防重于治的原则。只有在"防"、"管"环节上一丝不苟，才能达到池塘高产、稳产的目的。

第六节　成鱼养殖常见病的预防、诊断与治疗

一、病毒性鱼病的防治技术

(一)草鱼出血病

1. 病原体

草鱼呼肠病毒(GCRV)。病毒呈二十面体对称和球形颗粒,直径为65～72 nm。

2. 症状及流行情况

病鱼体色发黑,离群独游,反应迟钝,食量减少。主要症状为病鱼肌肉、口腔、眼眶周围、鳍条、肠道等有不同程度的充血现象。大致可为3种类型:

(1)红肌肉型　病鱼外表无明显的出血症状,或仅表现轻微出血,但肌肉明显充血,严重时全身肌肉均呈红色,鳃瓣则严重失血,出现“白鳃”。

(2)肠炎型　病鱼肠道严重充血。肠道部分或全部呈鲜红色,肠系膜、脂肪、鳔壁等有时有点状充血。肠壁充血时,仍具韧性,肠内无食物,但很少充有气泡或黏液。

(3)红鳍红鳃盖型　病鱼的鳃盖、鳍基、头顶、口腔、眼眶等明显充血,有时鳞片下也有充血现象,但肌肉充血不明显,或仅局部出现点状充血。

此病主要流行于南方地区,8月中、下旬为高峰期,主要危害草鱼,同池的鲢、鳙不感染。

3. 防治方法

(1)注射出血病疫苗;

(2)用黄柏80%,黄芩10%,大黄10%制成混合剂配制药饵,按每100 kg鱼种每日用混合剂1 kg,食盐0.5～1 kg,面粉3 kg,麸皮6 kg,菜饼或豆饼粉3～5 kg,清水适量,充分拌匀做成药饵,连喂5～10 d;

(3)每100 kg鱼种用10～15 kg鲜水花生,粉碎后的浆加食盐0.5 kg,再用面粉调和制成药饵,连喂6 d;

(4)每50 kg草鱼,用仙鹤草250 g,紫珠草100 g,大青草250 g,海金沙100 g,煮汁洒在青饲料上,待水气蒸发后再用大黄、板蓝根各400～500 g,磨碎并加入5 g磺胺嘧啶拌匀的精饲料或面粉糊,洒在水气蒸发后的青草上喂鱼,连喂4～5 d。

(二)痘疮病

1. 病原体

鲤疱疹病毒。

2. 症状及流行情况

患病初期可见鱼体表有白色小斑状增生物，随着时间推移，白色增生物逐渐蔓延扩大，严重时可布满全身，似一片白云，形成不规则的蜡样增生物。尤以头部、背部、尾鳍基部处较稠密。随病情发展，鳞片基部充血，鳞片脱落，病鱼全身浮肿，肝、肾等内脏器官充血、坏死。

该病在我国的湖北、江苏、云南、上海等地均有发生，大多呈局部流行。此病流行季节性强，从4月初到5月底为发病季节，尤以4月中旬到5月中旬为流行高峰。当6月初水温上升到20℃以上时，此病可逐渐减少直至消失。水温10～15℃时，水质肥沃的池塘和饲养在网箱或流水越冬池内的鲤鱼种最易发病，放养在同一水域中的草、鲢、鲂鱼等均不被感染，鲤鱼成鱼可以被感染，但不易死亡。

3. 防治方法

(1)严格执行检疫制度，从不患病渔场引种；

(2)泼洒福尔马林，使池水浓度为150×10^{-6}，连用2～3次；

(3)泼洒烟叶水，使浓度为20×10^{-6}，连用2～3次；

(4)投喂土霉素，每100 kg鱼用10～15 g，并添加维生素C 5 g，每月投喂2次，连喂4 d；

(5)注意改善水质或减少放养密度。

二、细菌性鱼病的防治技术

(一)鲢鱼暴发性鱼病

1. 病原体

据报道有嗜水气单胞菌、耶尔森氏菌，究竟是哪种细菌不能最后定论。

2. 症状及流行情况

病鱼的吻端、口腔、鳃盖、眼眶等处严重充血发红，腹部及身体两侧呈点状或斑状充血，有的病鱼肌肉出血呈深红色，各鳍基部充血发红，尤以胸鳍、腹鳍、背鳍、尾鳍严重。患病严重的病鱼尾鳍边缘色素消退，肛门红肿，眼球突出，濒死前在池中做挣扎状上窜，不久死亡。剖开病鱼腹部，内中充满腹水，尤其鲫鱼更为明显，呈粉红色或淡黄色透明液，肠道内有的充满黄色黏液，无食物，肝、脾、肾脏变色严重，个别病鱼肝脏成土黄色，胆囊肿大。

发病的主要原因是气候不正常，池塘多年不清整消毒，水源不足，排注水困难，水质恶化，饲养管理不善，鱼体受伤等因素。主要危害鲢、鳙、鲫、鲂鱼等，南方个别草、鲤鱼也有发病，以2龄鱼为主。发病期水温13～30℃，水温27～30℃的8月份为发病高峰期，水温下降至20℃以下，病鱼停止死亡。流行季节为4月下旬至

10月下旬，可达7个月之久。

3. 防治方法

(1)彻底清池消毒，鱼种下塘前用浓度为20×10^{-6}高锰酸钾浸洗10～20 min。

(2)经常调节水质，4月中旬后，每隔20 d用300～400 kg/hm^2生石灰兑浆全池泼洒。

(3)每100 kg鱼投喂10～20 g鱼活灵药饵。按池塘中鱼体重的3%～5%计算投喂饲料量，将药物拌入做成的颗粒中投喂，连喂5 d，每日2次。滤食性鱼类可将药物拌入糨糊中黏附在浮性物体上放入池塘中，每天2次。并结合外用优氯净或强氯精全池泼洒，使池水浓度分别为0.5×10^{-6}和0.3×10^{-6}。

(4)每天每千克鱼投喂2～3 g鱼瘟停药饵，连服3～5 d。具体方法参照鱼活灵药饵投喂方法。

(5)每100 kg鱼投喂50～100 kg利血散药饵，连服3～5 d。具体方法参照鱼活灵药饵投喂方法。

(6)每100 kg鱼投喂50 g服康B型药饵，连服3～5 d。具体方法参照鱼活灵药饵投喂方法。

(7)全池泼洒高锰酸钾、敌百虫合剂，使池水浓度分别为0.3×10^{-6}和0.5×10^{-6}，与内服药结合使用，防治效果更好。

(二)烂鳃病

1. 病原体

病原为鱼害黏球菌。

2. 症状及流行情况

此病对草鱼，尤其草鱼鱼种的危害严重。近年来，在北京地区的精养鲤鱼池，甚至网箱养殖的鲤鱼中，发病率很高，死亡率可达10%～30%，对鲤鱼种的危害也很大。病鱼体色发黑，头乌黑，俗称“乌头瘟”，鳃丝腐烂，边缘发白，附有污泥，严重病鱼鳃盖骨的表皮充血，中间部分被腐蚀成一个圆形或不规则形状的透明小洞，俗称“开天窗”。病鱼行动迟钝，离群独游。

此病主要危害草鱼、青鱼，从鱼种至成鱼均可感染，可引起大量死亡。5月中旬开始发现，直至9月中旬后逐渐减少，流行水温15～30℃，最适流行温度为25～28℃。放养密度过大，水质不良时，可促进其流行。

3. 防治方法

(1)生石灰彻底清塘，流行季节每隔15～20 d全池泼洒生石灰水，用量为200～300 kg/hm^2；

(2)鱼种放养前用浓度为10×10^{-6}的漂白粉溶液，或用2%～3%的食盐水浸洗 10～15 min；

(3)将 1 kg 大黄在 20 kg 0.3%的氨水中浸泡 12 h，使用时除去药渣，将汁液全池泼洒，浓度(2.5～3.7)×10^{-6}；

(4)在外用药的同时口服药物效果更好，每千克鱼每天用复方新诺明 10～20 mg，制成药饵，连喂 3～5 d。

(三)肠炎病

1. 病原体

为肠型点状气单胞菌。

2. 症状及流行情况

病鱼体色发黑，腹部膨大，肛门红肿，轻压腹部有黄色黏液流出。解剖可见肠道局部或全部充血发炎，肠道无食物，充满黄色黏液或脓血。严重病鱼有"蛀鳍"现象，易与赤皮病、烂鳃病并发。当年鱼种患病，肠壁充血发炎，全肠呈紫红色。

此病主要危害草鱼、青鱼，对 1 龄草鱼危害最大，死亡率在 50%左右，严重时可达 90%以上。流行季节成鱼为每年 5～6 月份，鱼种为每年 7～9 月份。水温 18℃以上开始流行，25～30℃时达到流行高峰。

3. 防治方法

(1)彻底清塘消毒，鱼种放养前要消毒；

(2)投喂土霉素，每 100 kg 鱼用药 5～10 g，与饲料一起拌和做成颗粒投喂，每日 2 次，连喂 5 d；

(3)鱼活灵药饵，每 100 kg 鱼用鱼活灵 20 kg，与饲料一起拌和做成颗粒投喂，每日 2 次，连喂 3～5 d；

(4)大蒜辣素，每 100 kg 鱼用 12 kg，连喂 3～5 d；

(5)鱼服康 B 型，每 100 kg 鱼用 50～100 g，1 日 1 次，连喂 3～5 d；

(6)复方新诺明，按每千克饲料添加 1.0～1.5 g，拌料投喂，连喂 3～5 d。

(四)白头白嘴病

1. 病原体

由纤维菌属的一种细菌感染所致。

2. 症状及流行情况

病鱼吻端至眼球的一段皮肤失去正常颜色而变成乳白色，嘴肿胀，张合失灵，呼吸困难，口周围皮肤腐烂，且有絮状物附着，故在池边观察病鱼呈"白头白嘴"。

此病主要危害淡水养殖鱼类的鱼苗和鱼种，尤其对草鱼种危害较大，其次是鲢、鳙鱼夏花。每年 5 月下旬至 6 月中下旬较流行。全国各地均有发生，当水质恶化、分池不及时容易发生该病。

3. 防治方法

(1)合理放养密度及时分池。用生石灰 200 kg/hm^2 兑浆全池泼洒。

(2)用鱼安 0.3×10^{-6}、鱼康 0.2×10^{-6}、强氯精 $(0.5\sim0.6)\times10^{-6}$ 或漂白粉 $(1\sim1.5)\times10^{-6}$ 全池泼洒。

(3)乌桕叶干粉 $(2.5\sim3.7)\times10^{-6}$，煎剂泼洒效果较好。

(4)五倍子 $(2\sim4)\times10^{-6}$ 全池泼洒，或者大黄 $(1\sim1.5)\times10^{-6}$（用氨水浸泡以提效）和硫酸铜 0.3×10^{-6} 全池泼洒。

(5)每 667 m^2 水深 1 m 用菖蒲 1～1.5 kg，艾草 2.5 kg，食盐 1.5 kg，全池泼洒。连续 3 d。

（五）赤皮病

1. 病原体

为荧光假单胞菌。

2. 症状及流行情况

病鱼体表局部或大部分出血，鳞片脱落，鱼体两侧及腹部较明显，鳍基充血，鳍条末端腐烂，呈“蛀鳍”现象。

此病主要危害青、草鱼，流行季节不明显，但春末、夏初较常见。

3. 防治方法

(1)放养及捕捞过程中应小心仔细，避免鱼体受伤；

(2)在鱼种放养前用 10×10^{-6} 漂白粉溶液浸洗鱼体 20 min 左右；

(3)用 $(10\sim20)\times10^{-6}$ 的痢特灵浸洗 20～30 min；

(4)用富康、强氯精、溴氯海因、二溴海因等全池泼洒，浓度为 $(0.2\sim0.3)\times10^{-6}$，连续用 2 次，同时内服败血宁（1 kg/100 kg 饲料）或鱼血停（0.5 kg/100 kg 饲料）；

(5)每 667 m^2 水深 1 m 用蓖麻叶 15 kg 浸泡，让其腐烂。

（六）白皮病

1. 病原体

病原为白皮极毛杆菌。

2. 症状及流行情况

病鱼的背鳍基部或尾柄处出现白点，向前后迅速扩大，向背鳍至尾鳍基部前的体表部蔓延呈现白色，鳞片脱落，表皮溃烂，尾鳍残缺不全，严重时尾鳍烂掉。并有“蛀鳍”现象。病鱼活动迟缓，身体消瘦，头部发黑，严重时头朝下，尾朝上与水面垂直而死亡。

此病在全国各地都有流行，主要危害鲢、鳙鱼夏花鱼种，对淡水白鲳鱼危害较大，草鱼、鲂鱼偶有发生。每年的6～8月份最流行。

3. 防治方法

(1)全池泼洒浓度为1×10^{-6}漂白粉，或浓度为$(2\sim4)\times10^{-6}$五倍子；

(2)注入新水，保持池水水质良好，有丰富的天然饵料；

(3)在捕捞、运输、放养过程中避免损伤鱼体。

三、真菌性鱼病的防治技术

(一)水霉病

1. 病原体

水霉科水霉属和绵霉属的一些种类。

2. 症状及流行情况

此病由于霉菌孢子侵入鱼体，向内、外生长，深入肌肉蔓延扩展，向外生长成绵毛状菌丝，称为“发毛”。菌丝与伤口处细胞组织缠绕，致使组织坏死，同时产生大量酵素分解鱼体组织，使鱼体受到刺激，分泌大量黏液，病鱼在水中焦躁不安，鱼体组织坏死，病鱼游动缓慢，食欲减退，患处肌肉腐烂，行动迟缓，最后衰弱而死。

该病是一种世界性的疾病，在淡水水域广泛存在。水温5～26℃范围均可繁殖，适宜水温为13～18℃。从卵到成鱼均受其害。

3. 防治方法

(1)加强饲养管理，严防鱼体受伤。鱼池使用前用1 000～1 500 kg/hm^2 生石灰全池泼洒，清塘消毒。

(2)在捕捞、搬运和放养时尽量避免鱼体受伤，注意合理的放养密度。

(3)用400×10^{-6}食盐和400×10^{-6}小苏打合剂，全池泼洒或浸洗鱼体。

(4)投喂克霉唑药饵(每100 kg饲料40～50 g)，每日2次，连喂4～5 d。

(二)鳃霉病

1. 病原体

霉菌类藻菌纲中的芽枝霉菌目芽枝霉菌科中的鳃霉属，见图8-1。

2. 症状及流行情况

鳃霉通过菌丝产生大量孢子散落于水中，孢子与鳃接触后就附着在鳃丝上，发育成菌丝。草鱼鳃上的鳃霉菌比较粗直而少弯曲，通常呈单枝延长生长，不进入血管和软骨，仅在鳃小片的组织中生长；而寄生在鳙鳃上的菌丝弯曲成网状，细而壁厚，分枝特别多，分枝沿着鳃丝血管穿入软骨生长，充满鳃丝和鳃小片，破坏组织，肿大粘连，鳃小片充血、出血，病情严重时，鳃高度贫血呈青灰色。由于鳃器官受到破坏，病鱼失去食欲，游动缓慢，呼吸困难，可引起大批死亡。

该病在我国广东、广西、湖北、浙江等地均有流行，受危害的鱼类有：草、青、鳙、鲮鱼等，其中鲮鱼苗最敏感。水质恶化，有机质含量高，肮脏发臭的池塘易发生，发病季节为每年的5～10月份，尤以7～8月份为流行高峰。

3. 防治方法

(1)清除池中过多淤泥，并用生石灰或漂白粉彻底清池消毒。保持池水清洁，在发病季节每隔半月用生石灰15～20 kg全池遍洒，并经常加注新水。

(2)一旦发病，立即加入新水，或将病鱼移入瘦水池或流动的池水中饲养，病即可停止。

(3)在饲料中按0.05%～0.5%添加土霉素投喂，连续喂5～7 d。

四、原虫类鱼病的防治技术

(一)鳃隐鞭虫病

1. 病原体

鳃隐鞭虫属豆波科、隐鞭虫属。虫体狭长、扁平，呈柳叶状，体长8.7 μm、体宽4.1 μm(图8-2)。

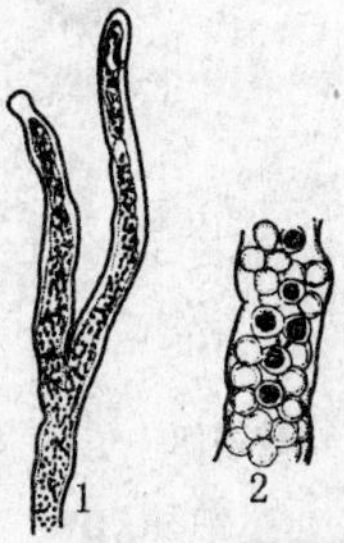

图8-1 寄生在草鱼鳃上的鳃霉
(仿《湖北省鱼病病原区系图志》)
1. 形成动孢子囊和动孢子的菌丝
2. 动孢子囊的一段

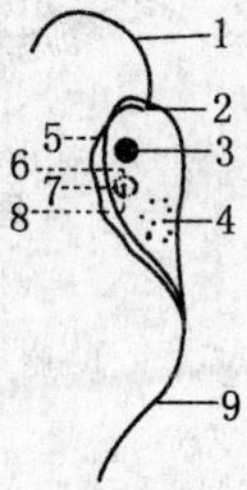

图8-2 鳃隐鞭虫(仿陈启鎏)
1. 前鞭毛 2. 毛基体 3. 动核 4. 食物粒
5. 波动膜 6. 染色质粒 7. 胞核
8. 核内体 9. 后鞭毛

2. 症状及流行情况

病鱼体色发黑，消瘦，在池边离群独游，大量寄生时能破坏鳃片上皮细胞产生凝血酶，使鳃小片血管阻塞，黏液增多，严重时呼吸困难，病鱼聚集水面，几天之内可大批死亡。

鳃隐鞭虫主要流行于江、浙、两广及华中一带。一般的淡水鱼都能感染，尤其池塘养殖鱼类更为常见，但引起大批死亡的主要是草鱼的鱼苗、鱼种阶段。每年

6～10月份为流行季节。长江流域及南方是此病的流行区。冬季越冬的鲢、鳙鱼的鳃上，也常有此虫大量出现，但不引起死亡。

3. 防治方法

(1)鱼种放养前用 8×10^{-6} 硫酸铜溶液浸洗 20～30 min，可预防此病；

(2)治疗时施用 0.7×10^{-6} 硫酸铜和硫酸亚铁(5∶2)合剂全池泼洒。

(二)小瓜虫病(白点病)

1. 病原体

纤毛虫纲，全毛目，凹口科，小瓜虫属的一种多子小瓜虫。其生活史分成虫期、幼虫期和胞囊期(图8-3)。

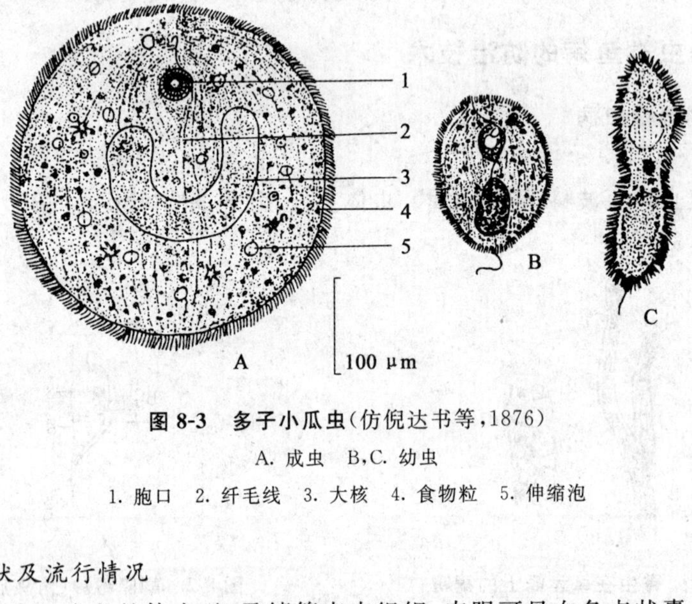

图 8-3 多子小瓜虫(仿倪达书等，1876)

A. 成虫 B,C. 幼虫

1. 胞口 2. 纤毛线 3. 大核 4. 食物粒 5. 伸缩泡

2. 症状及流行情况

小瓜虫寄生在鱼的体表、鳃及鳍等表皮组织，肉眼可见白色点状囊。严重时体表似覆盖一层白色黏液，鳞片脱落，鳍条裂开、腐烂。病鱼反应迟钝，不时在其他物体上摩擦，不久即成群死亡。鳃上大量寄生小瓜虫后，黏液增多，鳃小片被破坏，鳃瓣上组织发炎出血，鱼体消瘦。

小瓜虫病是一种世界性流行病，全国各地广为流行。适宜流行水温 15～25℃，pH6.5～8，虫体对宿主无选择性。春末、冬初为发病季节，危害各种淡水鱼。

3. 防治方法

(1)用生石灰清池，对放养的鱼种要消毒；

(2)发病时可用浓度为(200～250)$\times10^{-6}$的冰醋酸溶液洗浴 15 min。

(三)车轮虫病

1. 病原体

属壶形科,车轮虫属的显著车轮虫、粗棘村氏车轮虫、东方车轮虫、微小车轮虫和球形车轮虫等(图 8-4)。

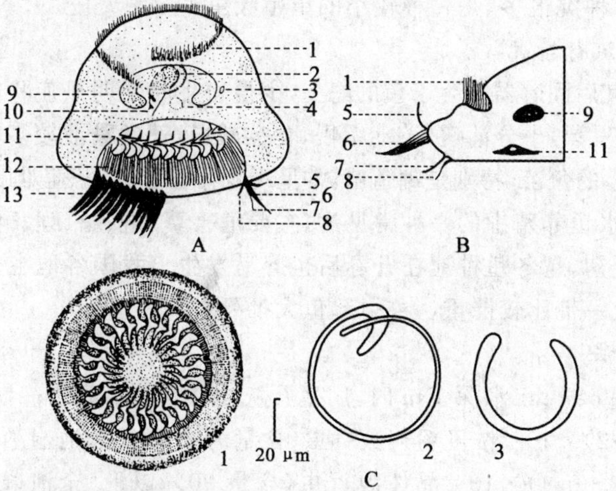

图 8-4 车轮虫的主要构造(仿《湖北省鱼病病原区系图志》)

A. 侧面观(模式图) B. 纵切面观(半模式,只表示纵切面的 1/2)

1. 口沟 2. 胞口 3. 小核 4. 伸缩泡 5. 上缘纤毛 6. 后纤毛带 7. 下缘纤毛 8. 缘膜 9. 大核 10. 胞咽 11. 齿环 12. 辐线 13. 后纤毛带

C. 显著车轮虫:1. 附着盘 2. 口带 3. 大核

2. 症状及流行情况

病原体寄生在鳃和体表而引起鱼的鳃病和皮肤病,还可在鼻腔、膀胱和输尿管中出现,大量寄生时可分泌大量黏液。鱼苗体上有车轮虫较密集的部位,如鳍、头部、体表就出现一层白翳,在水中尤为明显。此虫危害下塘 10 d 左右的鱼苗,使鱼苗成群沿塘边狂游,口腔充塞黏液,嘴闭合困难,不摄食,俗称"跑马病"。

此病在全国各地都流行,病原体寄生在各种淡水鱼体上,对鱼苗、鱼种危害较大,尤以夏花阶段死亡率高,流行于每年的 4～7 月份,适宜水温 20～28℃。

3. 防治方法

(1)用生石灰彻底消毒,合理施肥,掌握鱼苗、鱼种的放养密度;

(2)发病时用浓度为 0.79×10^{-6} 硫酸铜和硫酸亚铁合剂(5∶2)全池遍洒;

(3)用浓度为 8×10^{-6} 的硫酸溶液浸洗 20～30 min,进行鱼体消毒,或用 2%的盐水浸洗 2～10 min。

五、蠕虫类疾病防治技术

这里主要介绍指环虫病。

1. 病原体

指环虫属，种类很多，是一种较小的单殖吸虫。

2. 症状及流行情况

指环虫靠其后固着器寄生于鱼的鳃上，少量寄生时无明显症状。严重感染指环虫的病鱼，体色发黑，十分消瘦，游动缓慢，食欲减退，鳃丝黏液较多，鳃瓣呈灰白色，呼吸困难。幼小的鱼苗，特别是鳙鱼苗，常呈现鳃器官浮肿，鳃盖难以闭合症状。

该病是淡水鱼养殖中的一种常见病，主要危害草、鲢、鳙、鲤、鲫、金鱼等。流行季节在春末、夏初，越冬鱼种池在开春后也容易发生。我国各地主要养鱼地区都有流行，长江流域一带比较严重。可引起鱼大批死亡。

3. 防治方法

(1)鱼池每 667 m^2 水深 1 m 时，用生石灰 60 kg 带水清池；

(2)用$(1\sim2)\times10^{-6}$浓度粉剂敌百虫(含量为 2.5%)全池遍洒；

(3)用$(0.2\sim0.4)\times10^{-6}$晶体敌百虫(含量 90%以上)全池遍洒，治疗金鱼和家鱼的指环虫病；

(4)用晶体敌百虫(含量 90%以上)和面碱合剂(两药混合的比例为 1∶0.6)，全池遍洒的浓度为$(0.1\sim0.2)\times10^{-6}$；

(5)在水温 20～25℃时，用 20×10^{-6} 的高锰酸钾溶液浸洗病鱼 15～20 min；

(6)夏花鱼种放养前用 1×10^{-6} 敌百虫溶液浸洗 20～30 min，可以预防此病。

六、甲壳动物引起的鱼病的防治技术

(一)中华鳋病

1. 病原体

中华鳋属于横足亚纲、剑水鳋目、鳋科(图 8-5)。

2. 症状及流行情况

中华鳋以其长大的第二触角长期深插入鳃丝组织中，造成很大的伤口，并使细胞增生，影响了鱼的正常呼吸，使鱼在水中跳跃不安，食欲减退或不摄食。大中华鳋多寄生在 1 龄以上草、青鱼鳃上，可见白色“蛆虫”的虫体悬挂于鳃丝上，谓之“鳃蛆病”；中华鳋寄生在 1 龄以上的鲢、鳙鱼的鳃丝和鳃耙上。鲢、鳙鱼的尾鳍上叶往往露出水面，故又有“翘尾巴病”之称。同时，这些伤口又为微生物的侵入打开了门户，引起鳃丝的局部发炎、肿胀，颜色发白。中华鳋在摄食时，从口中分泌一种酶，能溶解寄主组织，以进行肠外消化，因而被中华鳋寄生部位损伤的鳃丝表皮细胞松散，严重时鳃丝末端弯曲、变形。因此，病情严重时或与其他疾病并发时，病鱼呼吸困难，不久死亡。

中华鳋病在我国流行很广，各地均有发生，大中华鳋主要危害 2 龄以上的草鱼，鲢中华鳋主要危害 2 龄以上的鲢、鳙鱼。每年 5 月下旬至 9 月上旬发病率高。

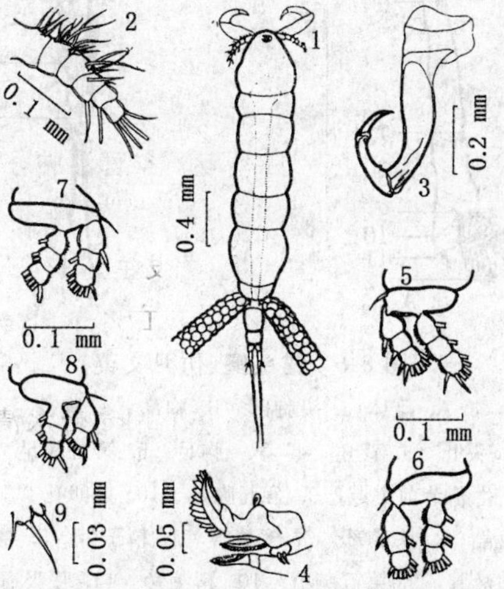

图 8-5　大中华鳋（仿《湖北省鱼病病原区系图志》）

1. 背面观　2. 第一触角　3. 第二触角　4. 口器　5. 第一游泳足　6. 第二游泳足　7. 第三游泳足　8. 第四游泳足　9. 第五游泳足

3. 防治方法

(1)生石灰清池，杀灭水中幼虫。根据中华鳋对寄主有严格选择的特性，可采取轮养的办法进行防治。

(2)发病时可用 0.7×10^{-6} 的硫酸铜和硫酸亚铁合剂（5∶2）或 0.5×10^{-6} 敌百虫晶体全池泼洒。

(二)锚头鳋病

1. 病原体

锚头鳋属桡足亚纲、剑水鳋目、锚头鳋科(图 8-6)。

2. 症状及流行情况

锚头鳋寄生于鱼的体表、鳍和口腔等处，虫体前半部钻在寄主组织内，后半部露在外面，呈针杆状。当病原体大量寄生时，鱼体上好像披着蓑衣，故有“蓑衣病”之称。病鱼最初呈现不安，食欲减退，继而身体消瘦，流动迟缓。6～10 cm 长的鱼种患病后还可引起鱼体畸形弯曲，失去平衡，直至死亡。

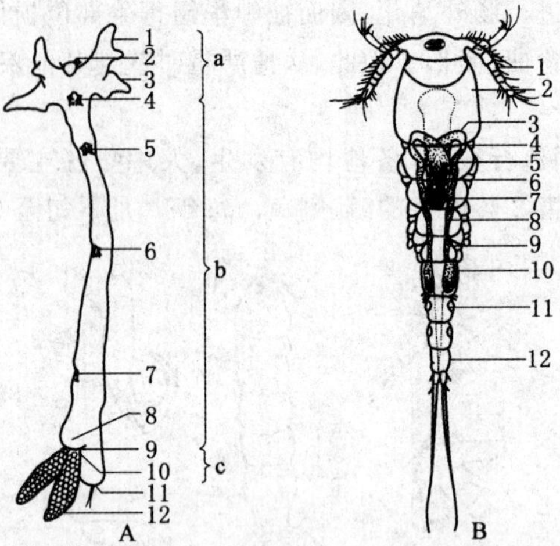

图 8-6 锚头鳋(仿尹文英)

A. 雌体:a. 头胸部 b. 胸部 c. 腹部

1. 腹角 2. 头叶 3. 背角 4. 第一胸足 5. 第二胸足 6. 第三胸足

7. 第四胸足 8. 生殖节前突起 9. 第五胸足 10. 排卵孔 11. 尾叉 12. 卵囊

B. 雄体:1. 第一触角 2. 头胸部 3. 输精管 4. 精子带 5. 精细胞带 6. 增殖带

7. 睾丸 8. 黏液腺 9. 第五胸节 10. 精荚囊 11. 呼吸窗 12. 第三腹节

鲢、鳙鱼等具有小鳞片的鱼,在锚头鳋寄生时,可引起周围组织发炎,呈现一个个小红斑;鲤、草鱼等披有较大鳞片的鱼,寄生部位的鳞片被"蛀"成缺口,出现红斑,但肿胀不明显。

锚头鳋不仅破坏体表皮肤、肌肉,有时还侵入肝脏、围心腔或钻进眼球里面,对幼鱼的危害更严重。在虫体寄生处往往引起细菌或真菌感染,产生并发症而导致鱼大量死亡。较大的鱼被寄生时,虽然未被致死,但严重影响性腺发育,鱼体十分消瘦,并失去食用价值。

锚头鳋分布地区广泛,全国各地都有此病流行,尤以两广和福建最为严重。主要养殖鱼类从鱼种到成鱼都可感染,流行季节为每年的 4～10 月份,繁殖水温为 12～23℃。

3. *防治方法*

(1)池塘使用前用生石灰清池。发病期间可全池遍洒 $(0.3\sim0.5)\times10^{-6}$ 敌百虫(含量为 90%晶体),间隔 1 周施用 1 次,连续施用 2 次,能有效地杀灭锚头鳋的幼虫,控制其流行。

(2)放养鱼种时,如发现锚头鳋寄生,用 $(10\sim20)\times10^{-6}$ 高锰酸钾浸洗 30～

60 min,然后放养。

(3)利用锚头鳋对寄主的选择性,可采用轮养法以达到预防的目的。

(4)每 500 m^2 水面,水深 1 m,用松树叶 8～12 kg,浸汁后全池泼洒,3 d 后虫体脱落。

(三)鲺病

1. 病原体

桡足亚纲、鲺目、鲺科的鲺(图 8-7)。

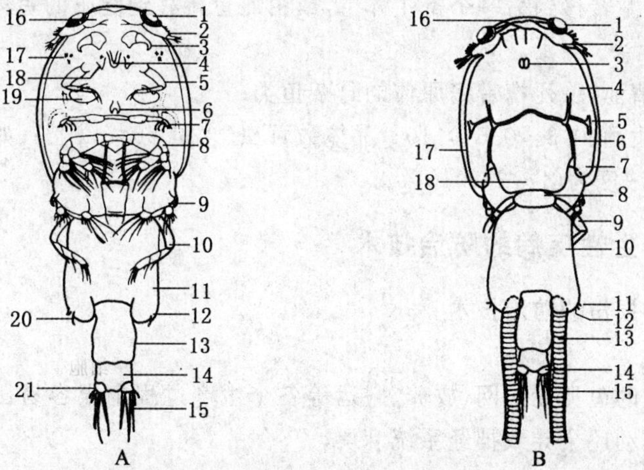

图 8-7　鲺(仿《中国动物图谱》)

A. 鲺腹面观:1. 前月面　2. 第一触角　3. 第二触角　4. 口管　5. 第一颚足　6. 胸叉　7. 第一胸足　8. 第二胸足　9. 第三胸足　10. 第四胸足　11. 生殖节　12. 第五胸足　13. 第一腹节　14. 第二腹节　15. 尾刚毛　16. 额板　17. 第一小颚　18. 第二小颚　19. 第二颚足　20. 第六胸足　21. 尾叉

B. 鲺背面观:1. 前月面　2. 第一触角　3. 眼　4. 头胸部　5. 侧肋　6. H 形肋脊　7. 侧叶　8. 第四胸节　9. 第四胸足　10. 生殖节　11. 第五胸足　12. 第六胸足　13. 第一腹节　14. 尾叉　15. 卵囊　16. 额板　17. 缘膜　18. 中叶

2. 症状及流行情况

鲺以其尖锐的口刺不断地刺伤鱼体皮肤,带有锯齿的大颚撕破表皮,使血液外流,再以口管吸食,同时鲺腹面有许多刺,在鱼体上不断爬行时,会造成许多伤口。鲺的口前刺基部内有一对毒腺细胞,可分泌毒液,经输送细管至口前刺的前端,当其刺伤鱼体时,将毒液注入鱼体,这种毒液对幼鱼的刺激性极大。

由于鱼体上被鲺造成的许多伤口,容易被致病菌侵入,使鱼体皮肤溃疡,或引起水霉菌滋生，从而加速鱼的死亡。鲺寄生于鳃上，引起鳃上黏液增多，鳃丝苍白；寄生于体表和鳍上，体表黏液增多。鱼体被鲺寄生后，常表现极度不安，在水中狂游或跳出水面，食欲也大大降低，日久鱼体渐瘦弱。对幼鱼危害较严重，常引起大量死亡。

全国各地养鱼地区皆有发现，以广东地区流行最普遍。对寄主年龄无严格的选择性，成鱼一般引起死亡。流行季节每年的 5～10 月份，以水温 25～30℃的 7～8 月份最流行。鲺既可牢固地附着在寄主体上，又能随时在水中自由游动，它可以任意从一个寄主转移到另一个寄主体上，或由死鱼转移到健康的鱼体上。

3. 防治方法

(1)彻底清池，杀死携带病原体的野杂鱼类；

(2)全池泼洒$(0.3\sim0.5)\times10^{-6}$晶体敌百虫(含量 90%以上)；如用粉剂(含量为 2.5%)，则浓度为$(1\sim2)\times10^{-6}$。

七、非寄生性疾病的防治技术

(一)机械损伤的防治技术

1. 病因

人工养殖的鱼类在拉网、放养、搬运等各个生产过程中很容易压伤与损伤，有时受到强烈震动还会导致神经系统麻痹。

2. 主要症状

由于受到机械损伤，鱼的鳞片脱落，皮肤擦伤，鳍条折断，鳍膜破裂，鱼体失去这些天然屏障，抵抗能力下降，水中致病菌乘虚而入，竖鳞病、赤皮病、腐皮病很容易发生。损伤程度如果不深，面积不大，一般可自愈，反之，可引起继发性疾病，致使大量死亡；如果伤及皮肤深层而引起出血，进一步发展会使肌肉溃疡，打印病、腐皮病、水霉病随之发生。

在鱼类捕捞、运输过程中由于操作不当，使部分鱼体受压过重或压力长时间加在某一部位，使该部位血液受阻。体表虽无症状，但其内部组织器官受到损害，因此发生萎缩、坏死或变形，影响鱼体正常的生长发育。

鱼体受到强烈震动，如水中爆炸的剧烈震动，长途运输中长时间的颠簸振动均可损伤鱼类神经系统，失去正常活动能力，使鱼呈麻痹状态，鱼体失去平衡，在水面侧卧，这些刺激解除，一般可恢复正常状态。

3. 防治方法

鱼类所受机械损伤，绝大部分是人为造成的，所以避免上述损伤，首先在各个生产环节中要按技术操作规程进行，尽量减少捕捞、搬运次数，改进捕捞、运输工具和方法，切忌损伤鱼体，对已受伤的鱼体必须用药物消毒处理。

(二)泛池的防治技术

1. 病因

主要因水中缺氧而引起，当水中的溶氧量减少到 1 mg/L，鱼类就会感到呼吸困难，浮在水的上层。尤其在夏季闷热的阴天，气压低的夜晚或黎明很易发生浮头泛池现象。

2. 症状

池鱼在池塘上风处浮于水面，用口呼吸空气。如长期浮头，下颌表皮突出，背部色泽变淡，泛池严重时，全池鱼多狂游乱窜，或横卧水面，或头撞岸边，呈现奄奄一息状态，并开始死亡。

3. 防治方法

(1)老池塘应清除过多淤泥，并用生石灰清池；

(2)发生泛池时，在无增氧机和无法加注新水的地方，可施用“鱼浮灵”、“991”复方增氧剂和“993”复方增氧剂等化学增氧剂；

(3)应根据天气、水质等情况，施经发酵的粪肥，以少施勤施为好；

(4)闷热天气要减少投饲量，并加注新水或适时开增氧机；

(5)越冬期间应打冰孔，及时观察水质变化。

(三)气泡病的防治技术

1. 病因

池水中气体过饱和，可引起水生动物患气泡病。或者水生动物肠道出现气泡，或者体表、体内和鳃丝上含有气泡。水温越高鱼苗越易患此病。

2. 症状

发病初期，鱼类感到不适，在水面作狂乱而无力地游动，不久即在体表及体内出现气泡。当气泡不多不大时，鱼尚能往下层游动，但身体往往失去平衡。随着气泡的增大及体力的消耗，鱼类上浮并失去游动能力，口常张开，不久即死亡。

3. 防治方法

(1)注意水质，避免水中浮游植物过度繁殖；

(2)清除池底过多的淤泥，不用未经发酵的有机肥料，控制施肥量；

(3)鱼苗运输过程中，不要急剧充气，发现气泡病，应立即换水或加注新水。

(四)弯体病的防治技术

1. 病因

弯体病主要由于池塘底泥或水中重金属离子含量过高，缺乏某种营养物质(如钙和维生素等），胚胎发育时受外界环境的影响，鱼苗阶段发生机械损伤，以及鱼体神经系统受到寄生虫的侵袭等原因引起。

2. 症状

病鱼的身体发生“S”形弯曲，有时身体可弯成2～3个弯曲，有时仅尾部弯曲，鳃盖凹陷，或口部上下颌和鳍条处出现畸形。病鱼生长缓慢，严重时可引起死亡。此病在草、鲢鱼发生较多。

3. 预防措施

放养前将池水更换数次。对新挖的鱼池，最好先放养1～2龄成鱼，以后再饲养鱼苗、鱼种。加强饲养管理，多投喂含钙多、维生素丰富的饲料。

(五)蓝藻引起鱼中毒的防治技术

1. 病因

主要是鱼池中铜绿微藻和水花微藻大量繁殖，这些藻体死亡后，其蛋白质分解产生有毒的羟胺及硫化氢等有毒物质，这些物质在水中积累多了，就可引起鱼类中毒。当每升池水中含有50万个左右的各种微囊藻个体，就会使几种饲养鱼类发生死亡；达到100万个以上，可引起草、鲢、鳙鱼大量死亡。各种微囊藻在温度较高(28～32℃)、碱性较大(pH 8.0～9.5)的水中繁殖最快。当夜间水中溶氧不足时，藻体大量死亡，导致水质恶化，引起鱼体中毒。夏季、初秋的夜间至清晨多发生。

2. 防治方法

(1)注意调节水质，经常加注新水，注意pH变化，以控制各种微囊藻的繁殖，确定合理的放养模式，推行健康养殖；

(2)全池泼洒0.7×10^{-6}硫酸铜溶液，施药时间应选择在晴天上午进行；

(3)清晨当藻体上浮聚集时，将生石灰打成粉，泼洒在藻体上，连续2～3次。

(六)肝胆综合征的防治技术

1. 病因

养殖期间滥用鱼病防治药物，导致鱼类肝脏的损伤；养殖户采用高营养指标的配合饲料投喂草鱼；投喂量过多，致使鱼类出现“短胖”和脂肪肝；饲料中维生素E、胆碱、肌醇、硒等微量元素缺乏，磷缺乏或钙磷比例失调等也容易诱发肝病；养殖期间水质污染，养殖自身的污染对鱼类肝脏造成损伤。

2. 症状

鱼类病情较轻时没有明显症状，鱼体色、体形无明显改变，仅食欲不振、游动无力，或有时烦躁不安，甚至窜游，严重时鱼体色发黑，色泽暗淡，鱼体有浮肿感，肥胖、鳞片松动易脱落，肛门红肿失去平衡，有的静止于水中不摄食，反应呆滞呼吸困难，临死时在水中翻转不停，解剖发现肝脏颜色发生变化，呈花斑状、土黄色、黄褐色等，胆囊变大且胆汁变黑，患有此病的鱼体应激能力差。

3. 防治方法

(1)高温季节要勤换水，可采用光合细菌、EM原露等生物制剂来改良水质；

(2)正确选择适用于草鱼各个生长阶段的配合饲料，并适当投喂部分青饲料；

(3)及时预防和正确诊断鱼病并加以治疗，可采用中草药来预防和治疗鱼病，避免大量的化学药物对肝脏造成损伤；

(4)养殖过程中，要勤巡池，如发现鱼类肝脏出现病变时，及时加注新水，适当投喂些护肝的药。

复习思考题

1. 鱼类混养的生物学依据是什么？
2. 为什么说鱼类混养有利于池塘高产高效？
3. 何为轮捕轮放？
4. 池塘施肥投饵有哪些具体要求？
5. 什么叫浮头、泛池？如何解决浮头？
6. 成鱼养殖池塘管理工作的基本内容是什么？
7. 如何正确使用增氧机？
8. 成鱼养殖中如何确定投饲量？
9. 如何诊断及防治三大细菌性鱼病(烂鳃病、赤皮病、肠炎病)？
10. 试述草鱼出血病的症状及防治方法。
11. 试述鱼类小瓜虫病、车轮虫病的症状及防治方法。

第九章　名特优水产经济动物的养殖技术

知识目标

- 了解常见养殖名贵鱼类、龟鳖类、蛙类及甲壳类的养殖现状及发展前景；
- 了解常见养殖名贵鱼类、龟鳖类、蛙类及甲壳类的生物学特性；
- 了解常见养殖名贵鱼类、龟鳖类、蛙类及甲壳类的人工养殖技术；
- 了解常见养殖名贵鱼类、龟鳖类、蛙类及甲壳类的常见疾病防治技术。

能力目标

- 能够鉴别常见的名特优水产经济动物的养殖种类；
- 能够对常见养殖名贵鱼类、龟鳖类、蛙类及甲壳类进行养殖；
- 能够对水产经济动物常见的一些疾病进行诊断和治疗。

第一节　名贵鱼类的养殖技术

一、鳜鱼养殖技术

(一)概述

鳜鱼在分类上属鲈形目、鲈亚目、鮨科、鳜属，又称桂花鱼、季花鱼、花鲫鱼、桂鱼、鳌花等，是一种名贵淡水鱼类。常见的鳜鱼主要有2种：翘嘴鳜和大眼鳜，其他还有斑鳜、暗色鳜、麻鳜、波纹鳜等。鳜鱼在我国分布很广，除青藏高原以外各大水系均有出产，尤以长江流域中各江河湖泊居多。鳜鱼生长快，肉洁白、细嫩而鲜美，无小刺，被誉为“淡水石斑”。我国鳜鱼人工繁殖研究始于20世纪70年代初，现在鳜鱼人工繁殖、苗种培育和成鱼养殖技术已非常成熟，很多地方已开始规模化养殖。近年来，随着人们生活水平的不断提高，鳜鱼市场日益走俏，鳜鱼身价倍增，野生鳜鱼已远远不能满足市场需求，因此发展鳜鱼人工养殖前景越来越广阔。

(二)生物学特性

1. 形态特征

鳜鱼体肥肉厚，背部隆起，高而侧扁。口大，端位，口裂略倾斜，上颌骨延伸至眼后缘，下颌明显长于上颌，上、下颌前部的小齿扩大成犬齿状，眼上侧位，前鳃盖骨后缘呈锯齿状，下缘有4个大棘，后鳃盖骨后缘有2个大棘。头部具鳞，鳞细小，侧线沿背弧向上弯曲。背鳍分2部分，彼此连接，前部为硬刺，后部为软鳍条。体黄绿色，腹部黄白色，体侧具有不规则的褐色条纹和斑块，自吻端穿过眼眶至背鳍前下方有一条狭长的黑色带纹(图9-1)。

图9-1 鳜鱼

2. 栖息习性

鳜鱼属底层鱼类，广泛分布于江河、湖泊、水库中，喜欢栖息于清洁、透明度较好、有微流水的环境中，尤其喜欢生活于水草茂盛的水域中。鳜鱼冬季不大活动，常在深水处越冬，一般不完全停止摄食。春季水温回升后，鳜鱼逐渐游向浅水区觅食，此时的鳜鱼白天都有侧卧在湖底下陷处的卧穴习性，较少活动，夜间则活动频繁，在水草丛中觅食。

3. 食性

鳜鱼为典型的肉食性鱼类，喜食活饵料，常吞食超过自身长度的青、草、鲢、鳙等其他鱼类的幼鱼或鱼苗。在生长的不同阶段，鳜鱼的摄食对象有所不同。全长15 cm以下的鳜鱼喜食虾类及小型的鱼类等，25 cm以上则喜食较大型的鳊、鲤等鱼类，也喜食扁而细长的餐条鱼。在饥饿无其他饵料时，它们甚至相互吞食以维持生命。无论是天然水域还是在人工饲养条件下，鳜鱼对饵料生物的种类、大小和形态结构均有较高的分辨能力，并表现出较强的选择性。鳜鱼摄取食物的种类除与本身的生物学特性有关外，还受环境中饵料组成的制约。

4. 生长特性

鳜鱼的生长与环境条件、适口饵料的丰歉等因素密切相关。鳜鱼在人工养殖条件下发挥了肉食性凶猛鱼类的生长优势，网箱饲养 290 d 左右，鳜鱼平均体重可达 880 g。池塘养殖鳜鱼当年一般可达 300～500 g，最大个体可达 600 g 以上。鳜鱼冬季并不完全停食，仍持续生长，只是摄食强度和生长速度减缓。从 4 龄鱼开始，鳜鱼体重和体长增长减慢。

5. 繁殖习性

鳜鱼的繁殖季节在长江流域一般为 5 月中旬至 7 月上旬，天然水域中的雄性鳜鱼 1 冬龄性成熟，雌鱼 2 冬龄性成熟。人工养殖的鳜鱼生长发育更快，雌雄均能在 1 冬龄达性成熟。鳜鱼的怀卵量一般为 3 万～20 万粒，个体越大怀卵量越多，而相对怀卵量与体长无明显关系。鳜鱼产卵的适宜水温为 21～25℃，河道及湖泊入口处为鳜鱼的理想产卵场所，产卵通常在夜间或凌晨进行。繁殖期间鳜鱼摄食强度明显下降，无珠星和婚姻色。鳜鱼卵属漂流性卵，含 1～8 个油球，无黏性，比重略大于水，卵径为 1.2～1.4 mm。鳜鱼受精卵孵化适宜温度为 20～32℃，最适温度为 25～30℃。通常幼鱼孵出 48～60 h 后开始摄食，此时鱼苗长仅 0.46 cm。当幼鱼体长达 1.65 cm 时，已具成鱼外形，但尚未长出鳞片。

(三)成鱼养殖技术

1. 池塘单养

鳜鱼适宜用小池塘养殖，鱼池面积一般为 667～3 335 m^2，池水深 1.5 m 左右。鳜鱼苗种入池前，要用生石灰彻底清塘，一般在清塘 10 d 后才开始放养。放养密度主要依据养殖条件和技术水平而定，一般 3 cm 左右的鳜鱼夏花种的放养密度为 0.1 万～0.15 万尾/667 m^2。鳜鱼饵料鱼的来源一般有 3 种途径：①购买适当大小的家鱼密养，随时投喂；②培育和收集野杂鱼苗；③直接放养一些麦穗鱼、餐条鱼等繁殖次数较多的小型饵料鱼。饵料投喂要根据鳜鱼的生长情况及天气情况决定，一般是 3～5 d 投喂 1 次，使池塘中的饵料鱼保持一定的密度，在饵料来源充足的情况下，应尽量投足。日常管理主要是早晚巡塘，观察鳜鱼的摄食情况、生长情况及水质变化情况。要保持良好的水质，一般每 2 周换水 1 次，同时在水质变浓时及时冲水。夏季天气炎热时，需使用增氧机增氧。此外，还要注意防止鱼苗逃出池塘，可用筛绢网布包牢进出水口。

2. 池塘混养

主要有成鱼塘混养和亲鱼塘混养 2 种模式。成鱼塘混养即将鳜鱼种混养到野杂鱼较多的家鱼成鱼池塘内，每 667 m^2 放 40～50 尾，以野杂鱼为鳜鱼的饵料。混养塘水质不宜过肥，最好不要与过多的鲢、鳙等肥水鱼混养。在施药防治家鱼病害时，要准确掌握用药浓度，因鳜鱼对药物的反应很敏感，稍有不慎会引起鳜鱼的死亡。还要特别注意鳜鱼的规格应比池塘中主养鱼类小，这样就不会因鳜鱼个体生长超过主养鱼而造成危害。亲鱼塘混养即将鳜鱼种混养在家鱼的亲鱼培育池内，每 667 m^2 放 30～50 尾。主要以亲鱼池中的野杂鱼为饵料，既可起到清野作用，减少亲鱼的争食对象，又可有效利用这些生物，转化为优质鱼产品。

3. 网箱养殖

凡是适宜网箱养殖鲢、鳙等鱼类的水域都可以用于网箱养鳜鱼。网箱一般放置在有微流水或水质较好的水域，其养殖方式有套养和单养 2 种。套养是一次性放齐饵料鱼种和鳜鱼种，在养殖的全过程中随着鳜鱼体重的增长，以浮游生物为食的饵料鱼种的规格同时不断增大，使套养的鳜鱼种始终有充足的、适口的饵料，达到在较短的时间内，由水体中的低级浮游生物转化成名贵商品鱼。鳜鱼在箱体内可以不受干扰地进食，排泄物可以顺利地排出箱外，箱体水质能始终保持清新流畅。单养是把鳜鱼种单独放入网箱内，按其摄食和生长情况，定期投放适口的饵料鱼种。当剩余的饵料鱼种存量低于初放重量的 1/3 时，应立即进行补充。每次投放的数量，随鳜鱼体重而增加，一般控制为现存鳜鱼总体重的 3～4 倍，否则会给鳜鱼的摄食带来影响。饵料鱼的种类常用鲢或鲤鱼，其规格以鳜鱼体长的 60%作为投喂标准，其利用率较高。

(四)常见病害防治技术

1. 水霉病

(1)发病症状　鱼苗感染时，背鳍带有黄泥状的丝状物，鱼苗浮于水面，行动呆滞，体表黏液增多。成鱼感染时，感染部位出现灰白色棉絮状物，分枝多而纤细的菌丝可深入到损伤或坏死卵膜、皮肤及肌肉，因伤口腐烂、食欲减退、体质衰弱而死亡。

(2)病原与流行　此病病原为水霉菌感染鳜鱼而引起，在鳜鱼受精卵、苗种和成鱼均可发生。孵化用水混有杂物，遇水温较低，致使鱼卵受损而感染；苗种和成鱼，主要是因操作不当使鱼体受伤而感染。一年四季均可发生，以早春和晚秋最为流行。

(3)防治方法　孵化用水经 60 目尼龙筛绢网过滤，以防杂物进入，从而保持良好水质，并用 0.2%食盐水和 0.2%碳酸氢钠泼洒，停水 5 min 后恢复流水；鱼卵感染时，可用 20～30 mg/L 亚甲基蓝浸浴 5～10 min；苗种和成鱼，注意拉网、运输勿伤鱼体，已患病鱼体用 3%食盐水浸洗 10 min，效果很好。

2. 烂鳃病

(1)发病症状　病鱼鳃丝腐烂发白，鳃片表面尤以鳃丝末端黏液较多，有黄色的腐烂物附于鳃丝边上。严重时软骨外露，鳃盖中央被腐蚀成透明小孔，俗称“开天窗”,体表充血发炎。病鱼常独游水面,游动缓慢,体色发黑,食欲减退,体形消瘦而死。

(2)病原与流行　此病病原为鱼害黏球菌感染鳜鱼所致。此病在全国各地都会流行,全年均发此病,水温在20℃以上开始流行,每年4～10月份,水温在28～35℃最为流行。该病发展迅速,在短期内可形成死亡高峰。

(3)防治方法　放养前用25 mg/L生石灰彻底清塘;水温在15～20℃时,用10 mg/L漂白粉溶液浸洗鱼种15～20 min,可防此病;全池泼洒溴氯海因0.2～0.4 mg/L,2 d后全池泼洒0.2～0.3 mg/L碘制剂1次。

3. 肠炎病

(1)发病症状　病鱼不摄食,体色发黑,浮游于水面,肠道有气泡及积水,病鱼直肠至肛门段充血红肿,严重时整个肠道肿胀,呈紫红色,轻压腹部有黄色黏液和血脓流出。

(2)病原与流行　此病病原为肠型点状单胞菌引起的。病因常是鳜鱼吞食了带肠炎病的饵料鱼而受感染,或因饥饿后又饱食引发该病。

(3)防治方法　加强鳜鱼的饲养管理,不要让鳜鱼时饥时饱。选择适口饵料鱼,一般为鳜鱼体长的50%～60%,以防过大饵料鱼擦伤肠腔诱发鱼病;水体可用0.1～0.2 mg/L二氧化氯或0.2～0.3 mg/L二溴海因全池泼洒消毒,每半个月消毒1次;给饵料鱼投以药饵:投喂大蒜素,每100 kg饲料添加大蒜素0.1 kg,连续投喂5～7 d。吞食药饵后再被鳜鱼吞食,使鳜鱼间接服药得以治疗。

4. 暴发性出血病

(1)发病症状　发病初期,病鱼症状主要表现在鳃盖及各鳍条、体侧有不同程度的出血斑点,鳃丝充血,肝脏和胆囊肿大并有点状充血,肝表层深黄色或浅白色。肠内有淡黄色物质,后期出现眼下球和鳃盖充血,离群独游,缓游于水面,摄食明显下降,很快死亡。

(2)病原与流行　该病主要是在环境不良情况下,鳜鱼由细菌感染引起,或先由病毒感染,继由病菌扩大蔓延。据实验表明也有的是在水体或饵料鱼体上寄生的车轮虫、指环虫、鲺类、水蛭类及棘头虫类等都是带菌者。暴发性出血病流行快,死亡率高,在夏、秋两季最为流行,在水温25～30℃条件下,有的发病池甚至可以全池死亡。

(3)防治方法　用生石灰彻底清塘消毒;苗种放养前,用二氧化氯制剂2～3 mg/L浸浴15～20 min;发病后,对饵料鱼投喂药饵,每千克饲料拌病毒灵15 g、大蒜素3～5 g和维生素C 5 g,连喂5 d。

二、黄颡鱼养殖技术

(一)概述

黄颡鱼在分类上属于鲇形目、鮠科、黄颡鱼属,又称黄姑鱼、黄腊丁、黄鳍鱼、黄嘎呀、黄刺鱼、黄牙叫等,是一种名贵淡水鱼类。黄颡鱼属有 4 个品种,分别为黄颡鱼、江黄颡鱼(瓦氏黄颡鱼)、岔尾黄颡鱼和光泽黄颡鱼。目前人工养殖对象主要是黄颡鱼,其次是江黄颡鱼。黄颡鱼在我国各大水系都有分布,特别是在长江中下游的湖泊、池塘、溪流中广泛分布。黄颡鱼以其极高的经济价值,在日本、韩国、东南亚等国家有巨大的市场,国内消费市场也逐年扩大,价格不断上升,已成为高档紧俏水产品,市场需求量日益增大,具有较高的养殖价值。加之近年来野生黄颡鱼数量锐减,故其人工养殖前景十分广阔。

(二)生物学特性

1. 形态特征

黄颡鱼体型略呈侧扁,较短粗,腹部平坦,体裸无鳞,有明显的背棱;头大宽平,眼小位于头的前部侧位,口裂大;有须 4 对,上颌须最长,下颌须有 2 对,外侧须长于内侧须;背鳍硬刺后缘粗糙,锯齿不明显;脂鳍较短;胸鳍呈扇形,背鳍具有粗壮的硬刺,前后缘均具锯齿,后缘发达,前缘细小;臀鳍条 21～25;尾鳍深叉形,尾柄较短。黄颡鱼整体观为黄色,体侧有不规则黑斑,背部黄褐色,腹部淡黄色或乳白色,各鳍均为灰黑色(图 9-2)。

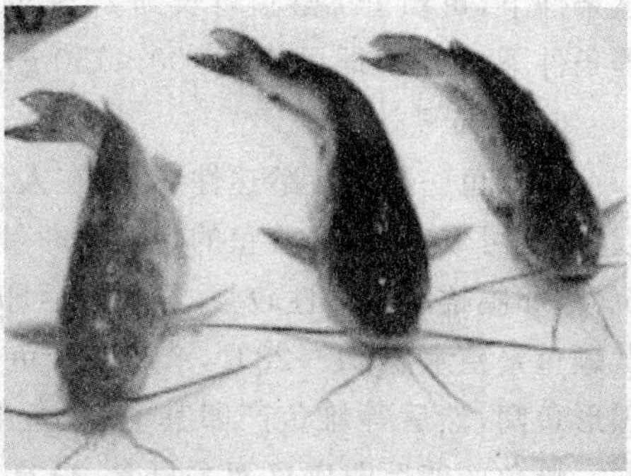

图 9-2　黄颡鱼

2. 食性

黄颡鱼为杂食性鱼类,自然条件下以动物性饲料为主,随个体大小不同黄颡鱼食性有所差异。从仔鱼出膜后第 5 天开始摄食浮游动物(轮虫、桡足类和枝角类等),以及人工投喂的蛋黄之类的开口饵料。体长 5 cm 左右时,主要食物有枝角类、桡足类、摇蚊幼虫、丝蚯蚓。体长 10 cm 以上时,主要食物有螺蛳、小虾、小鱼、鞘翅目幼虫、昆虫、聚草叶、植物须根以及人工饲料等。黄颡鱼为中小型鱼类,江河中一般 1 冬龄鱼重 15～40 g;2 冬龄鱼重可达 100 g 以上。

3. 栖息习性

黄颡鱼多在水库、湖泊静水或江河缓流中营底栖生活,尤喜生活在具有腐败物和淤泥的浅滩处。白天潜伏于水体底层，夜间浮游至水上层觅食，冬季多聚在支流深水处。对环境的适应能力较强，因此在不良的环境条件下也能生活。

4. 生态习性

(1)温度适应性　黄颡鱼属于温水性鱼类，其生存水温为 1～38℃，生长水温为 16～34℃，最佳生长水温为 22～28℃。

(2)溶氧适应性　黄颡鱼较耐低氧，溶氧 2 mg/L 以上时能正常生存，低于 2 mg/L 时出现浮头现象，低于 1 mg/L 时出现窒息死亡。

(3)碱度适应性　黄颡鱼适于偏碱性的水域，最适 pH 范围为 7.0～8.5，耐受 pH 范围为 6.0～9.0。

(4)盐度适应性　黄颡鱼对盐度耐受性较差，经过渡可适应 2‰～3‰的氯化钠，当水体氯化钠浓度高于 3‰时出现死亡。

5. 生长特性

黄颡鱼属小型鱼类，生长速度较慢，常见个体体重多在 70～200 g 之间。在自然条件下，黄颡鱼 1 龄鱼可长到 25～50 g，2 龄鱼则可长到 50～120 g；而在人工饲养条件下，1 龄鱼即可长至 100～150 g，完全可达商品规格。

6. 繁殖习性

黄颡鱼一般 2 冬龄达性成熟，在人工饲养良好的条件下 1 冬龄(体长达 12 cm 以上)也可成熟，成熟雌鱼的绝对怀卵量为 2 000～6 000 粒。卵呈扁圆形、淡黄色、沉性，卵膜透明而黏性较强，经吸水后卵直径为 1.86～2.26 mm。在天然水域中，黄颡鱼繁殖水温 21～28℃，产卵前雄鱼先用胸鳍在水底清扫杂质、污泥，形成一浅碟形鱼窝，然后等雌鱼产卵其上，雄鱼射精，分几次产完，1 个鱼窝直径 25 cm 左右。雌鱼产卵后即离巢而去摄食，只有雄鱼在巢附近守护，用胸鳍不停地扇动水流，孵卵和看护仔鱼，直到仔鱼能自行摄食(5～7 d)为止。

(三)成鱼养殖技术

1. 池塘主养

(1)池塘条件　要求水源充足，水质良好，排灌方便，环境安静，面积 667～2 000 m^2，水深 1.5～2 m 为宜。放养前池塘应清淤消毒，待毒性消失后，再加水 0.8～1 m，然后施入有机肥，以繁殖天然饵料生物，供黄颡鱼摄食。

(2)鱼种放养　鱼种放养一般在每年的 3～4 月份进行，放养密度一般为 2 500～3 000 尾/667 m^2 冬片鱼种，另每 667 m^2 搭配 15～20 cm 的鲢鳙种 150 尾调节水质；鱼种放养前用 3%～5%的食盐水浸洗 10～15 min 消毒，并且先放黄颡鱼种，10～15 d 后再放养其他鱼种，这样有利于主养鱼的生长。

(3)饲养管理　饵料可采用人工配合饲料及鲜活的动物性饵料如小杂鱼、螺蚬肉、蚯蚓、蚕蛹、畜禽内脏及鱼粉等进行投喂。投饲量：第一阶段5、6月份每日投饲4次，投饲率在3%～5%；第二阶段7、8、9月份日投饲3次，投饲率在2%～3%；第三阶段10月份以后日投饲2次，投饲率2%。在第一、第三2个阶段建议采用饱食法，即上饲料台的鱼全部离台后停喂；第二阶段建议投喂"八成饱"，即80%上饲料台的鱼离台后停喂。投饲时间与摄食节律：一般水温较低(10～15℃)时，投饲时间应安排在气温较高的中午进行；水温逐渐升高，日投饲次数应增加。整个养殖期间，应坚持"四定"、"四看"的原则，灵活掌握，确保黄颡鱼吃饱吃好，快速生长。在整个生产过程中，应始终保持水质清新，溶氧充足，发现异常情况要及时采取措施，如加注新水、换水或施用水质改良剂等改善水质。坚持每天巡塘，及时捞出病鱼、死鱼残体，保持塘内水体清洁。观察鱼活动情况，每周进行食场消毒1次。

2. 池塘套养

(1)池塘条件　套养黄颡鱼的池塘应选择水源条件好，面积3 335～6 670 m^2，水深1.5～2.0 m，池中天然饲料资源(浮游生物、水蚯蚓、小鱼虾、水生昆虫)丰富的池塘。

(2)鱼种放养　池塘套养黄颡鱼的密度主要依据塘内饲料生物量确定。一般每667 m^2 套养黄颡鱼冬片鱼种100～150尾。套养黄颡鱼的池塘宜以鲢、鳙、草鱼等为主，不宜与鲤、鲫鱼混养，更不能与乌鳢、鳜鱼等凶猛肉食性鱼类共同套养。

(3)饲养管理　套养黄颡鱼池塘的日常管理除按常规操作进行外，重点要管理好水质，保持水体溶氧量在4 mg/L以上，要经常加注新水，特别是7～9月份高温季节，一般每2～3 d加水1次，每次加水5～10 cm，同时每天开动增氧机2～3 h，确保溶氧充足，避免浮头发生。

3. 网箱养殖

(1)养殖条件　网箱养殖黄颡鱼必须达到以下条件：①网箱由聚乙烯制作而成，网衣网目一般在2～3 cm，底网目为1.5 cm，箱深一般2 m；②网箱设置水域的水质要求清新无污染，水深要求在2.5 m以上，透明度在30 cm以上，并要求水体的交换量不大；③网箱之间的距离在2～3 m，阳光强烈的地区，应在网箱上面加遮阳盖。

(2)鱼种放养　网箱养殖黄颡鱼一般在春节前后开始投放鱼种，此时水温低，鱼体不易受伤，鱼种下箱前需用5%的食盐水浸洗鱼体，以杀灭寄生虫和病菌。放养密度一般在100～150尾/m^2。此外，可适当搭养一些过滤食性鱼类如鲢、鳙鱼等，以充分利用饵料，净化网箱水质。

(3)饲养管理　饵料：可采用人工配合饲料及鲜活的动物性饵料如小虾、鱼及鱼卵和部分水生昆虫等进行投喂。投饲量：第一阶段5、6月份每日投饵4次，日投饵率在 3%～5%;第二阶段 7、8、9 月份日投饵 3 次,投饵率 2%～3%;第三阶段 10 月份以后日投饵 2 次,投饵率 2%,具体投喂量以黄颡鱼吃完不剩为宜。此外由于黄颡鱼口裂较大,因此饵料粒径要相应加大,以粒径 2 mm 的颗粒料作为开口饲料,成鱼料粒径可达到 5 mm 以上。网箱养殖黄颡鱼,日常管理很重要,要定期检查鱼类生长情况,发现问题及时处理,经常刷洗网箱污物及附着藻类,使水体充分交换,经常检查网箱,发现破损及时修补,以免跑鱼或凶猛鱼类入箱。为调节好养殖密度,提高效益,可分批起捕上市及轮捕轮放。

(四)常见病害防治技术

1. 水霉病

(1)发病症状　水霉菌寄生初期,肉眼看不出症状,当肉眼能看到时,菌丝已侵入伤口,向内、外生长,蔓延扩散,似灰白色的棉毛。病鱼游泳失常,焦躁不安,直到肌肉腐烂,失去食欲,瘦弱而死。若鱼卵上布满菌丝,最终导致死鱼卵。

(2)病原与流行　此病由水霉菌感染引起。严重危害孵化中的鱼卵和鱼体表有伤口的苗种和成鱼。此病全年流行,以早春、晚冬最易发生。

(3)防治方法　在捕捞、运输和放养过程中,尽量避免鱼体受伤,并掌握合理的放养密度;鱼种下塘前,用浓度为 2%～3%的食盐水溶液药浴消毒;受精卵在孵化前要进行严格消毒,水温最好控制在 26～28℃,孵化过程中还要对受精卵进行再次消毒。

2. 肠炎病

(1)发病症状　病鱼离群独游,食欲下降,行动迟缓,容易捕捉。体色发黄,黏液增多。腹部常有红斑并胀大,手感柔软,肛门红肿,轻压腹部有血黄色黏液流出。解剖鱼腹,轻者食道和前肠充血发炎,严重时全肠发炎呈浅红色,肠内充满黄色脓状液。

(2)病原与流行　此病由点状产气单胞杆菌感染引起。主要危害鱼种及成鱼,传染性较强。由于病菌可在池塘淤泥中生存,因此,感染也可能来源于淤泥。

(3)防治方法　池塘要彻底清塘消毒,鱼种下池前用 2%～3%的食盐溶液洗浴消毒;不投喂腐败变质的饵料,活饵料用 2%～3%的食盐水消毒后再投喂,定期在饵料中添加 0.1%鲜大蒜汁;投喂土霉素药饵,每千克饵料加土霉素 0.05 g,连喂 10 d。

3. 烂鳃病

(1)发病症状　病鱼体色发黑,离群独游,游动缓慢,少食或不食;鳃分泌大量黏液,鳃丝腐烂,严重时鳃丝上附有污物。

(2)病原与流行　此病由柱状纤维黏细菌感染引起。黄颡鱼鱼种和成鱼均可发病,4～6月份为发病高峰,可引起死亡。

(3)防治方法　生石灰彻底清塘,鱼种放养前用2.5%食盐水浸洗5 min;发病后用1 mg/L漂白粉全池泼洒。

4. 出血性水肿病

(1)发病症状　病鱼体色泛黄,黏液增多,咽部皮肤破损充血呈圆形孔洞,腹部膨大,肛门红肿外翻,头部充血。背鳍肿大,胸鳍与腹鳍基部充血,鳍条溃烂。胆汁外渗,腹腔淤积大量血水或黄色冻胶状物,胃肠无食,胃苍白,肝脏呈土黄色,脾坏死,肾脏有霉黑点。病鱼食欲下降,甚至闭口不食,运动失调,死亡率高。

(2)病原与流行　此病由细菌感染引起。该病在苗种和成鱼饲养期间危害最大,在苗种培育阶段易发病,死亡率高达80%。在高温季节暴发,来势猛,蔓延快。当水温在25～30℃时则出现明显病鱼大批死亡的现象。成鱼养殖阶段,多发生在5月份,死亡率高达90%。

(3)防治方法　养殖过程中,应密切注意水质情况,保持良好的环境条件,溶解氧含量保持在5 mg/L以上;适当降低鱼苗的放养密度;疾病发生后,每天进行水体消毒1次,连续3 d。在投喂鱼肉浆时,每天应到饵料中添加1%食盐。

三、翘嘴红鲌养殖技术

(一)概述

翘嘴红鲌在分类上属于鲤形目、鲤科、鲌亚科、红鲌属,又称兴凯湖大白鱼、翘嘴巴、翘壳、翘鲌、白条、太湖白鱼等,是一种名贵淡水鱼类。翘嘴红鲌是一种广布性鱼类,我国大多数地区各主要水系均有分布。近几年来,由于长期的过度捕捞,翘嘴红鲌野生资源越来越少,而市场需求量日趋增长,价格也水涨船高,人工养殖经济效益日益显著。加上翘嘴红鲌人工繁殖技术日趋成熟,苗种供应已不成问题,因此发展翘嘴红鲌人工养殖前景看好。

(二)生物学特性

1. 形态特征

翘嘴红鲌体长侧扁,呈柳叶形(图9-3)。口上位,口裂与身体相互垂直,下颌厚实,显著突出并上翘,竖于口前。眼大而圆,位于头侧上方。鼻孔位于眼前缘上方,几乎与眼上缘平行。鳃耙细长,排列较稀,下颌齿较粗壮,末端尖,呈钩状。鳞片小,易脱落,侧线明显,侧线鳞80～92。胸鳍末端几乎达到腹鳍基部,腹鳍基部到肛门部位有腹棱。背鳍具强大而光滑的硬刺,第二刺最坚硬。臀鳍长大,不分支鳍条3,分支鳍条21～25。尾鳍深叉形,下叶稍长于上叶。身体背部和体侧上部为浅棕色，体侧下部灰白色，背鳍为灰黑色，其余各鳍为灰白色。

2. 栖息习性

翘嘴红鲌主要生活在湖泊、水库和河流等大水体中。其成鱼一般在流水及大水体尤其是敞水区的中上层活动，游动迅速、性情暴烈、善跳跃，容易受惊；幼鱼喜欢成群结队地栖息于水流较缓慢的近岸水域或浅水区域。冬季大小鱼群皆在河床或湖槽中越冬。

图 9-3 翘嘴红鲌

3. 食性

野生翘嘴红鲌是以活鱼为主食的凶猛肉食性鱼类，苗种及幼鱼以浮游生物及水生昆虫为主食，50 g 以上主要吞食小鱼小虾，也吞食少量幼嫩植物。人工繁殖出来的原种鱼苗，从内营养时期转向外营养时期开始一直至商品鱼出售，全过程均可投喂人工饲料，如豆浆、黄粉、鳗料、蚕蛹粉、花生麸、黄豆饼或鱼糜、鱼浆等。3～4 cm 以上可投喂全人工配合饲料，最好是浮性料。

4. 生长特性

翘嘴红鲌生长迅速，体型较大，最大可长至 10～15 kg，常见个体 0.5～1.5 kg。一般情况下，翘嘴红鲌的体长以第 1 年最快，第 2 年次之。从第 3 年开始，体长的年增长逐步下降。在人工饲养条件下，经过 8～10 个月的饲养，7 cm 左右的种苗 70%能长成 0.5 kg 以上的商品鱼。1、2 龄鱼处于生长旺盛期，3 龄以上进入生长缓慢期。雌雄鱼生长速度个体差异不大，雌鱼性成熟后，生长速度无明显下降。

5. 生态习性

翘嘴红鲌为广温性鱼类，其生存水温 0～38℃，摄食水温 3～36℃，最适水温 15～32℃，最佳生长水温 18～30℃；繁殖水温 20～32℃；翘嘴红鲌生存水体能大能小，数万公顷的湖泊与水库至数平方米的水泥池或网箱都可以将鱼苗饲养为成鱼甚至是成熟亲鱼；养殖水体要求为水深 0.5～10 m，水质清新，透明度在 30 cm 以上，pH6.5～8.5。翘嘴红鲌对溶氧要求较低，据实验表明：当幼鱼平均体重为 0.44～0.51 g，水温为 21℃时，其窒息点为 0.41 mg/L；当水温上升到 29℃时，其窒息点增加到 0.57 mg/L。

6. 繁殖习性

翘嘴红鲌生殖季节依地域不同而有所差别。一般在每年 5 月中下旬逐渐进入性成熟阶段，6 月中旬至 7 月中旬（即农历芒种后 10 d 至小暑后 10 d）为生殖盛期。

雄鱼 2 冬龄成熟，雌鱼 3 冬龄成熟。雌鱼怀卵量为 10 万～15 万粒/kg。生活在湖中的翘嘴红鲌，其产卵场多数在湖泊下风近岸带，产卵水温一般为 25℃左右。每次发情产卵持续时间 2 h 左右。产黏性卵，卵呈浅黄灰色，卵径为 0.8～1.2 mm，卵黏附在湖泊近岸浅滩的水生植物茎叶、砾石、硬泥上发育，大约经过 48 h 孵出小鱼。

(三)成鱼养殖技术

1. 池塘主养

养殖翘嘴红鲌的池塘以面积 1 334～6 670 m^2、水深 1.5～2.5 m 为宜，池底平坦，靠近水源，进排水方便，淤泥厚度 25 cm 以下，池埂无树木等遮挡物。苗种放养一般选在 11 月下旬～12 月中旬，水温 5～10℃时进行，春放最迟不超过 3 月上旬。放养密度：15 cm 以下为 700～800 尾/667 m^2，15 cm 以上为 1 000 尾/667 m^2 左右，另可搭配放养 8%～10%的鲢、鳙等滤食性鱼类。翘嘴红鲌以肉食性为主，可投喂鲜活的小杂鱼和一些新鲜的冰冻鱼等动物性饲料，也可投喂专用配合饲料。日投喂 2 次，“四定”投饵，投饵量大约占池中鱼体重的 2%～5%，要经常观察鱼的摄食情况调整投饵量。还要经常巡塘，时刻观察池中鱼的活动和摄食情况，不断加注新水，保证水质，提高水中溶氧，防止敌害生物入侵和病害发生。

2. 池塘混养

利用主养池塘中野杂鱼、残渣剩饵为饵料。适当混养一些翘嘴红鲌，也是目前翘嘴红鲌养殖的一种方式，可以提高池塘养殖综合效益。混养一般要求主养鱼类规格要大，防止受到伤害。混养模式一般根据主养鱼类的品种和数量适当搭配，但要注意放养过少则形不成一定产量。一般每 667 m^2 放养 50 尾以上，产量可达 30 kg 以上。混养平时要对池塘中的野杂鱼虾等天然饵料进行观察，除天然饲料特别缺乏，一般不需专门投喂饲料。

3. 网箱养殖

翘嘴红鲌具有的 3 个生物学特性：集游性、杂食性和贪食性很适合网箱养殖，近年来得到不断推广，效益颇丰，现将翘嘴红鲌网箱养殖技术介绍如下：

(1)水域条件　应选择在水面宽阔、水位相对稳定、水质清新、无污染物、符合渔业水质标准的深水库湾。网箱架设在向阳避风、日照条件好、有微流水、交通便利、环境安静的水域位置。水深要求大于 10 m，在最低水位时保持网箱底部与水底的距离大于 1 m，pH6～8，透明度 60～150 cm，溶氧量 3 mg/L 以上。

(2)鱼苗放养　选择鳞片完好、健壮活泼、无伤无病的鱼种，鱼体长以 8～15 cm 为宜。鱼种规格 50 g/尾，放养密度为 30～40 尾/m^2；规格 100 g 以上，放养密度为 20～30 尾/m^2。放养时间宜在 11 月至翌年 3 月，放养前用 3%～5%食盐溶液药浴 10～15 min。

(3)饲养管理　可使用活的饲料鱼、鲜鱼虾、家禽下脚料、蚕蛹及人工配合饵料等投喂。投喂方法：初期可将小鱼虾搅成鱼糜，日投喂 1 次，日投饵量为鱼总体重的 3%～5%；1 个月后，将饵料鱼剁成适口的小鱼块进行投喂，日投喂 2 次，日投饵量可增加到鱼体重的 5%～8%，具体投喂量以鱼不再摄食为宜。养殖期间，要注意观察记录鱼的吃食、活动情况，及时调整日投饵次数及投喂量。要勤洗网箱箱壁的附着物，以利于箱内外水体流动，增加溶氧。经常检查网箱有无破损，并及时修补，防止鱼外逃。

(四)常见病害防治技术

1. 水霉病

(1)发病症状　发病初期，肉眼看不到症状，当看见时，内菌丝已深入肌肤，外菌丝已向外伸展成灰白色棉毛状附着于鱼体。随着水霉的繁殖生长，患处腐烂加剧，病鱼食欲不振，极度消瘦，逐渐死亡。

(2)病原　主要是鱼体受伤后感染水霉引起。

(3)防治方法　操作时尽量避免鱼体受伤，鱼种放养密度不可过高；已发生水霉病的水体，每 667 m^2 用旱烟草秆 10 kg、食盐 5～7.5 kg，加热水 15～20 kg 浸泡半小时，全池泼洒，每天 1 次，连续 2 d；全池泼洒亚甲基蓝 1～2 g/m^3，可有效治疗水霉病。

2. 细菌性烂鳃病

(1)发病症状　病鱼体色发黑，游动缓慢，食欲减退或根本不食，鱼体消瘦，离群独游。将病鱼捕起后可见鳍条、体表往往充血发炎，鳃上黏液增多，鳃丝肿胀糜烂并有附着物，肠中无食，体表较脏。

(2)病原　主要是由柱状屈桡杆菌感染引起，水质恶化、放养密度高极易引起该病发生。

(3)防治方法　①全池泼洒 0.2～0.3 g/m^3 溴氯海因或 0.1 g/m^3 的氨基酸碘或 0.2 g/m^3 二氧化氯；每千克饲料中添加鱼腥草 20 g＋大青叶 20 g，连喂 5 d，也能迅速控制病情。

3. 细菌性肠炎病

(1)发病症状　病鱼离群独游，行动缓慢，鱼体发黑，不怎么吃食。早期剖开肠管，可见肠内没有食物，肠内黏液较多，或后肠有少量食物；后期可见肛门口红肿，腹部充血，肠内无食，只有淡黄色黏液。

(2)病原　主要是由肠型点状产气单胞菌引起，一般多发生在投饵不均、饵料不卫生、清塘不彻底的池塘中。

(3)防治方法　彻底清塘消毒,全池泼洒 0.2 g/m^3 溴氯海因;在每千克饲料内添加免疫多糖和生物制剂各 2 g,通常连续投喂 3～5 d;在每千克饲料中添加大蒜素 2～3 g＋地榆 20 g＋仙鹤草 20 g,连喂 3～5 d。

4. 车轮虫病

(1)发病症状　少量寄生时,没有明显症状,但严重感染时,鱼苗、鱼种游动缓慢,吃食较少,在岸边浅水处游动,呈“跑马”症状,镜检可见鳃丝肿胀充血,体表、鳃上均比较脏,可见大量车轮虫。

(2)病原　由车轮虫侵入鱼的皮肤和鳃组织而引起。

(3)防治方法　合理施肥、放养,用生石灰彻底清塘,杀死虫卵和幼虫;根据天气、池水肥度情况用药,天气晴朗、池水较肥时全池泼洒 0.6～0.7 g/m^3 硫酸铜、硫酸亚铁合剂(5∶2),到傍晚时镜检,如没有见到虫可不用,如还有则第 2 天再用 0.3～0.4 g/m^3 的硫酸铜、硫酸亚铁合剂,第 3 天池塘中换水 1/3 以上,即可治愈;每 667 m^2 用 15～20 kg 苦楝树枝叶沤水,每 7～10 d 换 1 次,或每 667 m^2 用鲜枝叶 25～30 kg,煎汁全池泼洒,有疗效。

四、虹鳟养殖技术

(一)概述

虹鳟在分类上属于硬骨鱼亚纲、鲱形目、鲑亚目、鲑科、鲑属,又称瀑布鱼、七色鱼,是一种名贵淡水鱼类。虹鳟有陆封型、降海型和湖沼型 3 种类型,淡水养殖的主要是陆封型虹鳟。虹鳟原产于美国西部阿拉斯加地区的山川溪流中,1866 年始移植到美国东部,1877 年从美国引入日本,1945 年从日本引入朝鲜。我国养殖的虹鳟最早是从 1959 年 4 月朝鲜赠送周恩来总理象征中朝友谊的 8 000 颗虹鳟受精卵开始,经过多年发展,目前全国已有 50 多个虹鳟专业养殖场,遍布全国 20 多个省(市、自治区)。虹鳟属于冷水性凶猛鱼类,肉质细嫩,肉味鲜美,无肌间刺,有“淡水鱼王”和“水中人参”之美称。虹鳟以其生长迅速,适应性广,食用价值高,人工繁养简便易行等优点,成为联合国粮农组织向世界推广的产量高而品质优良的四大淡水养殖品种之一,并在世界各国大力推广,成为世界上养殖范围最广的名贵鱼类,其人工养殖发展前景广阔。

(二)生物学特性

1. 形态特征

虹鳟体型侧扁,口较大,斜裂,端位;吻圆钝,上颌有细齿;背鳍基部短,在背鳍之后还有一个小脂鳍,胸鳍中等,末端稍尖,腹鳍较小,远离臀鳍,鳞小而圆;背部和头顶部蓝绿色、黄绿色和棕色,体侧和腹部银白色、白色和灰白色,头部、体侧、体背和鳍部不规则的分布着黑色小斑点；性成熟个体沿侧线有一条呈紫红色和桃红色宽而鲜艳的彩虹带，直至尾鳍基部，在繁殖期尤为艳丽，虹鳟由此而得名(图 9-4)。

图 9-4 虹鳟

2. 生活习性

虹鳟喜栖息于清澈、水温较低、溶氧较多、流量充沛的水域。该品种的生活极限温度为 0～30℃，适宜生活温度为 12～18℃，最适生长温度 16～18℃，低于 7℃或高于 20℃时，食欲减退，生长减慢，超过 24℃摄食停止，甚至逐渐衰弱而死亡。虹鳟对水中溶氧要求高，水中溶氧低于 5 mg/L 时呼吸频率加快，低于 4 mg/L 时出现“浮头”，低于 3 mg/L 开始死亡(该值为虹鳟致死点)。要使虹鳟鱼处于良好的生长状态，溶氧最好在 6 mg/L 以上，生化需氧量小于 10 mg/L，氨氮值低于 0.5 mg/L，pH 为 6.5～8。陆封型(终生在湖泊、河川中生活)和降海型(指入海生长的硬头鳟)虹鳟的杂交子代可以入海。

3. 食性

虹鳟属凶猛肉食性鱼类。幼鱼以浮游动物、底栖小动物为食；成鱼以鱼类、甲壳类、贝类、水生昆虫、小鱼、鱼卵为食，也食水生植物叶子和种子。虹鳟也抢食人工饲料，如鱼肉、鱼粉、动物内脏、蚕蛹、豆饼、糠麸等。虹鳟全年均可摄食，甚至产卵期间也照常捕食。每天早晨和黄昏，虹鳟食欲最旺。

4. 生长特性

虹鳟的生长因水温、水量、环境条件和投饲量等不同而有所差异。在适宜生态条件下，虹鳟全年均可生长。在水温 14℃时，1 年可长 100～120 g，2 年达 400～1 000 g，3 年可达 1 000～2 000 g。人工饲养条件下，最大个体全长 90 cm，重 7.2 kg，天然水域中 10 龄虹鳟甚至重达 25 kg。

5. 繁殖习性

虹鳟鱼产卵期受水温与光照的影响。北京地区每年 11 月至翌年 1 月产卵，在山西太原每年 12 月至翌年 2 月产卵，在黑龙江 1～4 月产卵。在平均水温过高的水体中，虹鳟鱼的性腺反而不能按期成熟。虹鳟雄鱼性成熟在 2～4 龄，雌鱼性成熟在 3～5 龄，成熟亲鱼喜欢选择具有沙砾底质、水质澄清、水流较急的河床做产卵场。产卵水温一般在 4～13℃，最适水温为 8～12℃。每年产卵 1 次，怀卵量因年龄和个体大小而异，从 1 500～3 500 粒不等。卵球形，直径 4～7 mm。受精卵孵化要求的水温为 6～13℃，最适水温为 8～10℃。孵化期一般为 36～38 d。孵出的鱼苗静卧在阴暗的水底沙砾间，呈聚集状，靠卵黄供给营养。经 15～20 d，卵黄囊吸收 2/3 时，鳔开始充气，鱼苗向水上层游动觅食。虹鳟仔鱼全长因卵的大小而异，一般 15～18 mm，口开启，鳃耙形成，背鳍、臀鳍、尾鳍的软骨条开始出现。

(三)成鱼养殖技术

1. 池塘养殖

(1)池塘要求　虹鳟为冷水性鱼类，适宜水温 1～24℃，水温超过 24℃连续 10 d 以上的，要考虑降温措施，因此建塘前必须对水温、水质及地形进行慎重的调查，保证水温适宜、溶氧充足，水质清新无污染。虹鳟一般是流水养殖，自注、自排的流水鱼池可以大幅度地降低养殖成本，所以鱼池要建在有坡度的地方，一般 100 m 距离内地势高度降 1 m 的地形即适于建池。

(2)鱼种放养　一般选择体质健壮、无病无伤、规格整齐的 1 龄鱼种放养，鱼种入池前要进行鱼体消毒防病。虹鳟养殖一般是以单位时间注水量的多少来确定放养量，单位时间内注水量越大，放养量就越多。一般放养规格在 20 g 左右，单位时间注水量为 10～30 L/s 时，放养密度为 50～200 尾/m^2。

(3)饲养管理　虹鳟鱼为肉食性凶猛鱼类，天然饵料以小鱼、小虾及水生昆虫等为主，也吃水生植物的嫩叶、浮萍、种子。人工饲养条件下投喂人工配合饵料。投喂方法采用撒投法，日投饵量一般为鱼体总重的 1%～2%，每天投饵 2～3 次，当发现鱼停止抢食即可停止投饵。饵料要撒投均匀，不使饵料沉入水底，尽可能保证池鱼的均等摄食机会，以免造成出池规格不齐。虹鳟在养殖过程中易产生体重不均匀现象，应不断筛选分池，每天还要检测溶氧，当水中溶氧不足时要马上采取补氧措施，以免造成虹鳟死亡。

2. 网箱养殖

(1)水域选择　养殖虹鳟的水域应选择在水质清澈无污染，水位年变化不大，水温年变化在 4～24℃之间的大中型水库的开阔水面。水体流速在 10～30 cm/s 之间，水体透明度在 70 cm 以上，水体溶氧量在 6 mg/L 以上，pH6.5～7.5，悬浮颗粒物少于每升 15 mg,水生植物少。

(2)鱼种放养　网箱中放养的虹鳟鱼种体重最好在 50 g 以上,且规格比较均匀,无伤病。鱼种放养一般选在春季水温较低时进行,鱼种必须充氧运输,在运输前 2 d 必须停食,在运输过程中时刻注意水温变化和氧气的供给情况。起运地与目的地的水温要大致相同,最多相差不可超过 3℃。鱼种入箱的整个过程应在水中进行,操作要仔细,尽可能减少鱼体受伤。如果鱼种健康状况良好且操作仔细,鱼种成活率可达 100%。

(3)饲养管理　网箱养殖虹鳟一般投喂营养完全的全价颗粒饲料。养殖过程中,应根据鱼体大小选择合适的颗粒粒径,并根据鱼体体重变化及时调整投喂量,一般投喂八成饱为宜,投喂时间应选择在清晨或黄昏。每月要进行 1 次筛选,将鱼体分级饲养,可以提高养殖效率。夏季水温升高时,应加深网箱深度,降低养殖密度,从而增大虹鳟的活动空间。每天坚持巡视网箱,发现病鱼、死鱼及时捞出,发现网箱破损及时修补以防逃鱼。定期清洗箱体,促进水体交换,增加水体溶氧。

(四)常见病害防治技术

虹鳟的疾病有病毒性、细菌性、寄生虫性、气体性、营养性等。有 3 种病毒性疾病即传染性胰脏坏死病(IPN)、传染性造血组织坏死病(IHN)和病毒性出血性败血病(VHS)是世界性虹鳟常见病,给欧洲、北美和日本的虹鳟养殖业带来严重危害,为此引起极大关注并作了大量的病理研究。下面将虹鳟一些常见疾病的发病症状、病原及防治方法作简要介绍。

1. 传染性胰脏坏死病(IPN)

(1)发病症状　本病分急性和慢性 2 种。急性症状主要危害开食 2～4 周的稚鱼,死亡率高达 50%～100%。病鱼旋转狂奔,上下窜动,鳃丝淡红,肠道内无食,消化管道透明,充满乳白色黏液,肝脏灰白或充血。幽门垂出现凝血块。水温在 13～15℃时易发病。慢性症状主要危害 4～8 月龄稚鱼,发病期持续 2 个月,水温 12～15℃发病严重,死亡率 50%左右。病鱼体色发黑,腹部膨胀,腹水滞留,眼球突出,鳍呈白色,肠道无食,充满黏液。

(2)病原　病原体为传染性胰脏坏死病病毒(IPNV)。

(3)防治方法　此病目前尚无有效治疗方法,发病池一般通过提高水温来控制病情发展。病鱼及死鱼应及时销毁,养殖设施及工具用高浓度氯制剂彻底消毒。为了控制该病的流行,宜加强防疫检疫,禁止带病带菌苗种流入。

2. 传染性造血组织坏死病(IHN)

(1)发病症状　在孵化后 2 周即可出现,危害多为 0.2～0.6 g 大小的仔鱼,死亡率几天内可高达 50%～80%。病鱼体色发黑,游动迟缓,腹部膨大,肛门拖着粪便。病毒最初在造血组织增生，其后侵袭到内脏，引起鳃丝、肝、脾、肾贫血，体侧肌肉及肠道充血。体表有出血现象，是该病的明显特征，尤其在较小的仔鱼臀鳍上更为突出。

(2)病原　病原体为传染性造血组织坏死病病毒(IHNV)。

(3)防治方法　目前此病尚无有效的治疗方法，因病毒繁殖适温为8～10℃，15℃以上停止发病，因此可将发病初期的病鱼放到水温18℃左右的水中饲养，可降低死亡率。

3. 病毒性出血性败血病(VHS)

(1)发病症状　因症状缓急及表现差异，分急性型、慢性型和神经型3种类型。

急性型：见于流行初期，表现为体色发黑。眼球突出，眼和眼眶四周以及口腔上腭充血，鳃苍白或呈花斑状充血，肌肉和内脏有明显出血点，肝、肾水肿、变性和坏死。发病快，死亡率高。

慢性型：病程长，见于流行中期。体色更黑、眼严重外突，鳃及肝脏显示严重贫血，及肾脏肿大，腹腔充满积液，使病鱼外观呈腹腔膨胀样。

神经型：多见于流行末期。表现为运动异常，或静止不动，或沉入水底，或旋转运动，或狂游甚至跳出水面。内脏严重出血，体表出血症状不明显。

(2)病原　病原体为弹状病毒科中的艾格特维德病毒。

(3)防治方法　引种注意把好检疫关，杜绝引进携带病毒的鱼卵、苗种及亲鱼；将饲养水温逐渐升高到18℃左右，可以控制此病进一步蔓延；用中草药按下列配方：玄参20 g、蒲登英10 g、苦参20 g、夏枯草15g、金银花15 g、黄柏15 g、黄芩15 g、黄连8 g、板蓝根20 g、麦冬15 g、槐米15 mg、甘草20 g、柴胡10 g、石膏25 g，添加到200 kg的饲料中，制成药饵，每天投喂1次，连续投喂5 d，可以收到较好的疗效。

4. 细菌性烂鳃病

(1)发病症状　病鱼食欲减退，多在水面或出水口处缓慢游动，严重时赶也不走。有的离群独游，基本不吃食。检查鳃部，发现黏液明显增多，鳃淤血，鳃丝肿胀，颜色变浅，严重时菌体覆盖鳃表面，使鳃丝黏结成棒状，鳃盖不能闭合，丧失正常呼吸能力而死亡。

(2)病原　病原体为嗜鳃黄杆菌。

(3)防治方法　鱼种放养前用5 mg/L的高锰酸钾浸泡15 min，或用0.7 mg/L的硫酸铜浸浴1～2 h消毒；用0.5 mg/L的二氧化氯全池泼洒，2 h后恢复微流水，3 d为一疗程，1～2个疗程疗效较佳；用中草药制剂，配方为：白芷15 g、白芨15 g、细辛6 g、甘草20 g、青黛20 g、硼砂15 g、冰片2 g，超微粒粉碎混匀后，配制成

10 mg/L 的水溶液，浸泡 10～20 min，然后放回原池中饲养。

五、匙吻鲟养殖技术

(一)概述

匙吻鲟在分类上属硬骨鱼纲、辐鳍鱼亚纲、鲟形目、白鲟科、匙吻鲟属，又称鸭嘴鲟、匙吻白鲟、匙吻猫鱼等，是一种名贵淡水鱼类。匙吻鲟科目前只记录有 2 种鱼：一种是美国的匙吻鲟，另一种是生活在中国长江的白鲟。匙吻鲟原产于美国密西西比河流域，1988 年由湖北省引入我国，经过 20 多年的发展，我国匙吻鲟的人工繁养技术已经非常成熟。匙吻鲟的养殖也由湖北省推广到全国 20 多个省市，均取得了良好效果，并且其养殖面积逐年扩大。匙吻鲟以其极高的经济价值和食用价值，深受广大养殖户和消费者青睐。匙吻鲟终身以浮游动物为食，其养殖成本低廉，养殖利润是常规品种的几倍甚至十几倍，是大、中、小水面代替鲢、鳙鱼的理想养殖对象，也是发展休闲渔业、特色渔业，调整渔业产业结构和促进渔民脱贫致富的优良投资品种。因此，发展匙吻鲟人工养殖前景十分广阔。

(二)生物学特性

1. 形态特征

匙吻鲟体表裸露，泽润无鳞，在头部前方、口的上端有 1 个长而扁平的长吻，形如鸭嘴又像汤匙，吻长度为体长的 1/3，匙吻鲟由此得名；尾鳍歪尾形，分叉，上叶长，下叶短；体表光滑，眼小，口在吻下，不能伸缩；前额高于口部，鳃盖布满梅花状的花纹；鳃耙密而细，鳃盖骨向后延到腹鳍。体色，背部为灰褐色，常有一些斑点点缀其中，腹部灰白色(图 9-5)。

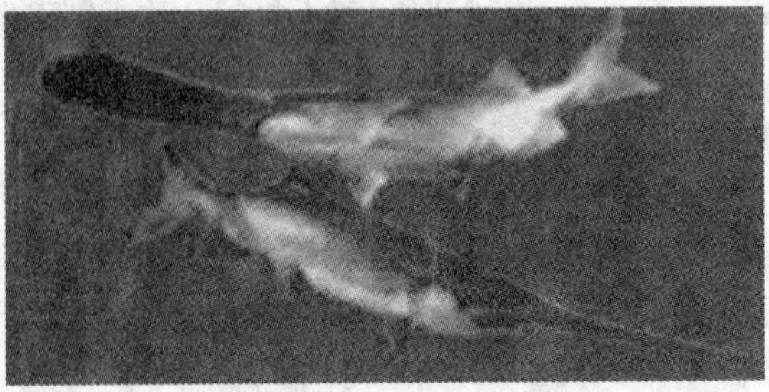

图 9-5 匙吻鲟

2. 生活习性

匙吻鲟是一种纯淡水性的鲟类，可常年在淡水湖泊、水库或河流中生活，无需洄游；一般生活在水体的中、上层，对水位、流量变化比较敏感。匙吻鲟是广温性鱼类，适温范围为 0～37℃，鱼苗最佳生长水温为 19～21℃，成鱼最佳生长水温为 23～28℃，适宜的 pH 范围为 6.5～8，对水体中的溶氧要求在 5 mg/L 以上。

3. 食性

匙吻鲟终身以浮游动物为食。仔鱼开口饵料主要为小型枝角类，也吃蛋黄、鱼粉、虾粉等。仔鱼孵出后虽具一定口裂，但不能闭合，通过不停地游动获取氧气和饵料。对饵料的要求顺序为：轮虫→小型枝角类与桡足类→大型枝角类与桡足类，其摄食方式为吞食。人工投饵，每天需投饵 9～10 次，每隔 2 h 投饵 1 次，每千尾鱼苗每次投喂红虫或其他小型浮游动物 3～5 g。幼鱼长出吻后，可吞食浮游动物、小鱼、小虾等。当饵料不足时，鲟幼鱼互相咬伤现象严重，需及时加大饵料投喂量和降低鱼苗养殖密度。鲟鱼苗体长超过 12 cm 以后，摄食器官发育完善，转营滤食方式。在人工饲养下，喜食浮游动物一般大小的浮性饵料。

4. 生长特性

匙吻鲟生长速度快，池塘养殖 10 cm 以上的鱼种当年可达 0.5～0.75 kg，2 龄鱼可达 1.5 kg 以上。大水面养殖当年可达 0.75 kg 以上，第 2 年可达 2 kg 以上。匙吻鲟寿命较长，一般均在 20 龄以上，有的高达 30 余龄。个体重量可达 60 kg 左右，体长可超过 180 cm。

5. 繁殖习性

匙吻鲟性成熟年龄较晚，一般雌鱼 6～10 龄成熟，雄鱼 5～9 龄成熟，性成熟个体重在 15 kg 以上，成熟卵巢可占体重的 15%～25%，一般怀卵量为 15 万～50 万粒。匙吻鲟繁殖季节一般在 3 月下旬到 6 月上旬，适宜的繁殖水温为 20～24℃，当水温达到 15～16℃时，如果水位和底质能满足要求，匙吻鲟便会产卵。成熟卵子呈灰黑色，卵黏性，卵径 2～2.5 mm，从卵子受精到鱼苗孵出大约需要 7 d。

(三)成鱼养殖技术

1. 池塘养殖

(1)池塘条件　养殖匙吻鲟的池塘应选择水源、电源充足，进排水方便，保肥保水的水泥池或土池。水质清新无污染，符合渔业用水标准。池塘大小一般为 2 000～3 335 m^2，池水深 1.5～2 m，池底平坦，淤泥 25～30 cm。年内池塘水温在 23～28℃的天数要有 185 d 以上，池水最高温度不超过 31℃。

(2)鱼种放养　鱼种放养宜选在水温较低时进行，可提高成活率。鱼种运回后，应用 2%～5%的食盐水洗浴 15～20 min 后再放入池中，放苗时尽量选择在上风口为宜。放养密度一般为 500～1 000 尾/667 m^2，并随着个体的增长，逐渐分疏。养殖匙吻鲟的池塘还可混养其他鱼类，除了搭配底层鱼类外，还可以搭配草食性鱼类和滤食性鱼类。但要注意混养鱼的规格必须小于匙吻鲟，养殖中应谨慎搭配花白鲢，以免发生争食。

(3)饲养管理　主养匙吻鲟的池塘，水中天然饵料一般不能满足匙吻鲟的生长需要，必须补充投喂人工配合饲料，一般投喂蛋白质含量30%以上的浮性饲料，即可满足其生长的需要。日投饵量按匙吻鲟体重的3%～5%来确定，投饵应遵循“四定”原则，每天上午和下午各投饵1次，上午占日投饵量的30%，下午占日投饵量的70%。坚持早晚巡塘，发现问题及时处理，每隔15 d左右换水20～30 cm，以保持水质清新，溶氧充足，还要做到“四防”：防浮头、防鱼病、防偷盗、防逃跑。

2. 网箱养殖

(1)水域选择　匙吻鲟是一种大型的敞水性淡水鱼类，适合在面积较大、水体较深的水域中生长。因此，应选择在大中型水库中进行匙吻鲟网箱养殖。养殖水域水深一般要8 m以上，水体溶氧量在6 mg/L以上，pH在7～8.4之间，要求水质良好，符合国家养殖水质的标准。

(2)鱼种放养　匙吻鲟苗种对水温变化较敏感，苗种放养时温差不宜过大，以不超过±2℃为宜。鱼种进箱前应用2%～5%的食盐水洗浴15～20 min消毒。放养密度一般每平方米放养20～40尾。

(3)饲养管理　网箱养殖匙吻鲟关键在于投饲。放养初期以投喂浮游动物为主，然后逐步驯化转食改投浮性颗粒饲料，并辅以夜间灯光诱饵。饲料要求新鲜不变质，营养丰富，粒径适口。投饲遵循“四定”原则，日投饵3次，在水温20～30℃时，日投饲率为1.5%～3%；水温20℃以下时，日投饲率为0.5%～1%。网箱养殖匙吻鲟时，要抓好3个方面的管理：一是要定期检查，发现问题及时处理；二是要勤于巡箱分箱，及时分级培育，避免两极分化，有利于提高成活率；三是要适时轮捕，调节好养殖密度，提高效益。

(四)常见病害防治技术

1. 气泡病

(1)发病症状　发病初期，病鱼在水面作狂乱而无力的游动，随着鱼体内气体的蓄积，不久即在体表皮肤薄弱处逸出、汇聚，在表皮下形成大小不等的气泡，最后病鱼在挣扎中死亡。捞取病鱼，可见口腔、头部、尾鳍甚至吻部布满大大小小的气泡，气泡密集处组织充血肿胀。解剖肉眼可见鳃丝间黏液增加，附着有许多小气泡，肠内有气泡和黄色黏液，心脏及大的血管内也常常可见气泡，气泡栓塞心脏和血管致鱼迅速死亡。

(2)病因分析　一般情况下匙吻鲟气泡病是由于水体中溶氧过饱和所致。当水体中溶氧达过饱和时，易释放形成大量氧气微气泡和小气泡，可通过匙吻鲟鳃、皮肤向血液扩散，在鱼体内形成微小的气泡，并进一步形成较大的气泡，进而栓塞心脏和血管致使鱼体死亡。

(3)防治方法　针对匙吻鲟气泡病发病原因，宜采取适当的预防措施防止水体中溶氧过饱和，如养殖过程中做好水质调节，高温季节防止水质过肥；在晴天中午到傍晚，开增氧机曝气，释放过饱和的溶氧；有条件的还可适当冲入新水，降低池水温度，稀释溶解氧。气泡病一旦发生，可采用以下方法治疗：食盐兑水，全池泼洒，每 667 m^2 用量 2.5～5 kg，能调节渗透压，使鱼体内气泡逐步逸出，缓解病情；捞取病鱼，转入清水中暂养，以低速流水池暂养最佳，病情轻的鱼能恢复正常。

2. 寄生虫病

(1)发病症状　发病初期，病鱼游动减缓，活力降低，反应迟钝，摄食减少；病鱼感染严重时，鳃丝和体表有许多白色小点状的脓疱，黏液分泌增多，吃食停滞，鱼体消瘦。

(2)病原　病原体主要有车轮虫、斜管虫和小瓜虫等。

(3)防治方法　如是车轮虫和斜管虫引起的寄生虫病，采用浓度为 2 g/m^3 的高锰酸钾溶液全池泼洒，连续进行 3 d；而小瓜虫，除了做好预防措施外，鱼得病后应迅速采取治疗措施，一般可采用浓度 20 mL/m^3 的福尔马林溶液浸浴治疗，或提高池水温度至 25℃以上。

3. 细菌性肠炎

(1)发病症状　病鱼离群独游，反应迟钝，体色发黑；病情严重时，腹部膨大，两侧常有红斑，肛门红肿突出呈紫红色，轻压腹部有黄色黏液和脓血流出；剖开腹部，可见腹腔积水，肠壁充血发炎，肠管呈红色或紫红色，肠内无食，有黄色黏液。

(2)防治方法　主要采取投喂药饵防治，可在饲料中拌入抗菌中草药(三黄粉，每 100 kg 饲料用量为 20 g)，或抗生素(氟苯尼考，每 100 kg 饲料用量为 5 g)等药物，并且全池再泼洒 2 g/m^3 的双季铵盐碘溶液，可达到良好的治疗效果。

第二节　龟鳖的养殖技术

一、中华鳖养殖技术

(一)概述

鳖在分类上属爬行纲、龟鳖目、鳖科、鳖属，又名甲鱼、团鱼、水鱼、脚鱼等，俗称“王八”。鳖属共有 30 多个种类，其中最主要的养殖品种是中华鳖，其他还有山瑞鳖、砂鳖、黄沙鳖等。中华鳖在我国广泛分布，除宁夏、新疆、西藏和青海外，其他各省均有产出，尤以湖南、湖北、江西、安徽、江苏等省产量较高。国外主要分布于越南、日本、朝鲜及夏威夷群岛等地。中华鳖以其极高的经济价值和食用价值，成为我国重要的出口创汇水产品，产品远销欧美市场，创造了大量的外汇。我国中华鳖的人工繁养技术已经非常成熟，加上我国大部分地区的自然条件都适合中华鳖的生长，所以开展中华鳖的人工养殖是一条致富的好门路，其发展前景非常广阔。

（二）生物学特性

1. 形态特征

中华鳖体躯扁平，呈椭圆形，背腹具甲。通体被柔软的革质皮肤，无角质盾片。体色基本一致，无鲜明的淡色斑点。头部粗大，前端略呈三角形。吻端延长呈管状，具长的肉质吻突，约与眼径相等。眼小，位于鼻孔的后方两侧。口无齿，脖颈细长，呈圆筒状，伸缩自如，视觉敏锐。颈基两侧及背甲前缘均无明显的瘰粒或大疣。背甲暗绿色或黄褐色，周边为肥厚的结缔组织，俗称“裙边”。腹甲灰白色或黄白色，平坦光滑，有 7 个胼胝体，分别在上腹板、内腹板、舌腹板与下腹板联体及剑板上。尾部较短。四肢扁平，后肢比前肢发达。前后肢各有 5 趾，趾间有蹼。内侧 3 趾有锋利的爪。四肢均可缩入甲壳内(图 9-6)。

图 9-6 中华鳖

2. 生活习性

中华鳖是水陆两栖变温动物，用肺呼吸，所以在养鳖池的周围或中心要有足够面积的陆地沙滩以便它进行陆上活动。中华鳖的生活习性可归纳为“三喜三怕”，即喜静怕惊，喜阳怕风，喜洁怕脏。鳖对周围环境的声响反应灵敏，只要周围稍有动静，鳖即可迅速潜入水底淤泥中，所以养鳖场或养鳖池的环境一定要保持安静。鳖如果经常受到惊吓，对其生长繁殖都是很不利的。中华鳖夏季有晒背的习性，通过晒背不但可调节体温也可减少体表疾病和增加皮肤的抗病力。当水温降至15℃以下时中华鳖便开始停食，潜伏在水底泥沙中冬眠(一般为 10 月至翌年 4 月)。

3. 食性

中华鳖是以肉食为主的杂食性动物，主要食物为小鱼、小虾、螺、蚌、蚬、泥鳅、蚯蚓、水生昆虫、猪肝、动物内脏等，同时也兼食蔬菜、草类、瓜果等。中华鳖适应的摄食和生长温度为 20～33℃，适宜水温为 25～30℃，20℃以下摄食下降，15℃以下摄食停止。在食物不足时，中华鳖同类可互相残食，所以在饲养时一定要大小分类，切不可将不同规格的中华鳖混养在同一池中，以免互相残杀，造成损失。中华鳖既贪食又耐饿，一次摄食后很长时间不吃东西，也不会死亡。当然，这是靠它自身积蓄的营养来维持生命活动的，在人工养殖时一定要供给它充足的食物，以加快它的生长。

4. 生长特性

中华鳖的新陈代谢缓慢，冬眠期长达半年之久，生长非常缓慢，一般 1 年只长 100 g 左右。中华鳖生长速度的快慢与水温直接相关，在自然条件下中华鳖一般需 3～4 年才能长到 500 g 左右，在台湾 2～3.5 年就能长到 500～600 g，长江流域 4 年才长到 500 g，北方生长速度更慢。为了加快中华鳖的生长速度，在人工养殖中常采用加温措施，打破中华鳖的冬眠习性，加快中华鳖生长速度。

5. 繁殖习性

在自然条件下，中华鳖一般生长到 4～5 龄时才达到性成熟，水温达到 20℃以上时才开始发情交配，交配 2 周后才能产卵，一次交配，多次产卵，北方 1 年产卵 2～3 次，南方 4～5 次。中华鳖产卵适宜温度为 25～29℃，产卵季节一般在 5～8 月份，体重在 500 g 左右的雌鳖一般可产卵 24～30 枚，5 龄以上的雌鳖 1 年可产卵 50～100 枚。中华鳖卵为球形，乳白色，卵径 15～20 mm，卵重为 8～9 g，经过 40～70 d 地温孵化，稚鳖破壳而出，1～3 d 脐带脱落入水生活。中华鳖产卵通常在夜间或黎明时进行，这与中华鳖喜欢安静的环境有关。中华鳖的产卵方式为掘洞产卵，产后用沙土埋上，因此在鳖池周围要设置沙土质的产卵场。

（三）成鳖养殖技术

1. 池塘养殖

（1）池塘条件　池塘要求背风、向阳，周围环境安静，水源充足，水质清新无污染，具有独立的进排水系统，进排水口用 50 目双层钢丝网过滤防止鳖外逃及天敌生物进入池中。池塘面积 3 335～6 670 m^2，水深 1.2～1.8 m，平均水深 1.5 m，坡比 1∶0.5，池中深水区在 1.5～1.8 m，淤泥厚度不超过 25 cm。池塘的四周离岸 1.5 m 处，用 50 cm 高的水泥板设置防逃墙。池塘岸边用玻璃钢瓦铺设面积为 3 m 的饵料台，每个池塘 8～10 个。饵料台一半淹于水下，一半露出水面，并根据养殖期间水位的高低作调整。塘中用竹帘搭建圆弧形的浮式晒背栖息台，1/3 在水面下，2/3 在水面上，晒背栖息台面积为 5 m 左右，每个池塘设置 4 个。

（2）鳖种放养　放养鳖种应选择体质健壮、规格整齐、无伤无病的中华鳖种作为放养对象，鳖种下塘前可用 20 mg/L 的高锰酸钾浸泡 20 min 进行消毒。鳖种放养一般在 5 月中旬至 6 月上旬进行，不要在冬季和盛夏放养，以免影响成活率。放养密度视鳖种规格而定，一般规格为 80 g 以下时，放养密度为 800～1 000 只/667 m^2，规格为 80 g 以上时，放养密度为 600～700 只/667 m^2。鳖种放养时，直接放在池塘的岸边，让其自动爬入水中。

(3)饲养管理　饲料可投喂新鲜或冰冻小杂鱼和白鲢、螺蛳、鸡肝等。饲料投喂遵循“四定”原则，5 月底前和 10 月底后，每日投喂 1 次，6～9 月份每日投 2 次，11 月上旬停止投喂。投喂量要根据季节、天气、水质、吃食情况而灵活掌握，一般以八成饱为度。水温 25～30℃时，日投饲料占鳖体重的 4%～5%，水温 25℃以下日投饲量占鳖体重 1%～3%，水温 20℃以下时停止投喂。当水体透明度小于 30 cm 或大于 40 cm 时就要进行水质调节，可以通过换水和加水，也可以泼洒生石灰、光合细菌、EM 菌等调节，始终保持水色呈蓝绿色或黄褐色。坚持早晚巡塘，注意观察鳖的活动摄食等情况，发现问题及时处理。保持池塘周围环境安静，清除各种惊扰，禁止闲杂人员进入养殖区，为鳖营造良好的生长环境。

2. 网箱养殖

(1)水域选择　养殖网箱一般设置在开阔、背风向阳、地势平坦、水草茂盛、螺蚬丰富的水域中，水质清新且无污染。常年水深保持在 1.5～3 m，有一定的风浪和水流的水域更好。

(2)鳖种放养　放养鳖种应选择体质健壮、规格整齐、无伤无病的中华鳖种作为放养对象，鳖种下塘前可用 20 mg/L 的高锰酸钾浸泡 20 min 进行消毒。放养时间一般在每年的 4～5 月份进行，最好不要在夏季或冬季放养，否则会影响中华鳖的生长。一般选择在水温 20℃以上无风的晴天时进行放养。放养密度一般为 10～15 只/m^2，最高不超过 30 只/m^2。同一网箱中放养的鳖种规格要求相对整齐，避免互相残食，影响成活率。

(3)饲养管理　饲料可投喂新鲜小杂鱼虾、螺蛳、蚌肉等，杂鱼、蚌肉要切碎，螺蛳要轧破。5 月开始少量投喂，6 月中华鳖生长旺盛，需要大量投喂，10 月少量投喂，11 月上旬停止投喂。投喂时要将饵料生物投放于饲料台上，坚持“四定”的投喂原则，投喂量以 2 h 内被摄食完毕为佳。养殖期间要注意记录和观察鳖的摄食活动、天气及水温变化情况等，定时检查鳖的生长情况，及时分箱。分箱时间的掌握主要视鳖的生长情况而定，一般 30 d 左右分箱 1 次，同时结合分箱操作及时清洗网箱和进行鳖体消毒。平时做好巡箱工作，经常检查网箱有无破损，发现问题及时处理。

(四)常见病害防治技术

1. 腐皮病

(1)发病症状　体表糜烂和溃烂是该病的主要特征，病灶部位可发生在四肢、颈部、背甲、裙边及尾部。发病过程首先体表某处皮肤发炎肿胀，发炎处组织逐渐坏死，变成白色或黄色，接着患部形成溃疡，并逐渐增大时，肌肉与骨骼裸露。严重时，颈部的骨骼露出，四肢烂掉，爪脱落，活动微弱，不摄食，短期内死亡。

(2)病原及流行　该病病原体为嗜水气单胞菌、温和气单胞菌、假单胞杆菌等多种细菌。该病高密度养殖下易发，温室中全年可发，20℃以上即可流行。

(3)防治方法　保持水质清洁，确定合理放养密度，并按鳖的规格大小分池饲养，避免相互争斗；水体定期消毒，可用0.5 mg/L的二氧化氯或10 mg/L的高锰酸钾或2～3 mg/L的漂白粉全池泼洒；及时隔离病鳖，同时内服土霉素，按0.2 g/kg鳖重拌饲投喂，直至恢复健康。也可用金霉素、磺胺类药物0.2 g/kg鳖重拌饲投喂，连喂6 d。

2. 白底板病(出血性肠道坏死症)

(1)发病症状　病鳖体表完好无损伤，底板大部分呈乳白色，偶尔有个别病鳖底板上布满血丝。内部器官有2种表现类型：

①充血型　胃、肠充血，呈深红色或暗紫色，肠内充满血液或血凝块，肠道内无食物、糜烂、坏死；脾深红色、肿大；肝灰黑色或青灰色，有的点状充血，糜烂；胆囊肿大；生殖器官严重充血，卵巢呈暗紫色出血状。

②失血型　大部分内脏器官均失血，发白，偶或在肝、心、肺之间可见1个暗紫色的血凝块。病鳖在濒死前浮于水面，不下沉水底，显得焦躁不安。

(2)病原及流行　该病病原体为嗜水气单胞菌、迟钝爱德华氏菌、普通变形杆菌等。该病易感染100～200 g的幼鳖，流行于5～7月份，6月为高峰，水温25～30℃时高发。

(3)防治方法　用1～1.2 mg/L的强氯精或0.5 mg/L的二氧化氯全池泼洒消毒，每隔3 d泼洒1次，连续泼洒2～3次；内服板蓝根、苦参、穿心莲、虎杖等中草药合剂，剂量为10 g/kg鳖重，拌饲投喂，连喂3～5 d。

3. 红脖子病(阿多福病、大脖子病)

(1)发病症状　病鳖脖颈红肿、充血，伸缩困难。有的病鳖周身水肿，腹部可见多个大小不一的红斑，并不断溃烂，口鼻出血，眼睛白浊，严重时失明。病鳖的口腔、食道、胃、肠黏膜有明显的点状、斑块状或弥散性出血；肝脏肿大，呈土黄色或灰黄色，有针尖大小的坏死灶；脾肿大。病鳖对外界环境反应的敏感性降低，行动迟缓，浮于水面或伏于沙地，大多在上岸晒背时死亡。

(2)病原及流行　该病病原体为嗜水气单胞菌。主要危害成鳖和亲鳖。发病期3～10月份，流行水温18℃以上。

(3)防治方法　用庆大霉素、卡那霉素、链霉素等抗菌药物在后腿皮下或肌肉注射，注射量为20×10^4 IU/kg鳖重，注射后立即将病鳖放入水面较大的隔离池中饲养;用 0.8 mg/L 的强氯精或 3～4 mg/L 的漂白粉或 0.4 mg/L 的二氧化氯全池泼洒消毒,连续 2 次;病鳖科用土霉素、金霉素按 0.2 g/kg 鳖重拌饲投喂,连喂 6 d。

4. 鳃腺炎

(1)发病症状　病鳖全身浮肿,口腔两侧的腮腺发炎糜烂;口腔、食道、肠道出血;肝脏呈土黄色,质脆易碎。有时同一个塘的病鳖会出现 2 种症状:腮腺充血鲜红、糜烂、有分泌物,口腔、食道、肠道发炎充血,底板、四肢、尾部充血;腮腺淡白糜烂,有分泌物;食道、肠管有淤血段,底板纸白色,肌肉淡白无血色。这其实是患了 2 种不同类型的腮腺炎,即出血型腮腺炎和失血型腮腺炎。

(2)病原及流行　该病病原体为病毒、细菌、霉菌等,具体种类看法不一。

(3)防治方法　第 1 天用 0.3 mg/L 的强氯精全池泼洒消毒,第 2 和第 3 天再用 0.7 mg/L 的硫酸铜和硫酸亚铁合剂(5∶2)全池泼洒消毒;用 40 mg/L 的板蓝根＋ 20 mg/L 的大青叶合剂煎汁全池泼洒。病重的鳖用穿心莲注射液肌肉注射,剂量为 2 mL/kg 鳖重;用病毒克星(根莲解毒散)拌饲投喂,添加量为饲料量的 1%～2%,连喂 5 d。

二、乌龟养殖技术

(一)概述

乌龟在分类上属脊索动物门、爬行纲、龟鳖目、地龟科、乌龟属,又名草龟、金龟、金线龟、墨龟、泥龟、水龟、山龟、长寿龟等。乌龟属有 3 个种类,即乌龟、大头乌龟和黑颈乌龟,其中主要的人工养殖品种是乌龟。乌龟在我国许多地区均有分布,尤以长江中下游的丘陵地区以及华南各地分布最多,它是我国现存龟鳖目动物中除中华鳖以外分布最广的种类。乌龟由于在食用、药用、观赏乃至科研方面都蕴藏着巨大的经济价值,正越来越广泛地被人们所认识和关注,日益成为健康、时尚的滋补佳品,且其养殖成本低、风险小、简便易行,故发展乌龟人工养殖前景广阔。

(二)生物学特性

1. 形态特征

乌龟的外形明显地分为头、颈、躯干、尾和四肢 5 部分。体型中等,身体较扁平;头前部平滑,后部被多边形或粒状小鳞;具坚固的由骨质合成的甲壳,其躯干包裹在甲壳中,甲壳表面被角质盾片覆盖。甲壳由背甲与腹甲构成,背甲穹起,长卵形,有 3 条明显的纵棱分别位于椎盾以及两侧肋盾的中央;颈盾较小,其左右之间的宽度大于前后之间长度,略呈梯形;椎盾 5 枚,第 1 与第 5 枚为五边形;第 1 枚椎盾是前宽后窄,第 5 枚是前窄后宽;第 2 与第 4 枚椎盾呈六角形。肋盾每侧 4 枚,第1与第4枚为不规则四边形，第2与第3枚为五边形。缘盾，每侧11枚；臀盾左右各一，长方形。腹甲平，后缘凹陷深；有腋盾与胯盾，左右各一；腹甲向体侧延伸成甲桥，甲桥是连接背甲与腹甲的桥梁，使龟壳成为匣状，仅头、四肢及尾可以自由地从边缘伸出或缩入。四肢扁圆，被覆鳞片，前肢5指，具爪；后肢亦5趾，但第5趾不发达，其余4趾具爪，指(趾)间有全蹼；尾适中(图9-7)。

图9-7　乌龟

2. 生活习性

(1)栖息习性　乌龟性喜群栖，人工饲养时，常见堆聚一起。自然环境下，常栖息于湖泊、池沼、溪流、河道，以及岸边的潮湿草丛中，特别喜欢在平原、农田觅食，阴雨天极为活跃。秋末春初，常在中午前后上岸，伸出头颈和四肢晒太阳。

(2)食性　乌龟为杂食性动物，以植物种子、藻类、嫩草、瓜菜、小鱼、小虾、昆虫、蚯蚓、小型螺类和贝类等为食，摄食量强度与环境温度呈正相关。当水温15℃左右时开始取食，随着环境温度的上升，摄食量相应地增大，至30℃左右时，摄食量达到最大，体重增长量也最快。在自然界中，气温较低的季节，多在中午时摄食，而在盛夏季节，多在傍晚与晚上吃食。

(3)夏眠与冬眠　乌龟属水陆两栖动物，水里生活，陆地产卵；乌龟又是变温动物，活动及摄食均受到气温的影响和抑制。8月份为乌龟活动旺季，中午前后，多藏于水中或树荫下的洞穴中，水温上升到35℃以上时乌龟开始"夏眠"。到10月份摄食明显下降，水温下降到10℃以下乌龟进入冬眠期。在野外，多在有积水的洞穴或淤泥中越冬。因为乌龟的体温随环境变动，严寒季节，乌龟身体也会冰冻。如龟体短时间结冰，还可以逐渐升温慢慢复活，若长时间结冰就要死亡。

3. 年龄与生长

(1)年龄的鉴定　自古以来，乌龟就被视作为长寿的象征，人们常说"千年王八万年龟"、"龟鹤延年"等就是形容乌龟的长寿。其实乌龟的年龄可以通过其背甲盾片来鉴定。在自然界龟有明显的生长期和冬眠期，生长期背甲盾片与身体一样生长，便形成很疏松地有一定宽度的环纹圈；冬天进入蛰伏状态，停止生长，背甲盾片也停止生长，环纹圈变得很狭窄。从这样疏密相间的环纹圈上可以鉴别龟的年龄。但龟在第1个冬天并不形成环状圈，到第2个冬天才形成第1个密的环状圈，以后每年1圈。所以,龟的年龄应该是盾片上密的同心圆数加一。这样鉴定年龄对于10年以内的龟是比较准确的,而对于更长时间的龟因环纹不清晰而难以判断。

(2)年龄与体重的关系　在自然条件下乌龟的生长比较缓慢,雌性个体1龄的体重多在10 g左右,2龄约50 g,3龄约100 g,4龄200 g,5龄250 g,6龄300～350 g。即2～4龄(或体重在50～200 g之间)的乌龟生长最快,是生长的优势阶段。待接近性成熟时,其生长速度就会逐渐慢下来,因大量的养分转化到性产物方面去了。

4. 繁殖习性

(1)性成熟年龄与体重　在自然界,乌龟的性成熟年龄一般需6年以上。性成熟雄龟体重为80 g左右,雌龟为250 g左右。

(2)交配及其季节　在长江中下游地区,乌龟多在5～10月份交配。当气温在20～25℃时,交配出现率最高。乌龟为体内受精,一般多在傍晚时交配,一只雌龟常被几只雄龟追逐与求爱,经历时间可达数小时,待雌龟平静时,雄龟即伸长颈部咬住雌龟的头颈,并爬伏在雌龟背上,在水中或陆上交配,交配时间10多秒至几分钟不等。

(3)产卵　乌龟多在6～7月份产卵,1年可产2批卵,每次产卵2～4枚;产卵时间多在天气闷热、气温28℃以上、雷阵雨或雨天过后的黄昏或黎明。在自然条件下,雌龟多选土质疏松而向阳处作为产卵的巢区,先排出尿液湿润沙土,然后,以后肢交替挖掘洞穴,穴深8～10 cm,穴口宽度相当于背甲后端宽;一般洞穴稍倾斜。待洞穴挖成后,随即产卵在洞穴内;而后,以后肢扒土覆盖其卵,并用身体将土压平,然后离去,任自然土温孵化。

(4)卵的特性　刚产下的卵重2.9～3.8 g。卵呈椭圆形,硬壳,灰白色,表面光滑;壳表面有很多显微小孔,是胚胎发育时气体及水交换的通道;卵的长径29～40 mm,短径15～20 mm。受精卵两端半透明,中央呈现白斑点,即胚盘;随着产下卵的时间增长而胚盘迅速扩大。即随着孵化日龄增加白色斑扩大成半环带。最后,半环带几乎合拢,表示胚胎正在发育。如果卵未受精,中央无白色斑点,两端较混浊,卵壳表面不光滑。

(5)孵化　龟卵的孵化时间长短是受外界环境温度影响,孵化温度为23～32℃;胚胎发育所需的热量是由外界温度来提供的,达到一定的有效积温量时,即完成龟的胚胎发育;自然条件下经50～80 d孵出幼苗。孵化温度可以根据孵出雄性稚龟或雌性稚龟的数量要求而定。因乌龟尚未有异型性染色体,环境温度可以决定龟胚胎性别分化。当受精卵处在30℃以上环境中孵化,多孵成雌性龟,在27℃以下环境中,多孵出雄性龟,当孵化温度超过32℃时,胚胎的死亡率较高,低于 23℃时，胚胎停止发育，不易孵出。因此，在有效温度范围以内，根据对性别要求而控制孵化温度。乌龟卵在孵化过程中有一定能量物质损耗，即有 25%～29%物质未转化成胚胎物质，受精卵孵化成仔龟过程中的总损失率是随着孵化温度升高而增大，胚胎发育过程中的能量物质消耗因温度升高而增大。孵卵的温度不宜过高，但亦不宜过低，否则，会延长孵化时间而影响幼龟在越冬前的育肥。

(三)成龟养殖技术

1. 庭院养龟

(1)基本条件　无论是房前屋后，还是地头园旁以及阁楼楼顶，只要不妨碍家庭和邻里正常生活，且有充足的水源、环境要安静，都可用来养龟。庭院养龟的单池面积可大可小，一般池深 1 m，水深 80 cm。养龟池的附属设施有防逃檐、注排水管道、饲料台、草栏和晒背台。为防止雨天池水过满，还应在池墙的标准水位线上设 1 个溢水口。

(2)龟种放养　一般规格为 250 g 以上的龟种放养密度最好控制在每平方米 10 只左右。龟种放养前应用 3%～5%食盐溶液浸泡 15～20 min 消毒。放养时把龟种放到饲料台上或无水的池坡上，让其自行爬走。

(3)饲养管理　饲料按照"四定"原则投喂。定质：应投喂品牌人工配合饲料和当地出产的鲜活饲料，如鲜杂鱼、螺蚌肉等。配合饲料与鲜活饲料的比例以 4∶1 较合适。定量：放养后头几天按龟体重的 3%投喂，6 d 后看前餐吃食情况灵活增减。一般在饲料投喂后 1 h 观察吃食情况较为准确。定时：商品成龟养殖阶段一般每天投喂 2 次，即上午 7:00、下午 17:00 各 1 次。定位：最好将饲料投喂到饲料台上。乌龟喜欢生活在微碱性、肥爽的水环境中，当水体 pH 低于 7 时，每立方米水体可用 50 g 生石灰对水泼洒调节。当水体透明度低于 20 cm 时就应注换新水，换水量为原池水的 1/3～1/2。此外，栽种水浮莲、水葫芦、水花生等水草也能使水环境变好。

2. 工厂化养龟

(1)基本条件　人工控温培育温室要求既采光又保温，单池面积 50～100 m^2，池深 40 cm、水深 30 cm。进排水方便，池中间设几块水泥瓦，供龟栖息用，靠过道边设饲料台，饲料台也可用优质水泥瓦，每池靠过道一边的池角里各放一个吸污器。池中间设一个大的增氧充气沙滤石。

(2)龟种放养　放养前先消毒龟池，方法为先放干池水，使其干燥。放养前 7 d 用 0.5%浓度的漂白粉溶液泼洒消毒。龟池消毒 1 d 后注水 5 cm，就可放养龟苗，以后的水深应根据龟的生长而逐步加高。龟苗放养前龟体用 2%浓度的盐水浸泡 10 min，然后用盆将龟苗送到池里的饲料板上倒出，任其爬走，切不可直接倒入水中。放养密度一般为每平方米 25 只。

(3)饲养管理　投饵遵循“四定”原则。定质:在符合 GB 13078 规定龟苗饲料的基础上添加 30%的鲜活动物性饲料(鲜水蚤、鲜鱼、鲜螺肉等打成浆后与商品饲料混合制成软颗粒投喂);定量:投饵率 3%~5%,再结合实际吃食情况适当增减;定时:每天投喂 2 次,即上午 7:00、下午 18:00 时;定位:把饲料投在设置好的饲料台上。每天在投喂前进行巡塘检查,检查龟的吃食情况、活动情况、水质变化情况、室内设施完好情况等,并做好巡塘记录。当龟种长到 200 g 以上时,就可分到野外养殖池养成商品龟,如在温室里直接养成商品龟,密度应降到每平方米 20 只。

(四)常见病害防治技术

1. 腐甲病

(1)发病症状　在饲养条件差,池底酸性物质浓,水中厌氧菌易侵入龟甲损伤处,导致龟甲壳腐烂发炎,一块或数块角质盾或椎盾腐烂发黑,严重时龟甲溃烂成缺刻状。

(2)防治方法　可用 3%双氧水涂抹病灶部位,再用高锰酸钾晶体粉末涂搽。也可用 10%食盐水浸泡 30 min,然后用金霉素软膏涂搽患处。龟在运输、转运、放养等过程中要轻放轻翻,避免重摔,防止损伤甲壳过深而发病。

2. 白眼病

(1)发病症状　病龟眼部发炎充血,逐渐变为灰白色而肿大,鼻黏膜继而呈灰白色,严重时双目失明,呼吸受阻而死。发病后,病龟常用前足擦眼都,不能摄食,瘦弱而死。

(2)防治方法　白眼病初发时可用利福平服药水滴眼,2 d 1 次,用药后把龟放干燥处静养几天,也可用药后每天晒几小时太阳,有利于消除炎症。如病已严重,可扒开病龟眼,用生理盐水洗眼,把脓屎洗去,然后药浴,把龟放养于水盆内,加入淹龟背之水量,一般加入 80 万 IU 链霉素+0.2 g 痢特灵/kg 水,隔天后换水重复加入上述药物,连用 3~4 次即愈。

3. 疥疮病

(1)发病症状　颈部、四肢等部位有黄豆大小的白色疥疮,用手挤压四周可出现黄色、白色的豆渣状内含物。病龟食欲减退,严重者停食,反应迟钝,2~3 周内死亡。

(2)防治方法　保持水质清洁和合理的放养密度,避免使龟体受伤。发现病龟要隔离饲养,将腐烂处的内含物彻底挤出,用酒精涂抹后,敷上土霉素,再塞入蘸有金霉素软膏的棉球。对停食的龟应填喂食物，肌肉注射金霉素，每只 0.5～1 mL，连续 3 d。

4. 水霉病

(1)发病症状　龟体表长有白色或灰白色棉絮状菌丝。初期病龟食欲下降、消瘦无力、活动不安，严重时甲壳变软、伤口出血、溃烂、停食死亡。

(2)防治方法　尽量减少对龟体的直接操作，要轻拿轻放、带水操作，避免造成龟体表的损伤；放养前，用 30 g/L 的食盐水浸泡龟体 5 min，对池水用 100 g/m^3 生石灰消毒；在饲料中添加 0.1% 维生素 E，可提高抵抗力。对龟体的外伤，用 50 g/L 食盐水、1%的高锰酸钾浸洗后，离水静养 2 h，每日 2 次。

第三节　蛙类的养殖技术

一、蛙类的养殖现状与前景

蛙类在分类上属脊椎动物门、两栖纲、无尾目、蛙科，具有生长繁殖快、适应性强、饲养技术简单、投资省、效益高等特点。我国蛙类的养殖始于 20 世纪 50 年代末 60 年代初，当时主要养殖品种为古巴牛蛙，由于市场及养殖技术等制约，一直徘徊在较低的养殖水平和较小的养殖规模。改革开放以来，我国水产养殖业发生了翻天覆地的变化，蛙类的养殖也得到了前所未有的发展，仅 1986—1996 年 10 年间，全国蛙类养殖面积已突破 1.3×10^4 hm^2，产量达 10 余万 t。到现在蛙类的养殖更是迅猛发展，全国蛙类养殖场如雨后春笋般出现，养殖产量成倍增长，不少生产单位商品蛙的养殖规模已达到产业化规模和水平，成为当地地方经济的重要来源。蛙类养殖品种从发展初期单一的牛蛙养殖品种发展到现在拥有虎纹蛙、棘胸蛙、中国林蛙、牛蛙、美国青蛙等多个养殖品种，蛙类的养殖也于近几年被国家科委列为星火计划中的短、平、快推广应用项目。

蛙类养殖除了其本身的优势外，产业前景也比较看好：一是蛙类出口有潜力，国际市场对蛙肉的需求量非常大，经常会出现供不应求的现象；二是蛙类产品深加工尚未发展起来，其发展方向主要是营养保健品、药品和化妆品，市场潜力巨大。正因为有广泛的市场，国内、外蛙类养殖业才会方兴未艾。蛙类以其极高的使用价值和经济价值，将会越来越受广大消费者和养殖户的青睐。随着蛙类人工繁养技术的日益完善，发展蛙类人工养殖已成为加快农民脱贫致富、促进农村经济发展的新路子，其发展前景日益广阔。

二、蛙类的养殖品种与生物学特性

(一)蛙类的养殖品种

目前,蛙类的养殖品种主要有虎纹蛙、棘胸蛙、中国林蛙、牛蛙、美国青蛙等。

1. 虎纹蛙

虎纹蛙又称泥蛙、田鸡、田蛙、水鸡等,是国家二级保护野生动物。虎纹蛙无背侧褶,鼓膜明显,吻端尖圆;背部呈土黄色或黑褐色,有不规则的黑色斑纹,似虎纹状。主要产于河南、安徽、江苏、浙江、江西、湖南、福建、广东、广西、海南岛和台湾等省区(图 9-8)。

2. 棘胸蛙

棘胸蛙又称石蛙、石鸡、石蛤蟆、坑蛙、岩蛙等。棘胸蛙无背侧褶,鼓膜不明显,指趾末端膨大呈圆球状,雄性前肢特别强壮;皮肤粗糙;雌性背面都是分散的圆疣,疣上有小黑刺,腹面皮肤有棘,雄性仅胸部有棘。棘胸蛙在我国分布广泛,江西、湖南、湖北、浙江、福建、安徽、广西、广东、四川等省(自治区)的山区均有分布,尤以西部的井冈山、宁冈、安福一带山区数量较多,为山区特有的大型种类,素有"百蛙之王"的美称(图 9-9)。

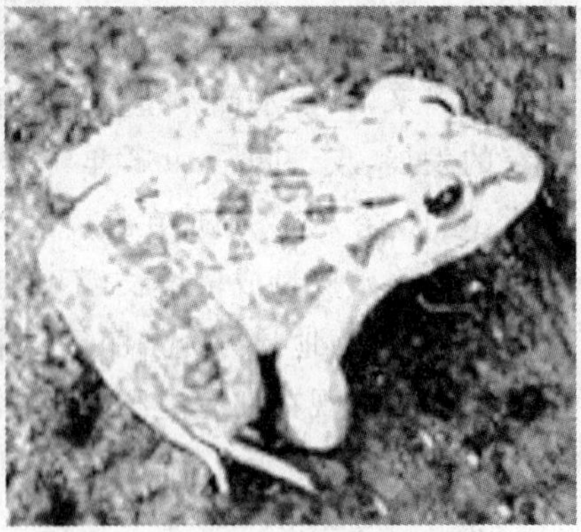

图 9-8 虎纹蛙

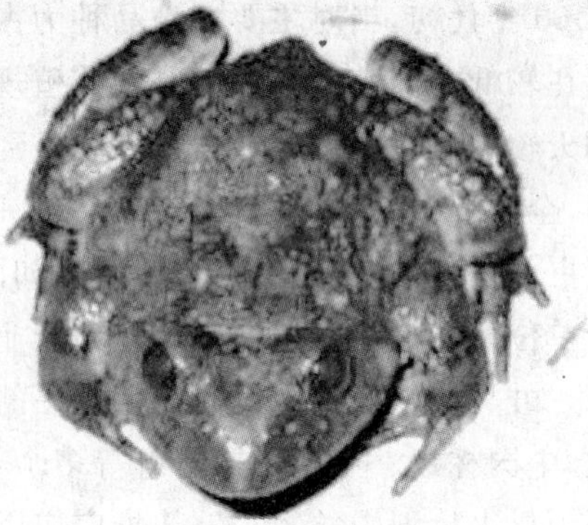

图 9-9 棘胸蛙

3. 中国林蛙

中国林蛙又称哈士蟆、黄蛤蟆、油蛤蟆、红肚田鸡、雪蛤等,它集药用、食用、保健于一体,与猴头、熊掌、飞龙并称"四大山珍",被列入《中国濒危动物红皮书》。中国林蛙有背侧褶,不平直,在鼓膜上方斜向外侧,随即又略折向中线,背侧褶间无斜行黑线纹,鼓膜处有三角形黑色斑;背部呈灰褐或黄褐色,雌性腹部青黄色或粉红色,雄性腹面乳白色或淡粉色。中国林蛙分布于俄罗斯、日本、朝鲜和中国,我国主要分布在长江以北16个省(区),而以吉林省长白山区和黑龙江省东部山区数量最多,且体型最大,经济价值最高(图9-10)。

4. 牛蛙

俗称古巴牛蛙,因其鸣声宏亮,酷似牛叫,故名牛蛙。牛蛙外形与虎纹蛙相似,但体型更大,头大而扁,长宽几乎相等,眼大而突出,鼓膜明显,与眼径相等或略大,背部皮肤有极细的肤棱或疣粒,无背侧褶,呈棕绿色,带有暗棕色虎斑纹,腹面呈白色;咽喉部雄性呈鲜黄色,雌性为灰白色。牛蛙原产于北美洲,1959年从日本、古巴引入我国,1986年在我国中部和南部大量饲养,到目前为止,全国大部分省市都开展了牛蛙的人工养殖(图9-11)。

图9-10　中国林蛙

图9-11　牛蛙

5. 美国青蛙

简称美蛙,又称沼泽绿蛙、猪蛙等。美国青蛙无背侧褶,其体型似牛蛙,但体型略小。美国青蛙与牛蛙外形的主要区别:头形宽而尖,鼓膜四周有一黑圈,背中部有一明显纵肤沟。美国青蛙原产于北美洲,是美国西南部的一种青蛙,主要分布在南卡罗莱纳州至得克萨斯州。1987年从泰国引入我国,现已在全国各地推广养殖,集中于广东、湖南、浙江、上海等地(图9-12)。

图9-12　美国青蛙

(二)蛙类的生物学特性

1. 蛙类的食性

(1)蝌蚪的食性　蛙类蝌蚪的食性主要分为杂食性、植食性和肉食性3种类型。杂食性的蝌蚪如美国青蛙、棘胸蛙等，此类蝌蚪均营底栖生活，它们主要取食附生于水中的植物，也会取食动植物遗体；植食性的蝌蚪如中国林蛙等，此类蝌蚪主要以小浮游植物为食或刮食急流中石块上的藻类；肉食性的蝌蚪如虎纹蛙、牛蛙等，此类蝌蚪以活动的小动物为主食，在缺食情况下，同种蝌蚪之间会互相咬食。

(2)成蛙的食性　蛙类的食物组成较广泛，以动物性为主，辅以植物性食物，主要包括环节动物的蚯蚓等，软体动物的各种螺类，节肢动物的蝇类及蛆、蚊类、蛾类和小虾蟹等，鱼类的幼鱼和小型种类，两栖动物的幼体，爬行动物的幼体和小蛇等，植物的种子和有机腐屑，其中以昆虫为主要食物，农林业的害虫占 80%左右。蛙类捕食的害虫不仅种类多，而且食量很大，据调查，1 只青蛙每天所吃稻叶蝉的数量可达 266 只，1 只中国林蛙每天可捕食昆虫 3 000 余只。蛙类成体对食物的选择性明显，当动物性食物和植物性食物同在的情况下，首先摄食动物性食物；蛙类成体大部分以活动的物体为主食，其眼睛对活动的物体十分敏感，而对静止的物体不敏感，当活动物和死动物混在一起时，蛙类选食活的，而基本上不吃死的食物。这几种养殖蛙类，仅虎纹蛙可以吃不运动的食物。在培育蛙类苗种时需进行食性驯化，使幼蛙习惯摄食死的或人工配合饲料等食物。蛙类的摄食方式属猎食或捕食。蛙类的摄食器官包括口、上下颌及其齿、舌等。蛙类不分昼夜都会捕食，但以夜间至清晨捕食活动更为频繁。蛙类通常栖息于水面或草丛中窥视食物，当发现食物便突然跳跃过去，瞬间把舌从口腔中翻出，黏着昆虫等食物，然后迅速返回口腔把食物送入咽部，颌齿和犁齿协助捕食而防止食物逃脱。

2. 蛙类的生活习性

(1)蛙类的栖息习性　蛙类的栖息习性一般分为水内生活型和陆地生活型。虎纹蛙、牛蛙和美国青蛙通常栖息在湖泊、水库、沟渠、池塘、沼泽、稻田等静水水域中，称静水内生活的类型；棘胸蛙等棘蛙类一般栖息于山林区水流较缓的山涧、小溪、流溪的洄水荡等流水水域中，称流水内生活的类型；中国林蛙除了繁殖季节和越冬期间在水中生活外，一般很少到水中生活，通常栖息在以水源为中心的潮湿阴凉、植被茂密山地、草地、沼泽等处，称陆地草丛生活的类型。

水内生活的蛙类具有穴居生活习性，虎纹蛙洞穴由泥土堆成，或由石块堆砌而成，蛙藏匿于其中，仅将头部伸出洞口，如有食物活动则迅速捕食之，若遇敌害则隐入洞中。棘胸蛙的洞穴多在溪流两岸靠近水面处，有时开口的一半在水面之下，洞口不大，进、出口合而为一，洞内光滑，潮湿，洞深 15～25 cm，洞底略低于洞口。棘胸蛙习惯昼伏夜出，白天匿藏在洞口、草地、石缝间，夜间在洞穴附近几十米范围内活动、觅食，黎明前各自返回洞穴。

几种养殖蛙都善于跳跃，其后肢长且粗壮，平时呈“Z”字形卷曲，见到食物时跳跃捕食，遇到惊吓时则立即跳跃逃窜。特别是牛蛙善跳，跳高达 1.5～2 m，远达 1.4～2.7 m。几种蛙类在冬季都具有冬眠习性，当秋末水温降到一定程度时，牛蛙、美国青蛙潜入并匍匐在水底或水底软泥中冬眠；虎纹蛙、棘胸蛙在洞穴中或深水淤泥中或地下水口处的水坑中冬眠；中国林蛙在河底石砾、草根和树根下冬眠，四肢卷曲，头部朝下，不食不动，行皮肤呼吸，代谢水平很低，或分散或群居。各种蛙冬眠期限、冬眠开始时间和解除冬眠的温度，因种类和所处地理气候条件而异。

(2)蛙类对环境的适应

①对盐度的适应　蛙类幼体和成体对盐度的适应能力均较小，其生存与繁育盐度范围为淡水(<0.5‰)至 3‰，最适盐度为 0.02‰～0.5‰，致死盐度上限为 8‰左右。

②对温度的适应　蛙类属变温动物，温度对幼体和成体的生存、生长发育影响极大。主要养殖种类的致死温度、生存温度、摄食与生长适温、繁殖适温和冬眠温度见表 9-1。由表 9-1 可知，它们对水温的适应能力有一定差异，其中中国林蛙的适宜温度较低。

表 9-1　蛙类主要养殖种类对水温的适应　℃

养殖种类	致死温度		生存温度	摄食与生长		繁殖		冬眠温度
	下限	上限		适温	最适温	适温	最适温	
虎纹蛙			2～31	20～35	25～30	20～30	25～28	8～15
棘胸蛙	0	35	0～33	15～34	18～23	18～27	20～25	8～12
中国林蛙	−2	35	6～34	8～23	10～20	5～24	10～16	10
牛蛙	−1	39～40	1～37	15～32	25～30	18～32	23～28	10
美国青蛙	−1	40	0～35	8～35	18～32	20～30	25～28	10

③对湿度的适应　蛙类除用肺呼吸外，还用皮肤呼吸，在适宜的温度范围内，环境的适宜相对湿度为 70%，温度越高，对湿度的要求也越高。当空气湿度低时，它们便迅速跳入水中，干旱时则迁移到有水的地方或钻入比较潮湿的深土层中休眠，但把成蛙溺水中，不让其浮到水面也会窒息死亡。

④对水中溶解氧、pH 的适应　蛙类幼体阶段在水中生活，成体也大部分时间生活在水中，要求水中溶氧不低于 4 mg/L。养殖蛙类的池水 pH 一般为 6.8～8，大于 9 的碱性水和小于 6 的酸性水都影响其生长发育，严重时则引起死亡。

⑤对光照的适应　蛙类喜弱光，畏强光，昼伏夜出，白天多匿藏在树荫、草丛、洞穴中，夜间外出觅食，突然遇到强光时便一动不动，供人捉拿。但是，光照对蛙类的生存与繁育却是至关重要的。试验表明，光照直接影响牛蛙的性腺发育和繁殖，

牛蛙若被长期饲养在黑暗环境中，则全身变黑，性腺停止发育，不能产卵、排精。

3. 蛙类的生长特性

牛蛙属于大型的且生长较快的蛙类，其体重一般为 800～1 500 g，最大可达 2 kg，体长达 20 cm。变态后的稚蛙，一般体重为 10 g 左右，在适宜的人工生态条件下，饲养 30 d 体重可达 50 g 以上，月增重 50～150 g，当年可达 250 g 以上。当体重达 350 g 以上时，生长速度减缓，体重达 500 g 以上时生长速度明显变慢。

美国青蛙也属大型蛙，但比牛蛙小，体重一般为 250～500 g，体长 13 cm 左右，变态后的蛙约 4 g。在人工饲养条件下(60～80 d)，当年体重达 50 g 左右，越冬后第 2 年饲养 100～150 d，体重可达 150～250 g。体重 250～300 g 达性成熟的个体，生长速度变慢。

中国林蛙、虎纹蛙和棘胸蛙属较大型蛙类，三者中棘胸蛙最大，中国林蛙最小，其生长速度也与个体大小相关。中国林蛙的最大体长约 10 cm，体重 100 g 左右，生长速度较慢，完全变态登陆的幼蛙体长 1.2～1.5 cm，当年体长一般为 3.5～4.8 cm；第 2 年达 6 cm、40 g；第 3 年达 7.5 cm、50～70 g；第 4 年达 8.2 cm；4 龄以上的个体生长缓慢。

虎纹蛙的最大个体可达 250 g 左右，蝌蚪变为稚蛙的时期较短，变态后生长速度较快，在人工饲养条件下日增重可达 6%，饲养 3 个月左右体重可达 100～150 g；平均体重 38.2 g 的虎纹蛙，在 30～35℃条件下，以鱼为饲料，平均每只日增重 3.36 g。

棘胸蛙的一般个体为 200～450 g，体长 10～15 cm，最大个体可达 0.75～0.9 kg，生长速度较快。刚孵出的蝌蚪为 0.05 g，变态后的稚蛙 1.5～3 g；当体重大于 56 g 时，生长速度增快。第 1 年体重可达 85～230 g；第 2 年达 125～285 g，第 3 年达性成熟后生长变慢。

4. 蛙类的繁殖习性

养殖蛙类都是在水中产卵，体外受精。蛙类产卵前皆有抱对现象。在生殖季节，雄蛙选好场所，高声鸣叫，诱引雌蛙，雌、雄蛙各自向异性靠近，汇合后，雄蛙的鸣叫便戛然而止，迅速跳骑在雌蛙背上，用前肢抱住其腋下，两者四肢及躯干浸没于水中，头部露出水面。抱对持续的时间因种类和个体而异，如棘胸蛙为 6～8 h 或 1 d，美国青蛙和牛蛙为 1～2 d，中国林蛙为 2～3 d。雌蛙在雄蛙紧抱下腹部肌肉收缩，将腹腔中卵挤出体外，雄蛙立即排出精液，精卵瞬时受精。每次产卵的时间随产卵量而异，一般持续 10～30 min。

蛙类产卵的场所要求安静、背风、行人稀少的环境，水草多的浅水处或水底为石块的地方，或水中有树荫的地方。产卵的时间，一般多在夜间，产卵高峰往往在日出前，卵入水呈黏性，卵膜吸水膨大，棘胸蛙的卵粒粘连成片状，链索状或葡萄串状，每簇 20～40 粒，一端黏附在水中石块、树根或水草上，另一端悬于水层中；中国林蛙的卵粒粘连成团状（球形或椭圆形），直径 4～5 cm，吸水膨大后达 15 cm，漂浮于水面；牛蛙和美国青蛙卵吸水后卵块像棉絮状，常黏附在水草、草根、树根须上；虎纹蛙产出的卵粘连成小片浮于水面，每片 10 余粒至数十粒。

主要养殖蛙类的性成熟年龄与规格、产卵季节与水温等繁殖生物学指标见表 9-2。

表 9-2　蛙类主要养殖种类的繁殖生物学指标

养殖种类	性成熟			怀卵量		产卵	
	年龄	体长/cm	体重/kg	万粒/尾	粒/g	月份	水温/℃
虎纹蛙	2	8～10	0.05	0.18～1.2	32～95	5～9	20～28
棘胸蛙	2～3	6～8	0.1	0.04～0.2	4～6	4～9	>15
中国林蛙	2～3	5～7	0.05	0.07～0.2	10～20	3～5	>5 8～11
牛蛙	1～2	9～12	>0.35	1～5	34～129	4～7	20～30
美国青蛙	1～2	8～10	>0.3	0.2～3	20～50	4～9	20～30

养殖种类	年产卵次数	卵		胚胎发育	
		结构	直径/mm	水温/℃	时间
虎纹蛙	多次	黏胶膜	1.9	27	36 h
棘胸蛙	3	黏性	3.2～4	18～23 25	10～12 d 7～8 d
中国林蛙	1	黏性	1.5～2	15～18 5～10	3～4 d 15～20 d
牛蛙	多次	黏性	1～1.5	19～27 25～31	3～4 d 49～60 h
美国青蛙	2～3	黏性	1～1.5	20～21 24～25	100 h 72 h

5. 蛙类的生活史

蛙类的个体发育全程分为胚胎期、变态期、稚幼期和成体期。受精卵在水中发育到出现外鳃、口、尾鳍、心脏跳动和血液循环时，冲破卵胶膜，成为独立生活的幼体（蝌蚪），称胚胎期。刚出卵胶膜的蝌蚪似幼鱼，口的后面有一能分泌黏液的吸盘，以此吸附在水草上，静止不动，2～3 d 后吸盘开始退化；有一侧扁的长尾作为运动器官和分支的羽状外鳃行呼吸机能；外鳃不久被鳃盖褶遮蔽起来，随后萎缩而代之以咽部的4对内鳃；两颌外包角质喙，构成口的上下唇并附生角质唇齿数行，以此啮食水生植物，唇的边缘有许多乳突，行味觉功能。

蝌蚪变态为稚蛙，称变态期。蝌蚪的变态一般发生在孵出后1～3个月(因种和温度等因素而异)，变态期间其体内外发生一系列变化，各种器官由适应水栖向适应陆生转变。最显著的外形变化是成对附肢的出现，两颌的角质喙及角质唇齿连同表皮一起脱落，蛙类的尾部萎缩消失等；内部器官也有相应变化，当蝌蚪还在以鳃进行呼吸期间，咽部就长出肺芽，并逐渐扩大和形成左、右肺，最终完全代替了鳃；心脏发展成两心房一心室，而血液循环方式也随之由单循环发育成不完全的双循环；肠管由长而螺旋状盘曲转变为粗短的直形状，胃、肠分化也趋于明显，食性由植物性变为动物性。

稚蛙的外形、体色与内部器官逐渐发育似成体，仅性腺尚未成熟，此时的个体称幼蛙。当性腺发育成熟，第二性征出现，此时的个体称成蛙。

三、蛙类的养殖模式

(一)自然散养模式

选择环境适宜，有野生蛙类生长的山沟，施行封山，减少人为影响，使养殖蛙类完全在自然状态下达到种群恢复，也就是让蛙类的产卵、孵化、变态均在自然状态下进行。对于这种养殖模式，养蛙户不必投资各种养蛙设施的修建，也不必在蛙类的生长期进行饲养管理。该模式对恢复野生蛙类种群资源有利且投资少。缺点是受自然因素影响较大，回收率低，经济效益差，很难形成规模。

(二)半人工养殖模式

1. 野外封山养殖模式

即利用现有的自然条件，选择植被条件好，有茂密的林木，两山夹一沟，沟底有小河、溪流，谷底开阔的地方养殖蛙类。在养殖过程中，蛙类的繁殖、蝌蚪的生长发育及变态等完全在人工控制、人工饲养管理的条件下进行，幼蛙、成蛙阶段则利用天然山林资源养殖，不人工投喂食物，但幼蛙、成蛙的生活阶段也要加强管理，消灭敌害，做好冬眠期管护。

该技术能够充分有效地利用山林资源，有限度的人工管理提高了养殖蛙类的回收率。这种养蛙方法简单、投资少、受益大，是东北山区广大蛙农最为喜欢，行之有效的大规模养殖蛙类的模式。凡是山多林密、沟谷交错、水源充足、植被良好的山区、半山区都可用这种方法养殖蛙类。但是，该模式回收率还是比较低，加之管理措施不到位，以及养蛙户保护意识淡薄，使这种养殖模式大多演变成“只抓不养，掠夺式捕杀”的状况。

2. 生态围栏养殖模式

围栏养殖就是把孵化池、越冬池、山场林地全部用塑料布封闭起来，用自然孵化，人工喂饲补充黄粉虫喂蛙，养殖蛙类的回收率能达到 12% 以上。半人工养殖比自然散养前进了一大步，但是幼蛙、成蛙还是在山林中生活，养殖蛙类依靠天然活性动物饵料，食物左右着养殖蛙类的数量，加之天敌对养殖蛙类的捕食，其回收率还是很低。围栏半人工养殖蛙类的回收率也只有 5%～15%，如果不设围栏，养殖蛙类的回收率更低，一般不超过 3%。此外，养殖蛙类占用的山林面积也很大。

(三)全人工养殖模式

1. 开放式围栏全人工养殖

该模式就是将幼、成蛙放入由围栏围成的蛙圈中饲养。根据围栏材料的不同，该模式又可分为庭院养殖、水泥池圈养、塑料布圈养、石棉瓦围栏圈养等。其主要建筑设施有繁殖场、养殖场(圈)，冬眠场所和饲料车间。繁殖场是专供养殖蛙类抱对产卵、卵的孵化、蝌蚪饲养、蝌蚪变态的场所。养蛙圈是饲养幼蛙、成蛙的场所。另外，在蛙圈内还铺设喷管设施，四周还有红砖铺成的投食台，种植多种植物等。

该模式实现了高密度、集约化养殖蛙类，人工模拟蛙类赖以生存的森林生态环境，打破了蛙类必须生活在森林中的传统观念，大大提高了养殖蛙类的回收率，比山林散养蛙类提高 10～20 倍。该养殖模式的养殖经验相对成熟，能形成一定规模，对一般农户可以推广。

2. 网箱养殖

即将蝌蚪和幼成蛙都放于塑料网或纱窗布做成的网箱内饲养。网箱面积一般以 8 m×5 m，即 40 m^2 为宜，最大不超过 120 m^2，要求饲养池水深 40～80 cm，池的出、入水口呈“对角线排列”。设置网箱时，先用较粗的竹竿(水泥杆、木桩)沿池打桩。打桩的位置一般在网箱箱体四个角上，然后用较细的竹竿水平地扎在桩上，再用尼龙绳把箱体窗纱固定在桩柱及水平的竹竿上，这样便形成一个网箱。用木板钉一个长 1 m、宽 0.5 m、高 4～6 cm 的框子，框子底部钉上纱窗，把它吊在网箱内水体中形成投饵台。投饵台离水面约 7 cm。此外，在饲养池的另一侧可适当留些空位，上面放上乱砖石块及杂物，以供林蛙栖息与觅食。在池的中央上方，可安装 1～2 只黑光灯，供夜间引诱昆虫。

3. 日光温室全人工养殖

日光温室全人工养殖就是利用日光温室、塑料大棚养殖蛙类。该模式的养殖场和养蛙场都设在日光温室中。为了有效利用温室空间，繁殖场中的抱对产卵池、孵化池、蝌蚪饲养池、变态池可以共用，修 2～3 个多功能水池，规格为宽 1.5～

2 m,深 40～50 cm,长度视温室大小而定,东西走向,水池内设 1 个台阶,台阶距地面 20 cm。日光温室模式比围栏模式又前进了一步。这种养殖形式,使养殖蛙类生产走向高效、快速之路。它充分利用了日光能源,早春和晚秋温室内温度高,蛙类生长期可长达 8～9 个月之久,如果再进行人工加温,蛙类的生长期则更长,这样蛙类生产周期更短,从而可实现高效、快速养殖蛙类。但是该模式投资大,技术难点多,不易掌握。

四、蛙类的疾病防治技术

(一)蛙类发病原因分析

1. 选址不当、蛙池不规范

蛙类对栖息环境的基本要求是:温暖、湿润、阳光充沛;陆地上植物丛生;有清洁而充足的水源;排灌方便。而一般面积较大的池塘、高墙深院内均不宜建蛙池。因为若池塘水面大而陆地少且塘埂较陡,则不利于蛙上岸栖息;高墙深院内阳光不足、阴凉,不利蛙生长。

2. 清池不彻底、环境条件差

蛙池淤泥中有各种敌害生物、致病菌和腐殖质,如果不清淤或消毒,这些有害生物将大量繁衍,侵袭蛙体。其次,池底淤泥发酵过程中大量消耗水中溶解氧,并产生氨氮,而且蛙类排泄物中氨氮含量很高,水中氨氮浓度将大大超标。有关研究表明,水中氨氮能降低水生动物血液中血球浓度,减弱蛙类免疫能力。氨氮浓度较高是蛙病发生的主要因素之一。

3. 管理不善

(1)苗种质量差　若蝌蚪、幼蛙的体质瘦弱,生长缓慢,则其抗病能力差,易受病菌感染和敌害侵袭。

(2)放养密度过大,生态环境恶化　高密度养殖造成个体之间争饵、争氧、争夺栖息地,体质稍差的感染疾病机会增多,给疾病流行创造了条件。

(3)饲喂不当　若长期投喂某些营养单一的原料型饲料(如鱼干、蚕蛹等),则蛙的体质瘦弱,免疫力下降,易引发多种维生素缺乏症及烂皮病。若投喂的饲料氧化、霉变,则可引发肠胃炎等病。饲料投喂不定时、定位、定质、定量,使蛙时饥时饱,也易引起各种疾病。此外,若饲料的稳定性差,易散失水中,则可污染水质。

(4)操作不当　捕捞、运输过程中擦伤、压伤蛙体,伤口感染易患水霉、溃疡等病。

4. 其他原因

敌害生物引发:蛙类的敌害主要有鼠类、蛇、水禽、凶猛鱼类等,它们咬伤甚至吞食蝌蚪、幼蛙，危害较大；从疫区引种忽视检疫工作，特别是养殖老区发病较重，疾病随苗种传播到各地，引起传染；预防不力、延误时机：养蛙需做到无病预防、有病早治，一般外用药也只能预防未感染或疫病较轻的蛙，所以养殖蛙类发病以后再治疗效果往往不理想。

(二)蛙病预防措施

1. 合理选址、科学建池

蛙池应建在有清新、充足的水源，阳光充沛的地方。土池要求有一半面积的陆地，并有大量植物遮荫；水泥池中要有水草、休息台；进水方便、排水彻底；设围墙或围网以防逃和防敌害入侵。

2. 清池消毒、改善环境

放养前蛙池要排干水，清除池底淤泥，曝晒并用生石灰或其他消毒剂全池泼洒。池上方搭棚，夏天遮荫，冬天防风防寒。

3. 精养细管

(1)做到“三消”、“四定”　要通过科学的饲养管理手段，增强蛙体对致病因素的内在抵抗力以及保证水质环境，减少病原体滋生机会。“三消”即蛙池、幼蛙(蝌蚪)和食台消毒。蛙池使用前要彻底清整消毒，在饲养过程中要及时清除池底腐殖质，定期用生石灰或其他消毒剂消毒，水泥池要定期刷洗。幼蛙(蝌蚪)下池前要用浓度为0.5%～1%的食盐水浸泡3～5 min。食台是蛙类摄食、栖息的主要场所，应每天清除食台上残饵，并定期用消毒剂消毒。“四定”是指投饲要做到定时、定位、定质、定量。“定时”是指每天投饲要固定时间，养成蛙定时进食的习惯，提高饲料利用率；“定位”是指固定食台投饲，利于蛙进食、投饲和观察蛙的动态及防病施药；“定质”是指饲料的营养要均衡，含有蛙类所需的各种营养成分。饲料的稳定性好，在水中的漂浮时间应在2 h以上。饲料的适口性要好，需经熟化处理，便于消化、吸收。饲料外表要光滑，吸水后膨胀、松软且有弹性，大小适口；“定量”是指以蛙体总重的3%～5%确定日投饲量，同时根据天气、温度变化适当调整，以每次投饵后1～2 h内摄食完为宜。

(2)改善水陆环境　蛙池四周要种植瓜果蔬菜，水泥池上要搭凉棚；池中可栽部分水生植物，如凤眼莲、莲藕等，既净化水质，又可供蛙栖息。有条件的可保持池水流动，每月换水1～2次，夏季每月换水5～10次。

(3)放养优质苗种　优质蝌蚪的形体完整，体色为金黄色、浅黄色，光泽明亮，游动活泼。幼蛙要求体格健壮，体表完整，体色发亮，跳跃有力。蝌蚪、幼蛙在越冬前要强化喂养，以满足冬眠期间的能量消耗。

(4)适时分养　变态后的幼蛙每平方米可放养100～200只。在驯饵期间，已完成驯饵的个体应随时加以分离,以减少互相咬噬造成的损伤。幼蛙饲养1～2周,即有体型悬殊而产生大吃小的现象,应及时分养,密度约每平方米100只。分养频度随体型增大而减缓。

(5)勤检查、早防治　坚持每天巡池,在蛙病流行季节、阴闷天气或暴雨前后要格外注意。发现病蛙死蛙要及时捞出隔离,死蛙要深埋或烧毁。

(6)注意操作　蛙体受伤后易遭病菌感染,因此在捕捞、运输时操作要谨慎。受伤后要及时采取预防措施,用高锰酸钾溶液浸洗或用紫药水涂擦伤口。

4. 加强检疫、杜绝疾病蔓延

生产单位要保证无病蛙运出,输入单位要对蛙进行隔离检疫。经现场检疫和实验室检疫后,对有严重病害的予以销毁。发生疫情的生产单位要做好隔离工作,防止传播蔓延。

5. 药物预防

在蛙病流行季节有针对性地施用一些药物,也是预防蛙病的有效措施之一。

(1)生石灰　每立方米水体用20～100 g生石灰化水泼洒,能改善水质,杀灭蛙池水体中的致病菌,减少蛙病发生几率。

(2)硫酸铜、硫酸亚铁合剂　每立方米用硫酸铜0.5 g、硫酸亚铁0.2 g,化水泼洒,能有效预防蛙类寄生虫发生。

(3)大蒜或土霉素　每千克饲料加入2～4个大蒜,或2 g土霉素,每周喂1～2次,能预防肠炎。喂蝌蚪时,先将药物压碎,拌入粉状饲料中即可;喂成蛙时,先将药物压碎溶于少量水中,再用饲料充分吸附后即可投喂。

(4)含氯消毒剂　每立方米水体用漂白粉1 g或三氯异氰尿酸、二氯异氰尿酸钠0.2 g,化水后全池泼洒,每月1次,能有效预防蛙类细菌性疾病发生。

(三)常见蛙病防治方法

1. 红腿病

(1)发病症状　病蛙大腿与前肢发红,后肢无力颤抖,头部伏地,不吃不动,3～4 d便会死亡。剖检可见后肢充血,且有不少出血点和出血斑,胃肠壁可见出血点,肝、肾、肺有红肿等现象。

(2)病原病因　此病又称败血症,为幼蛙和成蛙常见病,一年四季均可发生,尤以夏季为甚。本病的病原体为嗜水气单胞菌。当水质恶化时,嗜水气单胞菌极易大量繁殖,因此,本病多发生在养殖密度大、水质恶化的养殖池。此外,蛙体受伤,天气突变,尤其是由热转冷时,也易引发此病。

(3)防治方法　预防方法是:定期进行消毒,改善水质。最好采用长流水进行养殖,保持水质清新。治疗方法:对每只病蛙肌肉注射硫酸庆大霉素1万～2万IU,每天1次,连续2 d;病蛙用5%的盐水浸泡10 min,可抑制病情发展。用1 L水加入10万IU链霉素制成药液,浸泡10 min,每天1次,连续3 d。红腿病的反复性较大,治疗时当临床症状消失后,还应继续用药,以巩固疗效。

2. 烂皮病

(1)发病症状　患病初期,病蛙头部出现花纹状的白斑,接着表皮脱落,头部和吻端皮肤溃烂。如不及时治疗,溃烂很快会蔓延至全身和四肢等处,继而患部溃疡,露出肌肉和骨骼。此时,病蛙不吃不动,最终因受病菌毒素严重侵害而中毒死亡。剖检病蛙,可见腹部积水、内脏充血肿大等病变。营养性腐皮病同时还伴有烂眼症状,视力逐步丧失,呆滞于池角阴暗处。

(2)病原病因　此病又称腐皮病,是幼蛙和成蛙共患的皮肤病。本病流行季节长,尤其是夏季,发病率高,危害性大。病因有2个:一是因缺少某一种维生素(如维生素A)而引起的营养性腐皮病;二是因转池、运输时损伤了蛙的皮肤,或是养殖密度大,蛙与蛙之间咬斗伤了蛙的皮肤,由细菌感染而引发腐皮病。

(3)防治方法　对于营养性腐皮病的防治,可以经常拌饵投喂维生素A、维生素B、维生素C和维生素D来预防;对于细菌性腐皮病的防治,则先用生石灰、漂白粉等消毒食台和棘胸蛙聚集处,然后用2～3 mg/L蛙消安或3 mg/L高锰酸钾和冰醋酸合剂全池泼洒,连续2次有效。

3. 肠胃炎

(1)发病症状　发病初期病蛙跳动不安,喜钻泥或草丛角落,少摄食,少活动。随着病情加重,病蛙瘫软乏力,静卧池边浅滩,惊扰时无反应。同时由于消化不良,食物过度发酵,肠内产生太多气体而腹部膨胀。病蛙身体日渐消瘦,最后终因心力衰竭而死亡。剖检病蛙,可见肛门红肿,肠道充血、发炎、有腹水。

(2)病原病因　此病由细菌感染所致,是一种常见的蝌蚪、幼蛙和成蛙共患病。此病传染性强,死亡率高,多发生在春夏和夏秋之交气候多变的季节。病因是由于水质受污染,或摄食变质、不洁的饲料,吃进了大量的病菌后而得病,病菌进入蝌蚪或蛙的胃肠后大量繁殖,并产生毒素。毒素进入血液至脑,干扰神经中枢的活动,并可直接毒害胃肠黏膜而产生炎症。

(3)防治方法　定期换水,保持水质清新;注意食台卫生,每天喂食后及时冲洗食台,清除残饵,并定期用漂白粉消毒。不投喂腐烂变质的饲料,发病季节投喂健胃、抗菌的中草药,如在饲料中加喂2%穿心莲,也有一定的预防作用。内服磺胺胍或酵母片,每千克饲料拌其中1种药物1～2 g,每天1次,采用填食法连喂5 d。病情严重者肌肉注射链霉素,每只注射1万～2万IU,每天1次,连续2次。

4. 气泡病

(1)发病症状　患病蝌蚪漂浮于水面，轻者腹面向下，重者腹面向上，游泳缓慢、混乱，不能下沉，不采食，严重时，膨胀的气体干扰和阻碍正常血液循环，破坏心脏。解剖后可见肠壁充血。

(2)病原病因　此病蝌蚪易发，其发病原因是水质恶化，大量有机物质发酵产生小气泡被蝌蚪误食所致，使蝌蚪肠内充满气泡，腹部鼓胀，仰游水面而死。

(3)防治方法　及时更换池水，在蝌蚪培育期内经常注入新水，当发现有气泡病时，应立即加注新水，同时排出部分池水。不要使池水浮游植物过多，一般水呈淡绿色为宜。蝌蚪 20 日龄后，在晴天中午至日落前用帘子在蝌蚪培育池上遮掩，防治光合作用过剩，水温过高。植物性饵料应煮熟再投喂。若发现发病的蝌蚪，将其及时捞出，然后放置于清水中，暂放 1～2 d，不投饵料，降温保洁。

第四节　虾蟹的养殖技术

一、虾类的养殖技术

(一)虾类的养殖现状与前景

我国常见的淡水养殖虾类有青虾(又叫日本沼虾)、罗氏沼虾、克氏原螯虾(又叫淡水小龙虾)、南美白对虾(海虾淡化养殖)等。这些虾虽然品种不同，形态和生活环境也有差异，但它们在分类上均属于节肢动物门中的甲壳纲。归纳起来可分为两大类：一类为游泳亚目，另一类为爬行亚目。

随着我国渔业产业结构的调整，海洋捕捞业实施零增长战略，水产养殖业增强了发展势头，虾类养殖尤其是虾类的淡水养殖发展更为迅速。20 世纪 80 年代我国是世界的主要对虾输出国，年产量近 20 万 t，期间淡水养虾业微乎其微。1993 年，由于对虾养殖流行病的暴发，对虾养殖业迅速滑坡。而淡水养虾随即兴起并迅猛发展起来。以世界公认养殖产量最高的三大优良虾种之一的罗氏沼虾和南美白对虾为例，1993 年全国养殖产量为 3 809 t，1998 年产量近 4 万 t，2000 年更增加到 9.74 万 t；2000 年全国养殖对虾产量 21.7 万 t，其中南美白对虾就有 5 万 t，约占对虾总产量的 1/4。

随着我国加入 WTO，以及人们生活水平越来越高，虾类的国际国内市场将会越来越大。在我国水产工作者的努力下，虾类的人工繁养技术和疾病防治技术也越来越成熟。这些都表明虾类的人工养殖发展前景将会越来越广阔。

(二)虾类的生物学特性

1. 虾的形态结构

虾的身体一般为两大部分,即头胸部和腹部。头胸部愈合。外被头胸甲或胸甲,胸甲前端有一剑状突起称额剑。额剑上下缘都有数个锯齿,锯齿数量和齿式可作为虾分类依据。整个虾体通常为 20 个体节组织。头部 5 节,胸部 8 节,腹部 6 节,尾部 1 节。除尾部 1 节外。其余各体节有附肢 1 对,腹部第 6 节附肢宽大,张开和尾节配合成扇状,故合称尾扇,常见养殖虾类如图 9-13 至 9-16 所示。

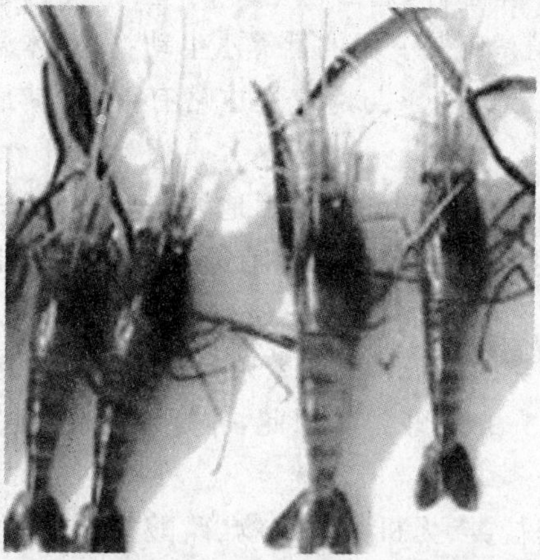

图 9-13 青虾

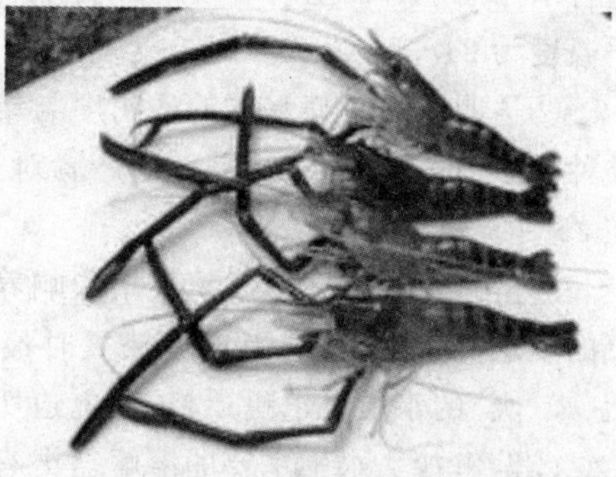

图 9-14 罗氏沼虾

图 9-15 克氏原螯虾

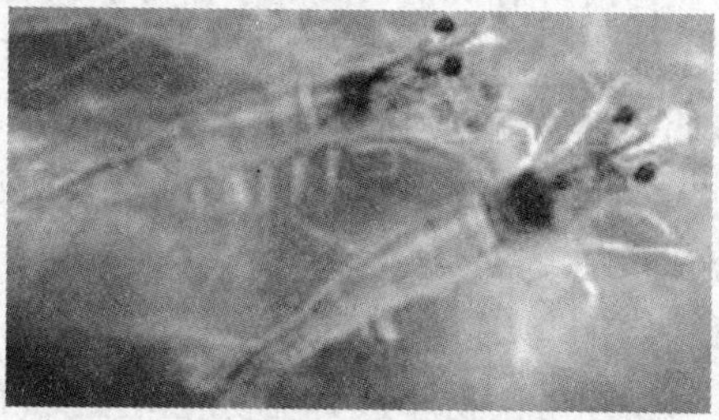

图 9-16 南美白对虾

2. 虾的生活习性

虾类均有夜间活动、觅食的特点,有强烈的趋光性。生殖季节或投饵时白天也会活动。虾类耗食率比一般鱼类高,不耐氧,若水体缺氧,会即时反应,并游向岸边。严重缺氧时，虾类会爬上岸而不下水，所以高密度养殖时应时刻注意保持池水中的溶氧充足。

3. 虾对水环境的要求

"水、种、饵、混、密、轮、防、管"是水产养殖的"八字精养法"，可见"水"是排在第一位的，要使虾类生长好，必须有良好的水质，在养虾生产之前最好对水源进行理化性质测定、分析，以确定水质是否适宜养虾。

(1)理化性质

①水温　水温是虾类最主要的物理性环境条件，它影响着虾的生长、发育繁殖，也影响着虾类天然饵料生物的生长与繁殖。虾是变温的低等水生动物，其体温随着水温的上升而上升。虾的种类不同对水温的要求与适应性也略有差异，其最适温度为24～30℃。

②透明度　养虾水体的透明度与精养鱼池大体相同。但因地域、养殖密度与品种及季节的不同，各地养殖生产者对透明度的控制范围又略有差异。一般控制在25～40 cm状态。

③溶解氧　水体溶解氧直接影响养殖虾类的生长、发育、繁殖与生存。虾对溶氧的要求比鱼类更高，当池塘缺氧时最先浮头的是虾类。因此，养虾水体对"肥、活、嫩、爽"的水质要求更严格，也更迫切。

④溶解盐　水中主要的溶解盐类有碳酸盐类、无机氮化合物、磷酸盐类、硅酸盐类、铁化合物和氢化物等。影响虾类生产最主要的是碳酸盐类和磷酸盐类。碳酸盐类主要是钙盐和镁盐，它们代表水体的硬度和碱度。据调查，目前许多养虾水体中无机磷化合物比较缺乏。

⑤溶解有机物　影响水体有机质含量的外源性因素主要为投饵、施肥与生活及工业污水。有机质对养殖水体有利有害，过多则引发病害，过少则池塘的生产力偏低，一般有机质耗氧量宜控制在20～40 mg/L。

⑥pH　pH表示水的酸碱度，一般虾类比较适合于在中性偏碱性的环境中生活，即pH为7～8.5。

(2)生物环境

①浮游生物　这类生物有两大类，即浮游植物和浮游动物。它们都是虾类的主要天然饵料，尤其是在仔虾阶段，虾类主要摄食这类生物。所以，浮游生物的数量及其种类群结构直接影响虾的生长。同时，浮游生物也是水质肥瘦的标志。

②底栖动物　虾池底栖动物常见的有螺蛳、河蚌、蚬类、水生昆虫及其幼虫和水蛭蚓等。它们大都可作为虾类的饵料。但有的底栖动物会与虾争食，特别是在仔虾时期，有些底栖动物还会伤害甚至残食仔虾。另外，蚌、螺与虾争食饵料使水

体变瘦。

③高等水生植物　又称水生维管束动物，如莲、芦苇、菱、睡莲、苦草、水葫芦等。虾类一般不能直接利用这些植物作为天然饵料，但可利用它们作为栖息和隐蔽场所，以逃避敌害生物侵袭。虾池应控制此类植物的数量和种类。过多的水生植物对养虾不利。

④微生物　微生物是虾池中的分解者，也把水体中的有机物质分解成无机物质，同时，它们在水体中大量繁殖后形成絮状细菌群，又可作为虾的饵料。这是虾池中微生物有利的一面。其不利的一面在于这类生物往往成为虾的病原体，在环境条件恶化情况下，使虾类生病。因此，在养虾过程中应控制水体微生物。

⑤鱼类　鱼类是虾池中最高等的一类生物，无论是否进行鱼类混养，虾池中一般均有鱼类存在，只有种类与数量多少之异。大部分鱼对虾是不利的，如凶猛鱼类、杂食性鱼类会残食仔虾，小杂鱼会与虾争食，肥水性鱼类的食性与虾相似，也会与虾争食。

4. 虾的营养需要

(1)蛋白质　虾类对蛋白质要求一般比鱼类高，比哺乳动物和禽类也高，一般是畜禽需求的2～4倍。虾类从饵料中摄取蛋白质，在消化道中经消化分解成氨基酸后被吸收利用。蛋白质是虾类最重要的营养物质。

(2)脂肪　脂肪是虾类生长发育中必需的能源，为虾类提供必需的脂肪酸、胆固醇及磷脂类营养物质。虾饵料中脂类的存在有利于其他营养成分如脂溶性维生素的吸收和在体内运输，也可作为某些激素和维生素的合成原料，虾饵料中一般脂类含量为4%～7%。

(3)糖类　糖类又称碳水化合物，是动植物最重要的能量来源。来源按其生理功能可分为消化糖类和粗纤维两大类。可消化糖类是虾类体组织细胞的组成部分。粗纤维不能为鱼虾直接利用，但具有刺激消化酶分泌，促进消化道蠕动的功能。饵料中油脂与糖类的比例为1∶(4～3)，更适合于虾类的生长，虾饵料糖类的含量一般为20%～50%。

(4)维生素　维生素是维持动物健康、促进动物生长发育所必需的，而体内又不能合成的一类低分子有机化合物；是虾体内很多酶的辅酶的重要成分，直接参与动物体的生长和生殖活动。维生素的种类很多，一般按其溶解性分为脂溶性维生素和水溶性维生素两大类，前者包括维生素A、维生素D、维生素E、维生素K，后者包括B族维生素、维生素C、叶酸和生物素等。在虾类饵料中必须添加一定量的维生素。

(5)矿物质　在动物体内发现的所有元素中，有26种元素是动物生长所必需的。按其含量可分三大类：碳、氢、氧、氮为大量元素；钙、磷、镁、钠、钾、氯、硫为常量矿物元素；铁、铜、锌、钴、碘、锰等为微量矿物元素，通常矿物元素即指后两类。虾类很容易从水体吸收一些矿物质，但大部分矿物质元素需从食物中获得，其中以钙、磷最为重要，而一般淡水虾可从自然水体吸收钙，故在饵料中不需加钙盐，而必须加磷盐。配合饵料钙、磷总量为1%左右，钙、磷比例为1∶3。

(三)虾类的养殖技术

1. 养殖条件

(1)池塘条件　虾池形状以东西向、长方形为好。面积2 000～6 670 m²，不宜过大，否则捕捞比较困难。水深1.2～1.5 m，塘埂要有一定的坡度，坡比1.25～1.3，池底淤泥深度小于15 cm，土质为黏、壤土。虾类对水质要求较高，要求水源充足，水质良好无污染，周边地区无水质污染源，进排水方便。

(2)养殖设施　虾类普遍对溶氧要求较高，必须具备相应的养殖设施，特别是在主养南美白对虾、罗氏沼虾和青虾时，必须配置水车式增氧机或者实行微孔增氧。一般2 000 m² 大小的水面需配置1台功率为1 kW的增氧机，实行微孔增氧时，每667 m² 水面需配置0.2 kW的空气压缩机或罗茨鼓风机。捕捞网具采用聚乙烯10号网，网片的面积大小根据水面情况而定，同时还需配置13.33或20 cm的水泵，用于进排水或清塘。

2. 养殖模式

淡水虾类养殖一般采用池塘养殖和网箱养殖2种方式，可以主养，也可以和其他鱼类混养。南美白对虾和罗氏沼虾属于热带虾类，在北方地区不能自然越冬，但青虾和克氏螯虾在水温0℃以下才会死亡，可以自然越冬，因此能够和鱼、蟹等实行混养。淡水虾类主要养殖模式见表9-3。

表9-3　淡水虾类主要养殖模式

养殖虾类	667 m² 放养			667 m² 收获		
	时间	数量/万尾	规格/cm	养殖时间/d	规格/cm	产量/kg
淡水青虾	7月初	5	1.5～2	90	4	70
克氏原螯虾	6月中下旬	3～4	1.2	90～120	25	200～250
	秋季	2～3	3～5	240～270	30	200～300
南美白对虾	5～6月	5～6	0.8	90～105	25～30	400～450
罗氏沼虾	5～6月	5～6	0.8	90～105	25～30	350～450

3. 饲养管理

(1)饲料质量　虾类为杂食性，罗氏沼虾、克氏原螯虾、青虾偏重于动物性饲料，南美白对虾则偏重于植物性饲料。但虾对饲料的粗蛋白的含量要求都较高，如果达不到所需的粗蛋白质量要求，生长就会缓慢，规格偏小，不能及时上市，同时也影响养殖的经济效益。一般来讲，饲料粗蛋白要求应在30%～35%。粗蛋白含量越高，饵料系数就越低，虾类生长速度越快，规格越大，就能提前上市，价格就高，就能最大限度地提高养殖效益。

(2)饲料投喂　虾类具有昼伏夜出的特点，所以在投喂饲料时，必须根据虾类活动特点进行投喂。每天投喂3次，分别为早上6:00～7:00，下午16:00～17:00，晚上20:00～21:00；也可投喂2次，即早上6:00～7:00，下午17:00～18:00。投喂饲料的数量根据虾的存塘总重和季节而定。

(3)水质调控　虾类喜欢清新的水质，但清新不等于清瘦。虾池水中要有充足的浮游生物，浮游生物既可以作为虾类的饵料，也便于掩护虾类的活动，防止相互间的残杀。在水质调控上，主要抓好4个方面的工作：一是虾苗下池前要肥水。在清塘消毒注水后，虾苗放养前1周施有机肥或化肥进行肥水。有机肥施用量为鸡粪或猪粪20～50 kg/667 m^2，施尿素1～3 kg/667 m^2 或过磷酸钙1～2 kg/667 m^2。二是施用光和细菌、EM菌等生物菌调节水质。要特别注意的是生物菌和生石灰的使用不能同时进行，必须错开时间。三是定期加注新水。根据虾池水质情况，每隔3～5 d加注1次新水。加水深度20～30 cm。四是设置水草带。在青虾、克氏原螯虾养殖水域中必须设置水草带，因为这2种虾类相互残杀性强。设置水草带既可以为虾类提供活动场所，掩护虾类蜕壳时不被同类攻击，也可以起到降温作用。

(4)温度调控　南美白对虾、罗氏沼虾属于热带虾类，对温度有一定的要求。南美白对虾在水温15℃以下时摄食明显减少，9℃时昏迷死亡。罗氏沼虾在水温20℃以下时，摄食减少，14℃以下时会昏迷死亡。而青虾和克氏原螯虾属于广温性虾类，在水温0℃以上时都能正常生存，在我国南、北方都能自然越冬。但克氏原螯虾在高温和低温时，为适应温度的变化会掘洞求生存，在夏季高温和越冬前，通常都要打洞，打洞深度一般在50～80 cm，部分达到100 cm，最长的210 cm。因此不宜在江滩养殖克氏原螯虾，防止打洞对江堤造成危害。在非打洞期间，必须在池中配置水草，如水葫芦、水花生、茭白、水芹菜等，供其隐蔽和摄食。

(5)溶氧调控　虾类一般都不耐低氧，但各种虾的耐氧能力各有不同，其中青虾一般要求5 mg/L以上，罗氏沼虾要求4 mg/L以上，克氏原螯虾和南美白对虾要求3 mg/L以上。当水中溶氧低于以上标准时，虾类生长会受到限制，甚至会出现死亡。因此，水中溶氧低时要及时开机增氧。

(四)虾类的疾病防治技术

虾类养殖同鱼类养殖一样，必须坚持“预防为主，防重于治”的原则。在自然状态下，虾类生存在密度小，饵料生物多的环境下不易产生病害。但在人工养殖条件下，因为养殖密度大，投饵多，水中的理化因子会发生明显变化，所以容易产生病害。因此，必须加强虾类病害的预防和治疗。

1. 虾病的预防

首先，要做好清塘消毒工作。在放养虾苗前1个月，必须进行清塘消毒，最好是干塘消毒，用生石灰100～150 kg/667 m^2 全池泼洒。带水清塘时，使用"杀毙王"、"清塘灵"等药物，具体用量根据药物的剂量而定。在放养虾苗前1周再用氯制剂如漂白粉、强氯精进行池水消毒。其次，注意养殖期间的消毒预防。加强对养殖工具、运输工具消毒，防止间接感染病菌。定期使用氯制剂进行池水消毒。第三，定期用药物拌饵投喂。在饲料中添加三黄粉或大蒜素内服药拌饵投喂，每月投喂1次，每次3～5 d。

2. 虾病的治疗

在发生虾病时，应立即进行治疗。根据虾病症状，对症用药，细菌性疾病以氯制剂、碘制剂为主；真菌性疾病以"克菌特"、"硫醚沙星"为主；寄生虫类疾病使用阿维菌素药物，尽量少用敌百虫，如用敌百虫时，应严格控制剂量。因为虾类对敌百虫比较敏感，稍有不慎，会造成药害，致使虾类死亡。淡水养殖虾类常见病害防治方法见表9-4。

表9-4　淡水养殖虾类常见病害防治一览表

虾病名称	病原病因	发病症状	防治方法
白斑病	白斑杆状病毒	病虾反应迟钝，在池边慢游，不摄食。病虾头、胸甲及腹甲易剥离，甲壳上有白色斑点，周缘透明，体色轻度变红，肝、胰脏呈现淡黄色或灰白色，通常几天内死亡	外用消毒可使用伟嘉牌施必康0.3 mg/ m^3，隔天视病情再用1次。施药3 d后，用光合细菌5～10 mg/m^3、益水宝1 mg/m^3 改良水质；内服药物可选用伟嘉牌虾毒克星，掺拌在饲料中，用量为0.4‰，连喂5 d，并且在饲料中添加维生素E 0.4%、排毒护虾丹0.2%，5 d后可控制死亡，严重的虾塘再内服5 d可以治好
红体病	桃拉病毒	病虾不摄食，肝、胰脏肿大、变白。虾体变红，尤其尾部更为明显。幼虾一般急性死亡，成虾呈慢性死亡	用0.2～0.3 g/m^3 二溴海因全池泼洒2 d，隔2 d后再全池泼洒枯草杆菌0.2 g/m^3、光合细菌2 g/m^3 和沸石粉20 g/m^3；在每千克饲料中添加免疫多糖2 g、六味黄龙散15 g、EM复合菌3 g，连续内服5～6 d

续表 9-4

虾病名称	病原病因	发病症状	防治方法
黑鳃病	镰刀菌	病虾鳃由肉色变为褐色或深褐色,直至完全变黑,引起鳃萎缩,病虾往往伏在岸边不动,最后因呼吸困难而死	保持饲养水体清洁,溶氧充足,水体定期泼洒一定浓度的生石灰,进行水质调节。把患病虾放在3%~5%的食盐中浸洗2~3次,每次3~5 min,或用亚甲基蓝10 g/m^3 溶水全池泼洒
烂鳃病	由嗜水气单胞菌等细菌感染引起	病虾体鳃部肿胀,严重时尖端溃烂,附有污物。病重的虾浮于池边水面、游动缓慢、反应迟钝,并逐渐死亡	彻底清塘消毒;发病季节和发病期,在饵料中按比例添加抗菌药物,杀灭虾体内病菌,起到预防和治疗的作用;定期投放水质改良剂、光合细菌等,促进有机质的分解,调节和稳定水质,保证良好的水质状况
烂尾病	虾体受伤、相互残食或被几丁质分解细菌感染引起	病虾初期尾部有水泡,边缘溃烂、坏死或残缺不全,严重时溃烂向中间发展,病虾整个尾部溃烂掉落	运输和投放虾苗虾种时,不要堆压和损伤虾体。饲养期间饲料要投足、投匀,防止因饲料不足相互争食或残杀。发生此病,用茶粕15~20 g/m^3 浸出液全池泼洒;或每667 m^2 用生石灰5~6 kg,溶水全池泼洒
纤毛虫病	聚缩虫、累枝虫、钟形虫和斜管虫等	病虾体表有棕色绒毛,反应迟钝,虾体消瘦,头胸甲发黑,体表多黏液,并拖着条状物,俗称“拖泥病”	用药物彻底消毒,保持水质清洁;在生产季节,每周换新水1次,保持池水清新;养殖期间每月定期使用1次纤虫净,同时,间隔1周时间使用1次底改宝或速效底改或水质改良王等,可有效防止本病的发生
白浊病	环境突变引起的应激反应易引发此病	病虾肌肉变白,有的虾体肌肉呈痉挛状,两眼并排,不能自行伸展恢复	高温期提高水位,避免水质突变;保持养殖环境安静,减少对虾池的干扰;饲料内适当补充水产专用维生素C、免疫多糖等,提高虾体免疫力
藻类中毒	因藻类死亡产生硫化氢等有毒物质	病虾体表附着丝状藻类,摄食不正常,多发在高温季节,池塘下风口有腥臭味	虾池在放苗前彻底清塘消毒;养殖期间经常加水换水,控制投饵量以免残饵累积过多。用0.7 g/m^3 络合铜或0.3 g/m^3 青苔净全池泼洒。控制池水氨氮总量
营养性疾病	营养不良或缺少维生素C、Ca等	甲壳薄而软,壳与肌肉分离,鳃及虾体出现黑色病变,病虾无力蜕壳	投喂营养全面的颗粒饲料。0.3 g/m^3 溴氯海因或二氯海因全池泼洒。添加虾类多维、贝壳粉和蜕壳促生素

二、河蟹的养殖技术

(一)概述

河蟹在分类上属节肢动物门、甲壳纲、十足目、方蟹科、绒螯蟹属，学名中华绒螯蟹，又称大闸蟹、螃蟹、毛蟹、清水蟹等。绒螯蟹属包括中华绒螯蟹、日本绒螯蟹、狭额绒螯蟹和直额绒螯蟹4个品种，其中以中华绒螯蟹经济价值最高。中华绒螯蟹在我国渤海、黄海与东海沿岸诸省均有分布，以江苏省阳澄湖所产大闸蟹最著名。中华绒螯蟹有2个种群，其中北方种群以辽河、黄河水系蟹为代表，南方种群以长江、瓯江水系蟹为代表。河蟹以其极高的食用价值和经济价值，深受广大消费者和养殖户青睐，已成为我国出口创汇的重要水产品之一。河蟹的适应性强，饵料来源广，养殖技术较易，生产投资少、见效快、收益大，大力发展河蟹养殖前景广阔。

(二)河蟹的生物学特性

1. 形态特征

河蟹的身体由头胸部和腹部组成。头胸部背面覆盖一层起伏不平的坚硬背甲称头胸甲，俗称蟹壳、蟹斗。头胸甲前缘正中有4个齿突，称额齿，左右前侧缘各有4个侧齿。额部两侧有1对有柄的复眼。头胸甲的腹面为腹甲所包被。河蟹的腹部俗称蟹脐，紧贴在头胸部的腹面。雄蟹脐呈三角形，雌蟹脐呈圆形，是鉴别雌、雄蟹的显著标志之一。河蟹腹部的胸足由1对螯足和4对步足组成。螯足强大呈钳状，掌部密生绒毛，故名绒螯蟹，螯足用来捕食、掘穴和御敌。步足长而扁平，末端尖锐呈爪状，密生刚毛，是河蟹的爬行器官。其外形特点可概括为“青背、白脐、金爪、黄毛”(图9-17)。

图9-17 河蟹

2. 生活习性

(1)栖息习性　河蟹是浅海里生、淡水中长的洄游性水生动物，喜欢栖居在江河湖泊的泥岸或滩涂上，尤其喜欢生活在水草丛生、水质清新的浅水湖泊中或河沟中，也栖息于水库、坑塘、稻田草荡中。河蟹有穴居的习性，但在人工养殖的情况下可改变其穴居的特性。当水温在10℃以下或28℃以上，以及水位不稳定、条件不好的情况下，容易穴居，所以在养殖条件下尽量避免水温太低、太高或条件太差的情况，才能提高回捕率。河蟹通常昼伏夜出，白天隐藏，夜晚出来觅食，且具有趋光性，不喜欢强光，喜弱光，可以利用这一习性夜晚用灯光诱捕。河蟹对外界环境反应灵敏，行动迅速，既能在地面快速爬行，也能攀高越障，在水中短暂游泳，行进总是横向斜行。人工养蟹应加强防逃措施，防止河蟹逃逸造成不必要的损失。河蟹在水体中的生活基本对鱼类没有什么干扰，所以在池塘中也可鱼蟹混养。

(2)生态习性　河蟹与其所在水域中的温度、盐度、酸碱度、光照、溶解氧、氨氮、营养盐、水生动植物等环境因子关系密切，这些因子如能满足其要求，它就能较顺利的生长发育，否则就会生长发育异常，以至发病死亡。

①温度　河蟹是变温动物，本身没有调节体温的能力。水温的变化会直接影响其摄食生长。当水温10℃以上时开始摄食、15℃时蜕壳生长，20～28℃生长旺盛，20℃以上河蟹的摄食量最大，超过28℃时生长蜕壳就会受到抑制。

②盐度　河蟹生长发育的不同阶段对盐度要求不同，育苗时需在海水中进行，生长达到扣蟹后则需在淡水中生活。

③酸碱度　酸性环境影响河蟹生长，河蟹适于偏碱性水体，pH在7.5～8.5之间，但过量投喂及腐殖质过多可使水体环境偏酸，可施加适量生石灰调节到微碱性。

④溶解氧　一般水库、湖泊等大中水域水体里溶氧十分充足，不会有缺氧情况发生，只有在池塘等小水体的条件下，如果养殖河蟹、鱼类密度偏大或管理不当会产生缺氧现象，当水中溶氧低于3 mg/L时对河蟹的蜕壳生长变态会起到抑制作用。因此人工养蟹必须经常检测水中溶氧的变化情况，并及时采取有效措施，使池水溶氧量保持在5 mg/L以上。

⑤氨氮　水中的氨氮超过一定含量时，就会影响河蟹的变态生长，严重时可致死亡。施氮肥和投饵过量也可使氨氮升高，如氨氮过高应及时排换水以调节水质，保持水质清新，使透明度为35～50 cm，氨氮量在0.5 mg/L以下。

⑥钙、磷　为满足河蟹的生长及蜕壳需要，有必要增加水体的钙、磷含量。在养蟹水体中使用生石灰清塘除野，对水质很有好处，坚持用生石灰全池泼洒，有利于河蟹生长。

⑦水草　水草能增加水体溶氧，净化水质，能作为河蟹的支撑物便于河蟹上下活动，并能为河蟹蜕壳、栖息、摄食提供安全隐蔽的场所。水草还是河蟹的天然饵料，因此养蟹水域一定要有沉水植物、挺水植物及浮水植物，水草覆盖面积至少达40%以上。

3. 摄食与食性

河蟹属杂食性动物，偏爱动物性食物，如鱼虾、螺蚌肉、畜禽下脚料等，植物性饵料有水草、豆饼、小麦、玉米、土豆等。颗粒饲料要营养全面，颗粒要硬而耐泡，用饲料机加热熟化制成条块状态，河蟹螯足钳住食物到池底慢慢地吃。熟化后既不污染水体，又不浪费饲料。河蟹贪食且食量大，在7、8、9月份的生长旺季，1只成蟹1次能食多只螺类。临近性成熟时，不仅夜晚出来觅食，有时白天也出来觅食。吃饱后，除自身消耗外，其余的营养物质都储存在肝脏内形成蟹黄，在饵料缺乏时，近半个月的时间内不摄食也不会饿死。现已发现，河蟹离水后在保持潮湿的条件下不摄食可存活38 d之久，但会自身消耗营养，这种耐饥性为河蟹的长途运输提供了可能。

河蟹具有争食好斗的习性，放养规格不齐、大小不一时，大吃小互相残杀严重，在蚤状体阶段就会同类残食。特别是饵料投喂不足、密度过高时，残食同类现象更为严重，蜕壳后不久的软壳蟹最易被同类残食。在食物十分缺乏的情况下，久饥难忍的抱卵蟹甚至挖取自身腹部的受精卵来食用。根据这种习性，人工养河蟹要有合理的密度，足量均匀的投喂饵料，确保河蟹吃饱、吃好，避免互相残杀造成附肢短缺受损。河蟹在生长蜕壳阶段还具有自切和再生习性，用以逃生，自切后可以再生新足，但性成熟后就不能再生新足了。

4. 繁殖习性

河蟹到性成熟时(1～2秋龄)便离开摄食生长的淡水，进入大海进行繁殖，这就是河蟹的“生殖洄游”。生殖洄游期一般在9月中旬至11月底，霜降前后达到高峰，参加洄游的河蟹体重多数在100～200 g之间。每年的12月至翌年3月，是河蟹交配产卵的盛期，其受精率一般很高。产出的卵呈酱紫色，黏附在雌蟹腹肢内侧的刚毛上，此时的雌蟹称抱卵蟹。一般体重为100 g以上的个体，可产卵40万～50万粒。由于受精卵的孵化期正处于越冬期间，胚胎发育缓慢，在自然情况下，长达4个月之久才能孵化出苗。刚孵出的幼体称蚤状幼体，经5次蜕皮，再生长约30～40 d后变成大眼幼体，即蟹苗。蟹苗具有很强的溯水性，对淡水水流特别敏感，随着潮汐的变化，蟹苗进入河口，形成蟹苗汛，这就是河蟹的“索饵洄游”。

5. 蜕壳与生长

河蟹的一生要经过多次蜕壳，其生长发育等都要通过蜕壳来完成。蜕壳生长是河蟹在生长过程中脱去坚硬的外骨骼，以使身体的体积和重量得以增加的过程。蜕壳时要1～2 h不动，一昼夜由软壳变硬壳，生活条件好的蜕壳间隔短、生长快，条件不好时则相反。蜕壳后的新蟹体色较黑，活动能力较弱，全身柔软，没有摄食和防御能力，称为软壳蟹。正常情况下，河蟹一生要蜕壳20多次。在幼体发育阶段，随着每次蜕壳，河蟹的形态结构不断发生变化，故幼体阶段的蜕壳称之为发育变态蜕壳。也就是从蚤状幼体到大眼幼体、到仔蟹（豆蟹）阶段。到仔蟹时河蟹的外形已具备了完整的河蟹形态。再以后的蜕壳已无形态变化，只是体积上的增大，是从蟹种到成蟹的养殖过程，故此阶段的蜕壳称之为生长蜕壳。在交配期河蟹由黄蟹变成绿蟹的最后一次蜕壳称之为生殖蜕壳。可以说河蟹如果停止了蜕壳，也就意味着它生命的结束。

河蟹从受精卵孵出为蚤状幼体只有1.5～4.1 mm，它不能在淡水中生长，只能在半咸水中生长，从蚤状幼体经5次蜕壳成为大眼幼体，大眼幼体在淡水中发育4～8 d后可完全适应淡水生活，即为仔蟹也就是蟹苗，因仅有黄豆粒大小，又称豆蟹。仔蟹再经过数次蜕壳生长至当年秋天的蟹种，长成纽扣般大小，即成为幼蟹，也称扣蟹，为1龄蟹种。在淡水中生长达到2秋龄后为成蟹，包括黄蟹和绿蟹。河蟹在性成熟之前背面颜色略带黄色，称为黄蟹，黄蟹可经过最后1次蜕壳变为绿蟹，绿蟹才是性成熟的标志，成为绿蟹就不能再蜕壳生长了。

（三）河蟹的养殖技术

河蟹的养殖方式有池塘养殖、稻田养殖、网箱养殖等多种方式，这里主要介绍池塘养蟹。

1. 蟹池选择

养殖河蟹的池塘宜选择避风向阳，光照充足，池坡平缓，池埂坚固，水源丰富，水质良好无污染，进排水方便的地方。池水pH7.5～8.5，池水溶氧量达5 mg/L以上。池塘土质以壤土最好、黏土次之，池塘面积5 330～6 670 m^2，但要有一定倾斜度，池深为2 m左右，常年能保持水深0.5～1.5 m。河蟹放养前，必须对池塘进行清整消毒，并修筑防逃设施。

2. 放养前准备

主要是栽种水草和投放螺丝。俗话说“蟹大小、看水草”。水草不仅是河蟹的优质青饲料，还是河蟹栖息、隐蔽、觅食、脱壳的场所，同时还可起到遮阳、降低水温、改良水质等作用。因此，水草是影响河蟹养成规格及产量的重要因素，必须种好水草。活螺蛳肉味鲜美、营养丰富，是河蟹理想的优质天然饲料。同时，螺蛳以水体中的浮游生物为食，能有效降低池塘中浮游生物，起到净化水质的作用。投放的活螺蛳在6～7月份能大量繁殖，生产的仔螺蛳肉质鲜嫩、营养丰富，河蟹利用率很高。一般每 667 m^2 池塘放养活螺蛳 250～300 kg，全池均匀抛放。

3. 蟹种放养

选择个体大、生长快，规格整齐，光泽度好，背青肚白，爬行活跃，体质健壮，附肢齐全，无病无伤的河蟹苗种进行投放。蟹种放养入池时间视水温回升的情况而定，当水温上升到 5～6℃时，即可放养。蟹种放养前可用 6 mg/L 的高锰酸钾药液浸泡 10～15 min 消毒。规格为 100～150 只/kg 的 2 龄河蟹苗种放养密度一般为每 667 m^2 池塘放养 800～1 000 只。操作时，动作要轻，以免损伤弄死蟹苗，影响养殖成活率，最好选择天气晴好无风时进行放苗。待水温升至 10℃以上时，即可投喂饵料。

4. 饲养管理

投饲要掌握"两头精、中间青"和"荤素搭配、青精结合"的科学投饲原则，并按照定质、定量、定时、定位"四定"原则和看季节、看天气、看水质、看蟹活动情况"四看"原则的科学投喂方法进行人工投喂管理。养殖前、后期以动物性饲料为主、植物性饲料为辅；中期即夏秋阶段，以植物性饲料玉米、地瓜和水草为主，以利于河蟹聚积体能；在整个养殖过程中，不投腐烂变质饲料，及时捞取剩饵残渣，以防败坏水质，滋生病菌，影响河蟹正常生长。在整个养殖过程中要始终保持池水清新，透明度在 40～50 cm，pH 保持在 7.5～8.5，池水溶氧量在 5 mg/L 以上。蟹池每10 d 左右换水 1 次，每次换水 1/3。一年四季要分别做到"春浅、夏满、秋勤、冬深"。高温季节蟹池应适当加深水位，以防止水温过高，影响河蟹蜕壳生长。每天坚持巡塘，了解河蟹摄食情况，有无敌害生物进入，有无患病和逃逸现象发生，池水水温是否合适等，发现问题及时处理。

(四)河蟹的疾病防治技术

1. 蟹奴病

(1)发病症状　发病时病蟹腹部略显臃肿，打开脐盖可见长 2～5 mm、厚约 1 mm 的乳白色或半透明颗粒状虫体(点状小白点晶体)。雄蟹的脐呈现椭圆形，近似雌蟹，螯足小而少绒毛，雌雄难以区分。病蟹生长缓慢，性腺不发育，严重者，蟹肉具有恶臭味，不能食用。发病时间为 6～9 月份，以 8 月份为甚。

(2)发病原因　该病因蟹奴寄生于蟹体腹部所致。虫体由石灰质坚壳包被躯体及全身，形成外套，具有 6 对蔓状胸肢，腹部退化。如池水含盐量超过 1‰，则蟹奴会大量繁殖，幼体扩散感染河蟹。

(3)防治方法　将已感染的病蟹移到淡水中，抑制蟹奴扩散；对有发病预兆的池塘，彻底更换池水，注入盐度小于 1‰的新水；用漂白粉、生石灰或敌百虫等进行彻底清塘，杀灭塘内蟹奴幼虫；在蟹池中混养一定量的黑鱼，抑制蟹奴幼体。

2. 颤抖病(抖抖病)

(1)发病症状　发病初期，病蟹四肢尚能伸直，以后便肌肉萎缩，步足不能回伸，病蟹站立不稳，翻身困难，行动无力不能爬行，连续颤抖，故称颤抖病。严重时病蟹无食欲并停止摄食，不脱壳，体内积水，有的附肢被抖落，最后在池边或浅滩处死去。

(2)发病原因　该病可能是由病毒引起，当水质变化河蟹体有寄生虫或细菌性疾病时易感染该病。

(3)防治方法　放养前彻底清塘去除过多淤泥，当水深 1 m 时每 667 m^2 池塘泼洒生石灰 100 kg，保持水质清新；养蟹池要多植水草，水草覆盖面积要达到 50%～60%，为河蟹营造一个良好的生态环境；发现病情，及时选用溴氯海因、二氯海因、三氧化氯、三氯异氰尿酸等全池泼洒；同时将病毒灵、土霉素和板蓝根等药物拌入饵料投喂，每 100 kg 饵料拌 0.5 kg 药物，连续投喂 5～7 d。

3. 水霉病

(1)发病症状　病蟹在体表尤其是伤口部位生长有旧棉絮状、长短不一的菌丝，约 2～3 cm，向内外生长，肉眼可见；严重时伤口部位组织溃病，病蟹行动迟缓，吃食减少，伤口不愈合，导致伤口部位组织溃烂蔓延，造成死亡。

(2)发病原因　该病发生的主要原因是捕捉、运输、放养等操作过程中蟹体受伤，导致水霉、绵霉等侵入伤口所致。

(3)防治方法　在捕捞、运输及放养等操作过程中勿使蟹体受伤；大批河蟹蜕壳期间增投动物性饲料；用 3%～5%食盐水浸洗病蟹数分钟，并用 5%碘酒涂抹患处。

4. 腐壳病

(1)发病症状　病蟹步足尖端破损，成黑色溃疡并腐烂，然后步足各节及背甲、胸板出现白色斑点并逐渐变成黑色溃疡；严重者甲壳被侵袭成洞，可露出肌肉或皮膜，导致河蟹死亡。

(2)发病原因　该病是由于河蟹步足尖端受损伤感染一群能分解几丁质的细菌，如弧菌、假单胞菌、气单胞菌、螺菌、黄杆菌等所引起。

(3)防治方法　用生石灰清塘，保持水质清洁，夏季常注新水，保持塘底有 5～10 cm 的淤泥；捕捞、运输与饲养过程中，操作要细心，防止受伤；饲料营养要全面，水质避免受重金属离子污染；发病时用 2 mg/L 的漂白粉全池泼洒，并按每千克饲料添加 1～2 g 的磺胺胍投喂，连喂 3～5 d；用 2.5～3 mg/L 的土霉素全池泼洒，每天 1 次，连续泼洒 5～7 次。或按 0.5～1 g/kg 饲料添加土霉素拌饵投喂，连续投喂 1～2 周。

复习思考题

1. 名词解释

硫酸铜、硫酸亚铁合剂(5∶2)　怀卵量　主养　混养　投饲率　生殖洄游　封沟养殖　扣蟹　IPN　WSSV　EM菌

2. 填空题

(1)水产养殖的“八字精养法”分别是________、________、________、________、________、________、________、________。

(2)水产动物饵料投喂需遵循的“四定”原则是________、________、________、________,“四看”原则是________、________、________、________。

(3)水产养殖中的“三消”是指________、________、________。

3. 简答题

(1)常见水产经济动物的发病症状和发病机理是什么?有哪些防治方法?

(2)检验水产养殖的水质好坏有哪些指标?

(3)怎样才能科学用药防治水产动物疾病?

(4)名、特、优、新水产品的健康养殖有哪些要点?

(5)简述河蟹的生活史。

第十章　渔-牧综合经营

知识目标

- 了解综合养鱼系统的综合经营类型；
- 了解鱼、鸭综合经营的方式；
- 了解猪、草、鱼综合经营的方式；
- 了解渔、农、牧模式的发展方向。

能力目标

- 能根据养殖场特点进行渔-畜、渔-禽综合养殖。

第一节　综合经营的概述

中国淡水养殖业的特点之一是综合养鱼，即以水产养殖业为主，养鱼与畜禽饲养业、农林种植业和农副产品加工业综合经营、综合利用的一种可持续性生态农业。

综合养鱼发源于中国，历史悠久，在我国已有 2 000 多年的发展历史了。唐朝劳动人民已知道稻、鱼结合的好处，当时已利用草鱼除草、接着种稻的方法，这就是渔、农结合的雏形。唐朝还出现了果基鱼塘。明朝就有鱼草轮作、桑基鱼塘、鱼畜结合以及多专业与养鱼综合的复杂结构。新中国成立以后，尤其是党的十一届三中全会以后，综合养鱼的理论研究和生产实践得以蓬勃发展。由于我国幅员广阔，各地环境、社会经济条件和各民族生活习惯不一样，形成了多种多样的综合养鱼类型和模式，其分类系统如表 10-1 所示。

表 10-1　中国综合养鱼分类体系

- 综合养鱼体系
  - 渔、农亚系统
    - 基塘渔业类型
      - 草基鱼塘
      - 蔗基鱼塘
      - 果基鱼塘
      - 桑基鱼塘
    - 鱼草轮作类型
      - 单池轮作
      - 多池轮作
    - 鱼、饲料综合类型
      - 鱼、旱草模式
      - 鱼、水草模式
  - 渔、牧亚系统
    - 鱼、禽综合类型
      - 鱼、鸭模式
      - 鱼、鸡模式
      - 鱼、鹅模式
    - 鱼、畜综合类型
      - 鱼、猪模式
      - 鱼、牛模式
      - 鱼、羊模式
      - 鱼、兔模式
  - 渔、农、牧亚系统
    - 三元模式类型
      - 猪、草、鱼模式
      - 菜、猪、鱼模式
      - 鸭、草、鱼模式
      - 鸡、猪、鱼模式
    - 多元模式类型
      - 草、鸡、猪、鱼模式
      - 鱼、猪、沼气、草模式
      - 鱼、猪、粮、草模式
  - 水体共生亚系统
    - 套养名特优模式
    - 鱼、珠蚌模式
    - 鱼、菱、藕模式
    - 鱼、莲模式
  - 综合养鱼网络
    - 多专业并联网络
      - 水、陆复合多层次利用
      - 种、养、加、渔、工、商并联
    - 十字型网络
      - 渔、农、牧
      - 渔、工、商

中国的综合养鱼技术被誉为循环利用废弃物、节约能源、充分利用当地资源、保持良性生态的典范，具有很多的优点和较高的实用价值，现归纳为以下 4 点：

第一，合理利用资源，充分利用废弃物，建立良性循环的综合生产结构。综合养鱼可以比较合理地利用太阳能、水、土资源以及各综合专业的副产品和废弃物，使多种废弃物经过生物转化过程，变成人类能利用并且营养价值较高的水产蛋白质食品。

第二，降低成本，增加收入。当前池塘养鱼业的主要问题之一是生产成本约占产值的80%～90%，其原因有二，一是饲料成本占生产成本的40%～60%，饲料、化肥、鱼药及柴油等渔需物资价格上调；二是鱼价比较平稳，产鱼旺季鱼价还略有下降。综合养鱼利用了本场廉价的饲料、肥料，达到饲料和肥料自给或半自给，从而减少乃至避免因外购饲料、肥料所消耗的大量人力、物力和财力，降低生产成本，获得更大利润。

第三，增加就业。综合养鱼，由于其经营内容的增加，为人们提供了越来越多的就业机会，即使在养鱼淡季，养鱼劳力也可转入其他经营项目。

第四，净化池塘养鱼环境。随着养鱼强化程度的提高，池底有机物沉积增多，给鱼池环境带来的影响也逐渐增强。沉积淤泥加厚，使养鱼水体缩小；水质的恶化，使鱼类发病率上升。采用综合养鱼技术措施，不仅可以变废为宝，而且可以从整体上改善池塘养鱼的环境条件，保护鱼池生产力。

第二节 渔-农结合

渔-农综合经营是中国综合养鱼最基本的类型，是一种比较简单的良性循环结构模式。因作物种类不同和种植地点不同又可分为4个子类型：第一，基塘渔业类型，即养鱼与陆生作物种植结合，绝大多数渔场都有此类型。在饲料地、池埂及其斜坡以及零星土地种植陆生饲料作物。近几年随着立体农业的发展，有些渔场在饲料作物间还栽种了果树。第二，养鱼与水生作物种植结合，多在我国南方。在渔场附近的河、湖、沟、洼和池塘种植水生饲料作物和果、蔬。第三，鱼、草轮作。冬春在空闲的鱼种池和干露的湖滩种植牧草，割后用于养鱼，最后一茬再生苗经水淹后作绿肥肥水，用于培育滤、杂食性鱼的鱼种或食用鱼。第四，稻田养鱼。

池塘内养鱼，基面种植饲料、绿肥或经济作物，把基面利用与水体利用结合起来。挖掘塘泥上基，可增厚基面土层，改良基面土壤团粒结构，保温、保水、防冻、维护池埂和鱼池生态环境，从而形成水陆相连的综合利用系统，这就是基塘渔业。根据基面种植作物种类的不同，构成了各种不同类型的基塘渔业，如桑基鱼塘、蔗基鱼塘、花基鱼塘、谷基鱼塘和草基鱼塘等。其中草基鱼塘是效益较高的一种基塘渔业类型。

一、塘泥肥效

塘泥的厚度与施肥量、投饵量、池水肥度及池鱼的数量有关。养鱼池每年淤泥沉积的厚度为10～20 cm，若按20 cm厚度计算，每667 m^2 鱼池每年沉积塘泥体积大约130 m^3；按重量计约为260 000 kg。塘泥中含有丰富的N、P、K等营养元素，每25 kg塘泥作肥料，可生产约1 kg的青饲料，因此，每年若取鱼池沉积量的2/3，即可生产约6吨青饲料。

二、种草种类

草基鱼塘种植的作物包括青饲料、绿肥两大类。青饲料主要有黑麦草、苏丹草、象草、紫云英、苦荬菜、聚合草、杂交狼尾草、青菜等，以用于养殖草食性鱼类为主；绿肥主要有红花苜蓿、蚕豆青梗等，以用于养殖"肥水鱼"为主。

三、草基面积的确定

草基鱼塘要配备足够的基面种草，其鲜鱼产量与所配备的基面密切相关。表10-2列出了饲料地面积与鱼产量关系，也可供新建草基鱼塘设计时参考。

表10-2 草基鱼塘配备饲料地面积与鱼产量关系

鱼池面积：饲料地面积	每667 m^2 鱼池配备饲料地面积/m^2	饲料产量/kg	可生产草食性鱼类/kg	可带出"肥水鱼"/kg	总计可产鲜鱼/kg
1∶0.2	133	2 000	80	40	120
1∶0.4	266	4 000	160	80	240
1∶0.6	399	6 000	240	120	360
1∶0.8	532	8 000	320	160	480
1∶1	667	10 000	400	200	600

四、鱼类放养模式

草基鱼塘应以放养草食性鱼类为主，其放养量一般占50%左右；鲢、鳙鱼放养量可占40%，其中25%由草食鱼的粪便养成，另外15%依靠适当增加绿肥或其他有机、无机肥料；鲤、鲫鱼等杂食性鱼占10%。每667 m^2 净产300 kg鲜鱼。

基塘渔业具有广阔的发展前景，我国的沼泽、低洼地面积较大，均可挖土填基，因地制宜地改造成各种类型的基塘模式。草基鱼塘比较简单，更适合于个体经营，是典型的低投入、高产出的综合养鱼模式。

第三节 渔-禽结合

渔-禽结合是渔牧亚系统中的一个类型，目前有鱼鸭、鱼鹅、鱼鸡等3个模式。因为鸭子既可陆地饲养，又适应水面生活，利用鱼、鸭两者之间互利的生物学关系，不仅有利于促进鸭子的肥育，也可提供养鱼的饵肥基础，所以鱼鸭模式发展比较完善。

一、鱼鸭结合的生物学关系

鱼池中会产生许许多多动植物，其中一些为养殖鱼类的敌害生物(常见的有青蛙、蝌蚪、蜻蜓幼虫等)，它们可成为养鸭的优质天然饵料，进行鱼、鸭混养，鸭饲料中蛋白质的含量可适当降低。此外，养鱼池为养鸭提供了一个清洁的环境条件，可使鸭群免受或减少寄生虫和病害的影响。

进行鱼池养鸭，鸭群不断向所养鱼类提供饵肥基础(每只蛋鸭年产粪量40～50 kg，干重5～10 kg)；鸭子通常栖息于水面，也会潜水翻动底泥，觅食底栖生物，能促进水底沉积的营养物质扩散，有利于物质再循环。

鱼、鸭同池混养，一般都是养殖2龄鱼种或商品鱼。鱼苗池或1龄鱼种池不宜养鸭，因为8.5 cm以下鱼个体很容易被鸭子捕食。

二、鱼池养鸭方式

鱼、鸭综合经营，池塘水面以3 333～6 667 m^2 以上为佳。在基面建造鸭棚，连同一部分水面用竹箔和网片围成一个养鸭区，如图10-1所示。基面和斜坡为鸭群活动的干场，水面为鸭群活动的水场。为了阻拦鸭群外逃，只需在水面上下各延伸40～50 cm的网片就行了，又便于鱼群从网底进入水场觅食。

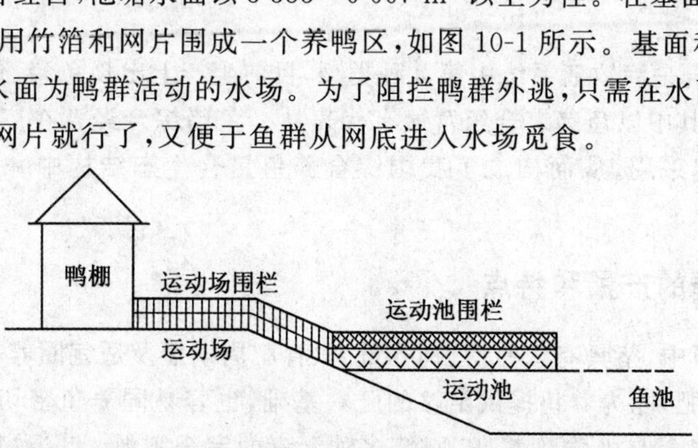

图10-1 池塘鱼、鸭综合经营示意图

根据水面确定养鸭数量，再根据养鸭数量确定鸭棚及干场、水场的面积。鸭棚、干场、水场面积比例大致为1∶1.5∶2。鸭棚及干场每平方米可容纳4～5只鸭，水场每平方米可容纳鸭3～4只。干场和水场之间斜坡不宜大，鸭群上下活动的地方最好不超过30°。

三、鱼、鸭混养指标

实践证明，每养成1只肉鸭，鱼池中就能长出0.5～0.75 kg鲜鱼。无论养肉鸭还是蛋鸭，每667 m^2 水面配养鸭的数量要适宜，鸭子少了养鱼饵肥基础低，鱼产量受影响；鸭子太多，则容易败坏水质，对养鱼不利。一般每667 m^2 水面搭配80～150只较适宜。每667 m^2 水面配养130只鸭子(年养4批)，每667 m^2 鱼池就能生产260～390 kg鲜鱼。

鱼、鸭综合经营应以养殖“肥水鱼”为主，养鸭泼溅饲料又为杂食性鱼类提供了一定的食料基础。滤食性鱼放养量大致占60%。

四、鱼、鸭模式的发展

在渔牧亚系统里，鱼、鸭综合经营是经济效益较高的综合养殖模式。它还可向横向发展，即利用堤岸或斜坡种植青饲料；利用生活废弃物等培养蚯蚓等；对鱼、鸭、蛋进行深加工。

鱼、鸭综合经营还可发展成鱼、鸭、草或鱼、鸭、稻等三元或多元模式。

第四节　渔-畜结合

渔-畜结合是渔牧亚系统中第2种类型，目前生产上出现鱼猪、鱼牛、鱼羊和鱼兔4种模式，其中以鱼猪综合经营最有代表性。鱼猪综合经营在广大农村和综合养鱼场已普遍采用，从而构成了我国综合养鱼复合生态结构中一个重要的组成部分。

一、猪粪的产量和特点

各种家畜中，猪具有繁殖快、饲养量大、育肥周期短及适宜圈养等特点，有利于多积肥、积好肥，能为养鱼提供足够的肥料基础，也容易同养鱼密切配合。猪的排泄物是一种富含有机质及N、P、K等多种元素的完全肥料。1头饲养8个月的仔猪大约能排泄猪粪850～1 050 kg，猪尿1 200～1 300 kg。大致40～50 kg猪粪尿能养1 kg鱼，肥料系数按50计算，则1头猪的排泄物可养出鲜鱼41～47 kg。

二、施猪粪方法和措施

1. 直接利用猪粪养鱼

2. 延长猪粪的食物链

延长猪粪食物链主要有3个途径：

(1)利用猪粪种植青饲料，用以养殖草食性鱼类；

(2)利用猪粪培养蝇蛆、蚯蚓等活饵料，用以养殖肉食性鱼类或名贵品种；

(3)利用猪粪厌氧发酵，产生沼气，再利用发酵液养殖肥水鱼。

三、鱼、猪配合方式

鱼、猪综合经营的主要目的在于利用猪粪养鱼。因此，养猪与养鱼需要密切配合。

1. 单位面积鱼池与猪的饲养数量

单位面积鱼池搭配多少头猪，从理论上计算，要实现每667 m^2 水面产鱼410～470 kg，或大致每667 m^2 池塘生产出400～500 kg鱼，只需搭配10头肉猪就可以了。实际调查表明，综合养殖场每667 m^2 搭配猪的头数为1～5头不等。

2. 养猪与养鱼的周年配合

养鱼用肥量的60%集中于上半年，施肥高峰为1～2月的基肥和6～7月的追肥，此后的施肥量则逐月下降，至10月下旬一般不再施肥。两圈猪饲养期的安排应为：3月中旬至8月中旬为第一圈，8月中旬至1月中旬为第二圈。采用这样的安排，第一圈猪后期体重达到高峰，其排泄量也达到高峰时，恰好为鱼池大量追肥时期所用，11月至翌年1月的积肥，又恰好作为下一个养鱼周期的基肥。基肥用量一般占全年用肥总量的40%左右。

四、鱼、猪模式养鱼种类

以养殖鲢、鳙鱼为主，放养量可占75%，另外25%可搭配放养鲤鱼、草鱼、鲫鱼等。

鱼、猪综合经营要特别注意施肥方法和鱼池日常管理工作。因为施猪粪的鱼池水质容易转化，往往出现2个极端的现象，即水质变瘦或水质恶化。据中国水产科学研究院淡水渔业研究中心测定，水温19.6～24.6℃时，池水里总氮含量在施猪粪的第2天达到高峰；浮游细菌和浮游植物的生物量在第3天达到高峰；浮游动物生物量在第4天达到高峰。猪粪施入鱼池中的肥效大约是100 h。所以，水温在20～25℃时，大致每隔4 d施1次猪粪，猪粪的施肥量为池鱼总体重的3%(以干重计）。水温升高，施猪粪间隔时间应相应地缩短，以保持池水呈茶褐色，透明度为20～40 cm。

五、鱼、猪模式的发展

鱼、猪综合经营的方式已得到了进一步发展，有的养殖场增加养鸡，形成鸡、猪、鱼模式；有的猪粪先用于种草，转换为青饲料，形成猪、草、鱼模式。这就进一步扩大了鱼、猪模式的综合效益。

第五节　渔-农-牧结合

渔牧亚系统中的各个模式，仅就鱼鸭及鱼猪模式而言，就有 2 个问题有待解决：其一是鸭和猪饲料需要外购；其二是池塘中淤泥尚无出处。因此，要进一步发展，就需增加经营项目，或延长食物链，或采用养殖轮作经营方式。在此，仅就鸡、猪、鱼模式及其发展作简要介绍。

综合养鱼场养鸡，使鸡粪能得到进一步有效地利用。鸡粪不仅可直接用于养鱼，而且可以用来养猪喂牛，从而构成了鸡、猪、鱼和鸡、牛、鱼综合养鱼模式。利用池埂建造猪舍，猪舍上方架设鸡棚，是很适宜家庭和小规模综合经营的形式，如图 10-2 所示。

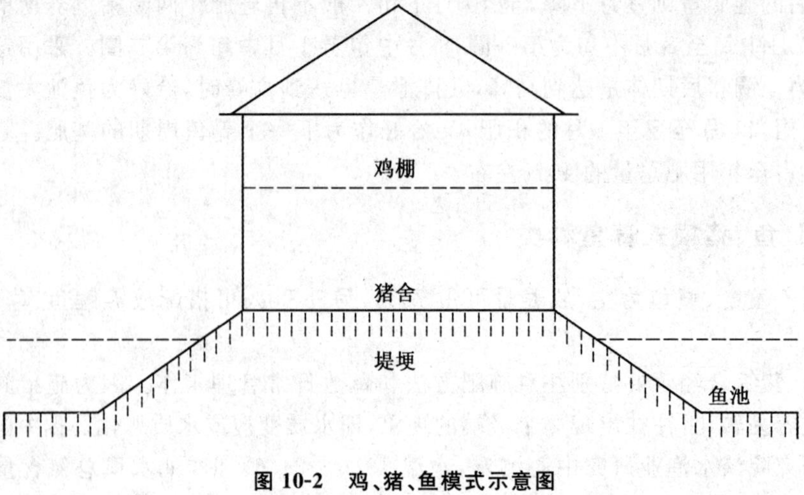

图 10-2　鸡、猪、鱼模式示意图

鸡粪的年排泄量为 5～7.5 kg。笼养鸡鸡粪经干燥后分析，含粗蛋白质 26.7%，粗脂肪 1.76%，无氮浸出物 35.6%。鸡的消化道较短，采食的饲料通过消化道后，并未得到充分消化和吸收便排出体外，因此，鸡的排泄物中大约有 20%的饲料尚未消化，加之啄食时的泼溅饲料也混在废弃物中，所以鸡废弃物中营养成分含量较高。1 只产蛋鸡，日排泄物中约含 4 g 可消化蛋白质，因此新鲜鸡粪与饲料拌和就可喂猪。当然，比较科学的方法是：在生鸡粪中加入 7%的绿矾（硫酸亚铁）和 3.5%的粉煤灰，在 60～80℃的温度下烘干拌匀，可除去鸡粪中的恶臭。这样处理过的鸡粪，猪、牛、鱼都喜欢吃，还可再用于喂鸡。利用鸡粪饲喂畜、禽，鸡粪可占给饲量的 10%～30%，但以不超过 15%～20%者效果较好。

猪舍上的鸡棚，每平方米可养 5～8 只鸡。养鸡也必须喂青饲料，雏鸡的青饲料应占日粮的 15%～20%，成鸡青饲料则占 20%～30%。所以在鸡、猪、鱼模式里，应利用基面或实际需要配备一定饲料地面积，构建成鸡、猪、鱼、草综合养殖模式。

复习思考题

1. 综合养鱼有哪些优越性？
2. 在综合养鱼系统中有哪些综合类型？
3. 鱼、鸭综合经营的方式是怎样的？
4. 猪、草、鱼综合经营如何配置？
5. 渔、农、牧模式如何发展？

参考文献

[1] 赵子明.池塘养鱼[M].北京:中国农业出版社,2007.

[2] 毛洪顺.池塘养鱼[M].北京:中国农业出版社,2002.

[3] 杨应才.养殖技术:下[M].长沙:湖南科学技术出版社,1999.

[4] 张欣,蒋艾青.水产养殖概述[M].北京:化学工业出版社,2009.

[5] 李明锋.鳜鱼生物学研究进展[J].现代渔业信息,2010(7):16-21.

[6] 刘瑞兵.鳜鱼池塘养殖技术[J].内陆水产,2005(2):32.

[7] 王文彬.鳜鱼网箱养殖技术要点[J].养殖与饲料,2007(3):27-28.

[8] 牛克武.鳜鱼病害发生原因及几种常发病的防治技术[J].渔业致富指南,2008(13):56-57.

[9] 刘孝华.黄颡鱼的生物学特性及人工养殖技术[J].湖北农业科学,2009(4):940-942.

[10] 陈校辉.黄颡鱼池塘养殖技术[J].水产养殖,2009(9):17-18.

[11] 谢申柱.黄颡鱼常见病害防控技术[J].江西水产科技,2009(2):37-38.

[12] 阮松树.翘嘴红鲌生物学特性及养殖技术[J].渔业致富指南,2009(7):43-44.

[13] 王剑锋.浅谈翘嘴红鲌池塘高密度养殖技术[J].中国水产,2009(2):36-37.

[14] 苏雪红.水库网箱养殖翘嘴红鲌技术[J].科学养鱼,2010(2):34.

[15] 赵文武.翘嘴红鲌常见病害防治方法[J].渔业致富指南,2008(6):60-61.

[16] 马志坚.虹鳟生物学特性及养殖技术[J].黑龙江水产,2009(4):23-28.

[17] 郑亚平.虹鳟鱼的流水养殖技术[J].水产养殖,2005(10):19.

[18] 陈万光.虹鳟常见疾病的防治方法[J].中国水产,2005(12):52-53.

[19] 王凡.匙吻鲟的生物学特性及养殖技术[J].湖北农业科学,2007(6):985-986.

[20] 谭焱文.匙吻鲟池塘养殖高产技术[J].河南水产,2008(1):21-22.

[21] 李华.匙吻鲟苗种培育常见疾病与防治措施[J].科学养鱼,2008(2):49-50.

[22] 杨振才.中华鳖生物学研究进展[J].动物学杂志,1999(6):41-44.

[23] 李明.中华鳖温室无公害养殖技术[J].内陆水产,2008(1):18-19.

[24] 卞伟.乌龟的生物学及养殖技术(一)至(五)[J].内陆水产,1997(2-6):20-21,

24-25,20-21,20-22,19-20.
[25] 梁久梅.乌龟常见疾病和敌害的防治[J].齐鲁渔业,2008(12):3.
[26] 谢忠明.经济蛙类养殖技术[M].北京:中国农业出版社,2000.
[27] 凌跃进.蛙类病害综合防治技术[J].水产养殖,1997(3):25-27.
[28] 白利丹.经济蛙类健康养殖技术问答[M].北京:化学工业出版社,2009.
[29] 黄玉玲.我国虾类淡水养殖概述[J].水利渔业,2003(1):1-3.
[30] 季开生.虾类养殖技术及养殖模式探讨[J].农技服务,2010(6):777.
[31] 王武.河蟹的生物学[J].水产科技情报,2007(1):25-28.
[32] 于景海.无公害河蟹养殖技术[J].现代农业科技,2009(20):326.
[33] 李正柱.河蟹常见病害及防治方法[J].齐鲁渔业,2007(7):33-34.
[34] 陆忠康.简明中国水产养殖百科全书[M].北京:中国农业出版社,2001.
[35] 路广计,杨秀女.特种水产养殖手册[M].北京:中国农业大学出版社,2000.
[36] 李义.名特水产动物疾病诊治[M].北京:中国农业出版社,1999.
[37] 侯永清.鱼类营养与饲料配方技术[M].北京:化学工业出版社,2009:9.
[38] 石文雷,夏冬,陆茂英编著.渔用配合饲料及养鱼技术问答 [M].北京:中国农业出版社,2008:1.
[39] 黄鹤忠,梁爽.强化水产饲料的营养安全,保证水产养殖业健康发展[J].内陆水产,2008(12):58-59.